"101 计划" 核心教材

数学领域

数学"101计划"之概率论

概率论和随机过程

下册

苏中根 编著

中国教育出版传媒集团

高等教育出版社·北京

内容提要

全书分上、下两册，下册介绍随机过程的基本概念和基本理论，着重讲解泊松过程、马尔可夫链、高尔顿 - 沃森分支过程、鞅、布朗运动和平稳过程遍历性等。除前两章外，各章内容相对独立且体系完整。本书选材恰当，内容丰富，循序渐进，深入浅出，便于读者阅读。本书每章例题和习题经过精心挑选，难易适中，可帮助读者理解书中的基本概念、基本方法和基本理论。章末附有部分习题的参考答案，读者可扫描二维码阅读。

本书可作为高等学校理工类专业随机过程课程教材或参考书，也可供其他科研人员参考。

总 序

自数学出现以来，世界上不同国家、地区的人们在生产实践中、在思考探索中以不同的节奏推动着数学的不断突破和飞跃，并使之成为一门系统的学科。尤其是进入 21 世纪之后，数学发展的速度、规模、抽象程度及其应用的广泛和深入都远远超过了以往任何时期。数学的发展不仅是在理论知识方面的增加和扩大，更是思维能力的转变和升级，数学深刻地改变了人类认识和改造世界的方式。对于新时代的数学研究和教育工作者而言，有责任将这些知识和能力的发展与革新及时体现到课程和教材改革等工作当中。

数学 "101 计划" 核心教材是我国高等教育领域数学教材的大型编写工程。作为教育部基础学科系列 "101 计划" 的一部分，数学 "101 计划" 旨在通过深化课程、教材改革，探索培养具有国际视野的数学拔尖创新人才，教材的编写是其中一项重要工作。教材是学生理解和掌握数学的主要载体，教材质量的高低对数学教育的变革与发展意义重大。优秀的数学教材可以为青年学生打下坚实的数学基础，培养他们的逻辑思维能力和解决问题的能力，激发他们进一步探索数学的兴趣和热情。为此，数学 "101 计划" 工作组统筹协调来自国内 16 所一流高校的师资力量，全面梳理知识点，强化协同创新，陆续编写完成符合数学学科 "教与学" 特点，体现学术前沿，具备中国特色的高质量核心教材。此次核心教材的编写者均为具有丰富教学成果和教材编写经验的数学家，他们当中很多人不仅有国际视野，还在各自的研究领域作出杰出的工作成果。在教材的内容方面，几乎是包括了分析学、代数学、几何学、微分方程、概率论、现代分析、数论基础、代数几何基础、拓扑学、微分几何、应用数学基础、统计学基础等现代数学的全部分支方向。考虑到不同层次的学生需要，编写组对个别教材设置了不同难度的版本。同时，还及时结合现代科技的最新动向，特别组织编写《人工智能的数学基础》等相关教材。

数学 "101 计划" 核心教材得以顺利完成离不开所有参与教材编写和审订的专家、学者及编辑人员的辛勤付出，在此深表感谢。希望读者们能通过数学 "101 计划" 核心教材更好地构建扎实的数学知识基础，锻炼数学思维能力，深化对数学的理解，进一步生发出自主学习探究的能力。期盼广大青年学生受益于这套核心教材，有更多的拔尖创新人才脱颖而出！

田 刚

数学"101 计划"工作组组长

中国科学院院士

北京大学讲席教授

前　言

  概率论主要研究和揭示随机现象的内在规律，历经数百年发展，理论成果丰富，应用范围广泛，具有特色鲜明的研究思想和方法。概率论已成为现代数学核心内容之一，并正处于蓬勃发展的黄金时期。概率论是数理统计、数据科学等学科的理论基础，被广泛地应用于自然科学、社会科学、经济发展、商业管理、医疗卫生等领域。目前，普通高等学校大多数专业都开设概率论及相关课程。

  本书基于作者在浙江大学长期教学实践的基础上编著而成，分上、下两册。

  上册为概率论基础，主要介绍概率论的基本概念、基本思想、基本方法和基本理论，由以下四章组成：

  第一章介绍随机现象与事件，阐述概率论公理化体系，引入条件概率，并介绍计算复杂事件概率的方法，介绍事件独立性和伯努利试验。

  第二章介绍随机变量的基本概念，描述分布函数的基本性质，给出经典离散型和连续型随机变量，介绍随机向量与联合分布函数，以及随机向量的运算。

  第三章介绍随机变量数学期望、方差等重要数字特征，给出数学期望、方差的运算性质，切比雪夫不等式，介绍随机向量的协方差与相关系数，引入特征函数，给出特征函数分析性质、运算性质和唯一性。

  第四章介绍经典概率极限理论，包括伯努利大数定律、辛钦大数定律、柯尔莫哥洛夫大数定律、棣莫弗–拉普拉斯中心极限定理，林德伯格–费勒中心极限定理等，引入依分布收敛、依概率收敛、几乎处处收敛的概念，介绍它们的基本性质和判别法则。

  下册主要介绍随机过程，研究和揭示一族随机现象变化和发展的内在机制与规律，由以下八章组成：

  第一章回顾概率论的基本知识，包括柯尔莫哥洛夫概率空间公理化定义，随机变量及其分布函数，随机变量数字特征和基本概率极限定理。为了今后各章的需要，本章特别强调条件概率，条件分布和条件期望的概念和运算，给出全概率公式和全期望公式。

第二章介绍随机过程基本概念。随机过程是一族随机变量，用于描述随时间而变化的随机现象，其概率分布由任意有限维分布来刻画。本书所讨论的随机过程形式多样，特色鲜明，既有离散时间过程，也有连续时间过程；既有可数状态过程，也有不可数状态过程；既有增量独立过程，也有条件独立过程。

第三章介绍泊松过程。该过程用于描述随机服务系统，统计寻求服务的顾客数，其增量独立并服从泊松分布。泊松过程是连续时间、取非负整数值的马尔可夫过程。除齐次泊松过程外，本章还介绍非齐次泊松过程和复合泊松过程，这些常常出现在实际应用问题中。

第四章介绍马尔可夫链。该过程状态空间最多含有可数多个状态，随着时间推移，在不同状态之间进行转移。马尔可夫链具有条件独立性，在给定当前状态下，将来处于何种状态与过去所经历的过程无关。马尔可夫链的分布由初始分布和转移概率矩阵所决定，从长远来看，转移概率矩阵起着更为关键的作用。马尔可夫链可以用于预测和决策问题。

第五章介绍高尔顿–沃森分支过程。它是一种特殊马尔可夫链，用于描述物种繁衍、细胞裂变等增长现象。生成函数是研究高尔顿–沃森分支过程的一个有效工具。

第六章介绍鞅。与其他过程比较，鞅的直观背景并不明显，但是它的应用非常广泛，灵活多变，技巧性强。基本收敛定理和停时定理是鞅论中最具特色的基本内容。

第七章介绍布朗运动。该过程是连续时间参数、取实数值的正态过程，其增量独立且平稳，从而是连续鞅和马尔可夫过程。布朗运动可以用于描述粒子运动，其轨迹处处连续但极不规则。除一些基本性质外，本章还简要介绍伊藤积分及其在金融数学中的应用，推导出布莱克–斯科尔斯关于欧式买入期权的定价公式。

第八章介绍平稳随机过程遍历性。平稳随机过程具有时间平移不变性，各个时刻的数学期望和方差都是常数。从而在相当宽的条件下，可以用时间平均来代替统计平均，为随机过程的统计推断奠定了基础。

除正文外，每章含有补充与注记，可作为拓展材料阅读；精心挑选的习题和思考题，可供读者练习，以期提高对正文内容的理解；章末附有部分习题的参考答案，读者可扫描二维码阅读。书中还配置了一些数字资源，主要是模拟计算和课外阅读材料，有助于提高教学趣味性和启发性。

本书绝大多数内容只涉及概率论与随机过程的基本知识，读者仅需要具备一定的线性代数，微积分和解析几何知识；少量内容可能需要实变函数和测度论，读者初学时可以跳过。

　　作者感谢广大读者的厚爱，感谢高等教育出版社编辑胡颖在本书出版过程中给予的支持和帮助。限于作者水平和认识，书中肯定存在不妥之处，恳请读者批评指正。

作　者

2024 年 6 月

目　录

第一章

初等概率论

本章简要回顾初等概率论的基本内容, 包括概率空间的公理化定义, 随机变量分布函数的基本性质, 数学期望的运算, 以及经典概率极限定理, 供今后各章参考.

1.1   概率空间

一、 概率空间

概率空间由三要素组成: 样本空间 Ω, 随机事件域 $\mathcal{A}$ 和概率 P, 通常记为 $(\Omega, \mathcal{A}, P)$. 具体地说, Ω 表示随机试验 (现象) 所有可能的基本结果; $\mathcal{A}$ 由一类随机事件 (简称事件) 所组成, 满足下列条件:

(i) $\Omega, \varnothing \in \mathcal{A}$;

(ii) 如果 $A \in \mathcal{A}$, 那么 $\overline{A} \in \mathcal{A}$, 其中 $\overline{A}$ 表示 A 的逆事件;

(iii) 如果 $A_n \in \mathcal{A}, n \geqslant 1$, 那么 $\bigcup\limits_{n=1}^{\infty} A_n \in \mathcal{A}$;

$P : \mathcal{A} \mapsto [0, 1]$ 满足下列条件:

(i′) 规范性: $P(\varnothing) = 0, P(\Omega) = 1$;

(ii′) 可加性: 如果 $\{A_n, n \geqslant 1\}$ 是一列互不相容事件, 那么

$$P\left(\sum_{n=1}^{\infty} A_n\right) = \sum_{n=1}^{\infty} P(A_n).$$

概率空间是随机试验 (现象) 高度抽象化的数学模型, 其核心是概率 P, 不同的 P 代表不同的概率模型. 建立恰当的概率模型需要对随机试验 (现象) 有着充分了解, 往往需要有关学科的背景知识. 初等概率论主要介绍计算或估计事件概率大小的理论和方法: 从一些简单事件的概率开始, 通过事件运算和概率运算来计算复杂事件的概率.

事件运算类似于集合运算, 如和、差、交、并等. 概率运算性质可以由上述 (i′) 和 (ii′) 推出, 如

(1) 对任意 A, $P(\overline{A}) = 1 - P(A)$;

(2) 如果 $B \subset A$, 那么 $P(A \setminus B) = P(A) - P(B)$;

(3) 多退少补: 对任意 $A_1, A_2, \cdots, A_m$,

$$P\left(\bigcup_{i=1}^{m} A_i\right) = \sum_{i=1}^{m} P(A_i) - \sum_{1 \leqslant i < j \leqslant m} P(A_i A_j) + \cdots + (-1)^{m-1} P(A_1 A_2 \cdots A_m);$$

(4) 次可加性: 对任意一列事件 $\{A_n, n \geqslant 1\}$,

$$P\left(\bigcup_{n=1}^{\infty} A_n\right) \leqslant \sum_{n=1}^{\infty} P(A_n);$$

(5) 连续性: 假设 $\{A_n, n \geqslant 1\}$ 是一列单调增加 (或单调减少) 事件, 则

$$P(\lim_{n \to \infty} A_n) = \lim_{n \to \infty} P(A_n).$$

常见的概率模型包括古典概率模型和几何概率模型. 古典概率模型特点如下: $\Omega = \{\omega_1, \omega_2, \cdots, \omega_N\}$, 其中 $N < \infty$; $\mathcal{A} = 2^{\Omega}$; 每个结果等可能发生, 即 $P(\{\omega_i\}) = \dfrac{1}{N}$. 特别, 对每个事件 $A \in \mathcal{A}$,

$$P(A) = \frac{|A|}{|\Omega|},$$

其中 $|A|$ 表示事件 A 中所含基本结果的个数.

作为上述模型的连续形式, 几何概率模型特点如下: Ω 是 $\mathbb{R}^d$ $(d \geqslant 1)$ 上的可测区域; $\mathcal{A}$ 为 Ω 中博雷尔 (Borel) 可测子集的全体; 每个结果等可能发生. 特别, 对每个事件 $A \in \mathcal{A}$,

$$P(A) = \frac{|A|}{|\Omega|},$$

其中 $|A|$ 表示事件 A 中的博雷尔测度. 注意, 给定每个基本结果 ω, $P(\{\omega\}) = 0$.

二、 条件概率

假设事件 $B \in \mathcal{A}$, $P(B) > 0$, 定义

$$P(A|B) = \frac{P(AB)}{P(B)}, \quad A \in \mathcal{A}, \tag{1.1}$$

称 $P(A|B)$ 为给定 B 发生的条件下, A 发生的**条件概率**.

> **注 1.1** 给定事件 B, $P(\cdot|B): \mathcal{A} \mapsto [0,1]$ 定义了 $\mathcal{A}$ 上的一个概率, 满足条件 (i′) 和 (ii′), 从而 $(\Omega, \mathcal{A}, P(\cdot|B))$ 为概率空间.

条件概率是计算事件概率的一个强有力工具. 特别, 下列**全概率公式**经常使用.

定理 1.1 假设 $B_1, B_2, \cdots, B_N$ $(N < \infty)$ 是一列互不相容事件, $P(B_n) > 0$, 并且 $\Omega = \displaystyle\sum_{n=1}^{N} B_n$. 那么对任意事件 A,

$$P(A) = \sum_{n=1}^{N} P(A|B_n)P(B_n).$$

特别, 任意给定 B, 如果 $0 < P(B) < 1$, 那么

$$P(A) = P(A|B)P(B) + P(A|\overline{B})P(\overline{B}).$$

(1.1) 可以改写成

$$P(AB) = P(B)P(A|B).$$

该式可以推广到多个事件, 得下列**链式法则**:

$$P(A_1 A_2 \cdots A_m) = P(A_1)P(A_2|A_1)P(A_3|A_2 A_1) \cdots P(A_m|A_{m-1}A_{m-2} \cdots A_1).$$

三、 独立性

注意, 条件概率 $P(A|B)$ 可能比 $P(A)$ 大, 也可能比 $P(A)$ 小. 如果

$$P(A|B) = P(A), \tag{1.2}$$

那么称事件 A 和 B **相互独立**. (1.2) 意味着事件 B 发生对事件 A 发生的概率大小没有影响. 由 (1.1) 可知, A 和 B 相互独立等价于

$$P(AB) = P(A)P(B). \tag{1.3}$$

有时称 (1.3) 为**乘法公式**. 使用公式 (1.3) 作为独立性定义更方便, 它并不要求 $P(A) > 0$ 或 $P(B) > 0$. 特别, 不可能事件 $\varnothing$、必然事件 Ω 与任何其他事件相互独立.

独立性概念是概率论学科中最重要的概念之一, 可以推广到任意多个事件. 假设 A_1, $A_2, \cdots, A_m$ 满足下列 $2^m - m - 1$ 个方程:

$$\begin{cases} P(A_i A_j) = P(A_i)P(A_j), & i < j, \\ P(A_i A_j A_k) = P(A_i)P(A_j)P(A_k), & i < j < k, \\ \qquad\qquad \cdots\cdots\cdots \\ P(A_{i_1} A_{i_2} \cdots A_{i_{m-1}}) = P(A_{i_1})P(A_{i_2}) \cdots P(A_{i_{m-1}}), & i_1 < i_2 < \cdots < i_{m-1}, \\ P(A_1 A_2 \cdots A_m) = P(A_1)P(A_2) \cdots P(A_m), \end{cases}$$

则称 $A_1, A_2, \cdots, A_m$ **相互独立**. 由定义可以看出, 如果 m 个事件相互独立, 那么其中任何一组事件都相互独立.

更一般地, 假设 $\mathcal{A}_1, \mathcal{A}_2$ 为 $\mathcal{A}$ 的两个子 σ-域, 如果对任何事件 $A_1 \in \mathcal{A}_1, A_2 \in \mathcal{A}_2$, 都有 A_1 和 A_2 相互独立, 那么称 $\mathcal{A}_1$ 和 $\mathcal{A}_2$ **相互独立**.

1.2 随机变量

一、 分布函数

假设 $(\Omega, \mathcal{A}, P)$ 是概率空间, $X: \Omega \mapsto \mathbb{R}$ 是一个映射. 给定事件 $B \in \mathcal{B}$, 记

$$X^{-1}(B) = \{\omega \in \Omega : X \in B\}.$$

如果对任意 $B \in \mathcal{B}$, 下列可测性条件满足:

$$X^{-1}(B) \in \mathcal{A},$$

那么称 X 是**随机变量**. 根据博雷尔 σ–域的构造, X 是随机变量当且仅当

$$X^{-1}((-\infty, x]) \in \mathcal{A}, \quad x \in \mathbb{R}.$$

给定一个随机变量 X, 定义

$$F_X(x) = P(\omega : X \leqslant x), \quad x \in \mathbb{R},$$

称 F_X 为 X 在概率 P 下的**分布函数**. 当上下文明确时, 可以省略下标 X, 仅写作 F. 分布函数 F_X 完全确定了随机变量 X 的值和取每个值的概率大小, 是概率论中最基本的研究对象. 由概率 P 的基本性质, 可以得到

(1) $F_X(-\infty) = 0, F_X(\infty) = 1$;

(2) F_X 关于 x 单调增加;

(3) F_X 关于 x 右连续;

(4) 任意给定 $a < b$,

$$P(a < X \leqslant b) = F_X(b) - F_X(a).$$

注 1.2 如果定义 $F_X(x) = P(\omega : X < x)$, 那么 F_X 是左连续的.

注 1.3 有时称任何满足上述 (1)—(3) 的函数 $F(x)$ 为分布函数. 事实上, 任意给定一个这样的函数 $F(x)$, 总能构造一个概率空间 $(\Omega, \mathcal{A}, P)$ 以及一个随机变量 $X : \Omega \mapsto \mathbb{R}$, 使得 X 在 P 下的分布函数 F_X 恰好就是 F.

最为常见的随机变量包括离散随机变量和连续随机变量. 离散随机变量最多只取可数个值, 一般可表示为

$$X \sim \begin{pmatrix} x_1 & x_2 & \cdots & x_N \\ p_1 & p_2 & \cdots & p_N \end{pmatrix}, \tag{1.4}$$

其中 $N \leqslant \infty$. 这时 F_X 可写成

$$F_X(x) = \sum_{i : x_i \leqslant x} p_i.$$

它为阶梯形分布函数, x_i 为跳跃点, 跳跃高度为 p_i. 典型的离散分布如: 两点分布、伯努利 (Bernoulli) 分布、泊松 (Poisson) 分布、几何分布、超几何分布、负二项分布等.

连续随机变量取值为 $\mathbb{R}$ 上一个区间或多个区间, 并且存在一个**密度函数** $p(x)$, 使得

$$F(x) = \int_{-\infty}^{x} p(u)\mathrm{d}u, \quad x \in \mathbb{R}.$$

该分布函数为绝对连续函数, 其导数为 $p(x)$. 典型的连续分布如: 均匀分布、指数分布、正态分布、柯西 (Cauchy) 分布、Γ 分布、t 分布、χ^2 分布等.

典型的离散和连续随机变量如同数学分析中的初等函数, 是概率论中构造随机变量的最基本元素. 假如 $X : \Omega \mapsto \mathbb{R}$ 是随机变量, $f : \mathbb{R} \mapsto \mathbb{R}$ 是博雷尔可测函数, 那么 $Y = f(X)$ 是随机变量. 但计算 Y 的分布并没有一个普遍适用的方法. 一般来说, 如果 X 是离散随机变量, 那么 Y 一定是离散的, 其分布不难计算; 如果 X 是连续的, 那么 Y 的取值与分布依赖于函数 f 的定义.

二、 随机向量

假设 $(X,Y) : \Omega \mapsto \mathbb{R}^2$ 是二元可测映射, 即对任意事件 $B \in \mathcal{B}^2$, 都有

$$\{\omega \in \Omega : (X,Y) \in B\} \in \mathcal{A},$$

则称 (X,Y) 为**随机向量**. 给定随机向量 (X,Y), 定义二元**联合分布函数**

$$F_{X,Y}(x,y) = P(\omega : X \leqslant x, Y \leqslant y).$$

它具有下列基本性质:

(1) 任意给定 $x, y \in \mathbb{R}$,

$$F_{X,Y}(-\infty, y) = F(x, -\infty) = 0, \quad F_{X,Y}(\infty, \infty) = 1;$$

(2) $F_{X,Y}$ 关于 x 和 y 单调增加;

(3) $F_{X,Y}$ 关于 x 和 y 右连续;

(4) 任意给定 $a < b$,

$$P(a < X \leqslant b, c < Y \leqslant d) = F_{X,Y}(b,d) + F_{X,Y}(a,c) - F_{X,Y}(a,d) - F_{X,Y}(b,c).$$

称 F_X 和 F_Y 为 (X,Y) 的**边际分布函数**. 一般地, 联合分布函数 $F_{X,Y}$ 唯一确定边际分布函数, 即

$$F_X(x) = F_{X,Y}(x, \infty), \quad F_Y(y) = F_{X,Y}(\infty, y);$$

但边际分布函数并不能确定联合分布函数.

给定 $X = x$ 的条件下, Y 的**条件分布函数**为

$$F_{Y|X}(Y \leqslant y | X = x) = \lim_{\varepsilon \to 0} \frac{F_{X,Y}(x + \varepsilon, y) - F_{X,Y}(x, y)}{F_X(x + \varepsilon) - F_X(x)};$$

给定 $Y = y$ 的条件下, X 的**条件分布函数**为

$$F_{X|Y}(X \leqslant x | Y = y) = \lim_{\varepsilon \to 0} \frac{F_{X,Y}(x, y + \varepsilon) - F_{X,Y}(x, y)}{F_Y(y + \varepsilon) - F_Y(y)}.$$

如果对任意 $x, y \in \mathbb{R}$,

$$F_{X,Y}(x, y) = F_X(x) F_Y(y),$$

那么称 X 和 Y **相互独立**. 这等价于对任意 $A, B \in \mathcal{B}$,

$$P(\omega : X \in A, Y \in B) = P(\omega : X \in A) P(\omega : Y \in B).$$

由此可知, 当 X 和 Y 相互独立时, 对任意博雷尔可测函数 $f, g : \mathbb{R} \mapsto \mathbb{R}$, $f(X)$ 和 $g(Y)$ 相互独立.

假设离散随机向量 (X, Y) 的分布如下:

		Y					
		y_1	y_2	$\cdots$	y_j	$\cdots$	
	x_1	p_{11}	p_{12}	$\cdots$	p_{1j}	$\cdots$	$p_{1\cdot}$
	x_2	p_{21}	p_{22}	$\cdots$	p_{2j}	$\cdots$	$p_{2\cdot}$
X	$\vdots$	$\vdots$	$\vdots$		$\vdots$		$\vdots$
	x_i	p_{i1}	p_{i2}	$\cdots$	p_{ij}	$\cdots$	$p_{i\cdot}$
	$\vdots$	$\vdots$	$\vdots$		$\vdots$		$\vdots$
		$p_{\cdot 1}$	$p_{\cdot 2}$	$\cdots$	$p_{\cdot j}$	$\cdots$	

那么 X 的**边际分布列**为

$$X \sim \begin{pmatrix} x_1 & x_2 & \cdots & x_i & \cdots \\ p_{1\cdot} & p_{2\cdot} & \cdots & p_{i\cdot} & \cdots \end{pmatrix},$$

其中

$$p_{i\cdot} = \sum_{j=1}^{\infty} p_{ij}, \quad i = 1, 2, \cdots;$$

Y 的**边际分布列**为

$$Y \sim \begin{pmatrix} y_1 & y_2 & \cdots & y_j & \cdots \\ p_{\cdot 1} & p_{\cdot 2} & \cdots & p_{\cdot j} & \cdots \end{pmatrix},$$

其中

$$p_{\cdot j} = \sum_{i=1}^{\infty} p_{ij}, \quad j = 1, 2, \cdots.$$

给定 $X = x_i$ 的条件下, Y 的**条件分布列**为

$$P_{Y|X}(y_j|x_i) = \frac{p_{ij}}{p_{i\cdot}}, \quad j = 1, 2, \cdots;$$

给定 $Y = y_j$ 的条件下, X 的**条件分布列**为

$$P_{X|Y}(x_i|y_j) = \frac{p_{ij}}{p_{\cdot j}}, \quad i = 1, 2, \cdots.$$

X 和 Y **相互独立**当且仅当

$$p_{ij} = p_{i\cdot} p_{\cdot j}, \quad i, j = 1, 2, \cdots.$$

假设连续随机向量 (X, Y) 的联合密度函数为 $p_{X,Y}(x, y)$, 即

$$F_{X,Y}(x, y) = \int_{-\infty}^{x} \int_{-\infty}^{y} p_{X,Y}(u, v) \mathrm{d}u \mathrm{d}v, \quad x, y \in \mathbb{R},$$

那么 X 的**边际密度函数**为

$$p_X(x) = \int_{-\infty}^{\infty} p(x, y) \mathrm{d}y, \quad x \in \mathbb{R};$$

Y 的**边际密度函数**为

$$p_Y(y) = \int_{-\infty}^{\infty} p(x, y) \mathrm{d}x, \quad y \in \mathbb{R}.$$

给定 $X = x$ 的条件下, Y 的**条件密度函数**为

$$p_{Y|X}(y|x) = \frac{p_{X,Y}(x, y)}{p_X(x)}, \quad y \in \mathbb{R};$$

给定 $Y = y$ 的条件下, X 的**条件密度函数**为

$$p_{X|Y}(x|y) = \frac{p_{X,Y}(x, y)}{p_Y(y)}, \quad x \in \mathbb{R}.$$

X 和 Y **相互独立**当且仅当

$$p_{X,Y}(x, y) = p_X(x) p_Y(y), \quad x, y \in \mathbb{R}.$$

假设 $f : \mathbb{R}^2 \mapsto \mathbb{R}$ 是二元博雷尔可测函数, 那么 $Z = f(X, Y)$ 是随机变量. 但计算 Z 的分布函数并没有普适的方法, 通常依赖于 f 的定义. 事实上, 给定 $z \in \mathbb{R}$,

记 $A_z = \{(x, y) : f(x, y) \leqslant z\}$, 这是博雷尔可测集, 那么

$$\begin{aligned} F_Z(z) &= P(\omega : Z \leqslant z) \\ &= P(\omega : f(X, Y) \leqslant z) \\ &= P(\omega : (X, Y) \in A_z). \end{aligned}$$

之后的计算取决于 (X, Y) 的联合分布和 A_z 的形状.

下列定理表明伯努利分布、泊松分布和正态分布分别具有可加性.

定理 1.2 (i) 假设 $X \sim B(n, p)$, $Y \sim B(m, p)$, 并且 X 和 Y 相互独立, 那么 $X + Y \sim B(n + m, p)$;

(ii) 假设 $X \sim \mathcal{P}(\lambda)$, $Y \sim \mathcal{P}(\mu)$, 并且 X 和 Y 相互独立, 那么 $X + Y \sim \mathcal{P}(\lambda + \mu)$;

(iii) 假设 $X \sim N(\mu_1, \sigma_1^2)$, $Y \sim N(\mu_2, \sigma_2^2)$, 并且 X 和 Y 相互独立, 那么 $X + Y \sim N(\mu_1 + \mu_2, \sigma_1^2 + \sigma_2^2)$.

二元联合正态分布具有如下基本性质.

定理 1.3 假设 $(X, Y) \sim N(\mu_1, \sigma_1^2; \mu_2, \sigma_2^2; \rho)$, 那么

(i) $X \sim N(\mu_1, \sigma_1^2)$, $Y \sim N(\mu_2, \sigma_2^2)$;

(ii) 给定 $X = x$ 的条件下, Y 的条件分布为 $N(\mu_2 + \rho\sigma_2(x - \mu_1)/\sigma_1, (1 - \rho^2)\sigma_2^2)$;

给定 $Y = y$ 的条件下, X 的条件分布为 $N(\mu_1 + \rho\sigma_1(y - \mu_2)/\sigma_2, (1 - \rho^2)\sigma_1^2)$;

(iii) X 和 Y 相互独立当且仅当 $\rho = 0$;

(iv) 任意给定 $a, b \in \mathbb{R}$, $aX + bY \sim N(\mu, \sigma^2)$, 其中

$$\mu = a\mu_1 + b\mu_2, \quad \sigma^2 = a^2\sigma_1^2 + b^2\sigma_2^2 + 2ab\rho\sigma_1\sigma_2.$$

三、 多维随机向量

假设 $(X_1, X_2, \cdots, X_m)$ 是 m–维随机向量, 可以类似定义联合分布函数、边际分布函数、条件分布函数和独立性等. 特别, $(X_1, X_2, \cdots, X_m)$ 相互独立当且仅当

$$F_{X_1, X_2, \cdots, X_m}(x_1, x_2, \cdots, x_m) = \prod_{i=1}^{m} F_{X_i}(x_i), \quad x_1, x_2, \cdots, x_m \in \mathbb{R}.$$

定理 1.4 假设 $(X_1, X_2, \cdots, X_m)$ 相互独立, $f_i : \mathbb{R}^{k_i} \mapsto \mathbb{R}$ 是可测函数, $i = 1, 2, \cdots, m$, 其中 $k_1 + k_2 + \cdots + k_l \leqslant m$. 令 $I_i \subset \{1, 2, \cdots, m\}$ 为互不相交的指标集, 其中 $|I_i| = k_i$, $i = 1, 2, \cdots, l$. 定义

$$Y_i = f_i(X_j, j \in I_i), \quad i = 1, 2, \cdots, l,$$

那么 $Y_1, Y_2, \cdots, Y_l$ 相互独立.

多维正态随机向量最为常见. 假设 $(X_1, X_2, \cdots, X_m)$ 是 m-维正态随机向量, 其联合密度函数为

$$p_{X_1, X_2, \cdots, X_m}(x_1, x_2, \cdots, x_m) = \frac{1}{(2\pi)^{m/2}|\boldsymbol{\Sigma}|^{1/2}} \mathrm{e}^{-\frac{1}{2}(\boldsymbol{x}-\boldsymbol{\mu})\boldsymbol{\Sigma}^{-1}(\boldsymbol{x}-\boldsymbol{\mu})'},$$

其中 $\boldsymbol{x} = (x_1, x_2, \cdots, x_m)$, $\boldsymbol{\mu} = (\mu_1, \mu_2, \cdots, \mu_m)$, $\boldsymbol{\Sigma}$ 为 $m \times m$ 对称可逆矩阵.

定理 1.5 $(X_1, X_2, \cdots, X_m)$ 是 m-维正态随机向量当且仅当其任意线性组合为正态随机变量. 特别, $(X_1, X_2, \cdots, X_m) \sim N(\boldsymbol{\mu}, \boldsymbol{\Sigma})$ 当且仅当对任意一组实数 $a_1, a_2, \cdots, a_m$,

$$\sum_{i=1}^{m} a_i X_i \sim N(\boldsymbol{a}\boldsymbol{\mu}', \boldsymbol{a}\boldsymbol{\Sigma}\boldsymbol{a}'),$$

其中 $\boldsymbol{a} = (a_1, a_2, \cdots, a_m)$.

1.3 数字特征

一、 数学期望

令 F_X 是随机变量 X 的分布函数, 如果

$$\int_{-\infty}^{\infty} |x| \mathrm{d}F_X(x) < \infty, \tag{1.5}$$

那么 X 的数学期望存在并且有限, 其值为

$$EX = \int_{-\infty}^{\infty} x \mathrm{d}F_X(x) < \infty, \tag{1.6}$$

其中 (1.5) 和 (1.6) 为黎曼–斯蒂尔切斯 (Riemann-Stieltjes) 积分 (见第七章补充与注记).

特别, 当 X 是离散随机变量时 (见 (1.4)), (1.6) 可写成

$$EX = \sum_{i=1}^{N} x_i p_i;$$

当 X 是连续随机变量, 密度函数为 p_X 时, (1.6) 可写成

$$EX = \int_{-\infty}^{\infty} x p_X(x) \mathrm{d}x.$$

简单地说, 随机变量的数学期望是随机变量的取值按概率大小进行加权平均, 它是随机变量最重要的数字特征. 典型随机变量的数学期望都与分布参数有直接关系. 下列定理给出了数学期望的基本性质.

定理 1.6　假设以下所涉及的数学期望存在且有限.

(i) 如果 $a \leqslant X \leqslant b$ a.s., 那么 $a \leqslant EX \leqslant b$;

(ii) 假设 a,b 是常数, 那么

$$E(aX + b) = aEX + b;$$

(iii) 对任意随机变量 X, Y,

$$E(X + Y) = EX + EY;$$

(iv) 令 $f : \mathbb{R} \mapsto \mathbb{R}$ 是博雷尔可测函数, 那么

$$Ef(X) = \int_{-\infty}^{\infty} f(x)\mathrm{d}F_X(x).$$

令 $k \geqslant 1$, 如果 $E|X|^k < \infty$, 那么称 EX^k 为 X 的**第 k 阶矩**, 记作 $m_k = EX^k$.

例 1.1　(1) 令 $X \sim \mathcal{P}(\lambda)$, 那么

$$E[X(X-1)\cdots(X-k+1)] = \lambda^k, \quad k \geqslant 1. \tag{1.7}$$

由 (1.7) 可以递推得到 m_k. 特别, $m_1 = \lambda, m_2 = \lambda^2 + \lambda$.

(2) 令 $X \sim N(0, \sigma^2)$, 那么

$$m_{2k} = (2k-1)!!\sigma^{2k}, \quad m_{2k-1} = 0, \quad k \geqslant 1.$$

注 1.4　一般来说, 随机变量的矩并不能唯一确定其分布函数.

例 1.2　令 X 为对数正态随机变量, 即密度函数

$$p_X(x) = \frac{1}{x\sqrt{2\pi}}e^{-(\ln x)^2/2}, \quad x > 0.$$

令 Y 为另一随机变量, 具有密度函数

$$p_Y(y) = [1 + \sin(2\pi \ln y)]p_X(y), \quad y > 0.$$

经过一些简单计算得

$$m_k(X) = m_k(Y), \quad k \geqslant 1.$$

但是, X 和 Y 明显是两个不同分布的随机变量.

在某些条件下, 矩可以唯一确定分布函数. 特别, 如果下列条件成立:

$$\sum_{k=1}^{\infty} m_{2k}^{-1/2k} = \infty,$$

那么其分布函数是唯一的. 由例 1.1 知, 泊松分布和正态分布分别由它们的矩唯一确定.

注 1.5 $m_{2k}^{1/2k}$ 关于 k 是单调增加的, 即如果 $k \leqslant l$, 那么

$$m_{2k}^{1/2k} \leqslant m_{2l}^{1/2l}.$$

假设存在 $t_0 > 0$, 使得当 $|t| \leqslant t_0$ 时, $E\mathrm{e}^{tX} < \infty$. 定义

$$G_X(t) = E\mathrm{e}^{tX}, \quad |t| \leqslant t_0,$$

称 $G_X(t), |t| \leqslant t_0$ 为**矩母函数**.

例 1.3 (例 1.1 续) (1) 令 $X \sim \mathcal{P}(\lambda)$, 那么

$$G_X(t) = \mathrm{e}^{\lambda(\mathrm{e}^t - 1)}, \quad t \in \mathbb{R}.$$

(2) 令 $X \sim N(0, \sigma^2)$, 那么

$$G_X(t) = \mathrm{e}^{\sigma^2 t^2 / 2}, \quad t \in \mathbb{R}.$$

假设 X 和 Y 的矩母函数在整个 $\mathbb{R}$ 存在且有限, 并且

$$G_X(t) \equiv G_Y(t), \quad t \in \mathbb{R},$$

那么 X 和 Y 具有相同分布.

二、 方差

数学期望是随机变量取值的概率平均, 而方差反映了随机变量取值偏离平均值的程度. 假设 $EX^2 < \infty$, 定义

$$\mathrm{Var}(X) = E(X - EX)^2,$$

称其为 X 的**方差**. 下列定理给出了方差的基本性质.

定理 1.7   假设以下所涉及的二阶矩存在且有限.

(i) $\mathrm{Var}(X) = EX^2 - (EX)^2$;

(ii) $\mathrm{Var}(X) = 0$ 当且仅当 $X = c$ a.s., 其中 c 为常数;

(iii) 令 a, b 为常数, 那么

$$\mathrm{Var}(aX + b) = a^2 \mathrm{Var}(X);$$

(iv) 假设 X, Y 相互独立, 那么

$$\mathrm{Var}(X + Y) = \mathrm{Var}(X) + \mathrm{Var}(Y); \tag{1.8}$$

(v) 对任意 $\varepsilon > 0$,

$$P(|X - EX| > \varepsilon) \leqslant \frac{\mathrm{Var}(X)}{\varepsilon^2}. \tag{1.9}$$

注 **1.6** 通常称 (1.9) 为切比雪夫 **(Chebyshev) 不等式**, 其在概率论发展中起着非常重要的作用. 它可以进行如下推广: 假设 $f : \mathbb{R} \mapsto \mathbb{R}_+$ 是非负单调不减函数, $Ef(X) < \infty$, 那么对任意 $\varepsilon > 0$,

$$P(X > \varepsilon) \leqslant \frac{Ef(X)}{f(\varepsilon)}.$$

三、 协方差

假设随机向量 (X, Y) 具有联合分布函数 $F_{X,Y}(x, y)$, 令 $f : \mathbb{R}^2 \mapsto \mathbb{R}$ 是二元博雷尔可测函数. 如果 $E|f(X, Y)| < \infty$, 那么

$$Ef(X, Y) = \int_{-\infty}^{\infty} \int_{-\infty}^{\infty} f(x, y) \mathrm{d}F_{X,Y}(x, y).$$

特别, 当 $EX^2 < \infty$ 和 $EY^2 < \infty$ 时, $E|XY| < \infty$, 并且下列柯西–施瓦茨 (Cauchy-Schwarz) 不等式成立:

$$(E|XY|)^2 \leqslant EX^2 EY^2. \tag{1.10}$$

在上述条件下, X 和 Y 的**协方差**存在, 定义为

$$\mathrm{Cov}(X, Y) = E[(X - EX)(Y - EY)] = E(XY) - EX EY.$$

由 (1.10) 得

$$|\mathrm{Cov}(X, Y)| \leqslant \sqrt{\mathrm{Var}(X)} \sqrt{\mathrm{Var}(Y)}.$$

随机向量 (X, Y) 的基本数字特征包括均值向量和协方差矩阵:

$$\boldsymbol{\mu} = (EX, EY), \quad \boldsymbol{\Sigma} = \begin{pmatrix} \mathrm{Var}(X) & \mathrm{Cov}(X, Y) \\ \mathrm{Cov}(X, Y) & \mathrm{Var}(Y) \end{pmatrix}.$$

当 $\mathrm{Cov}(X, Y) = 0$ 时, 称 X 和 Y **不相关**. 显然, X 和 Y 相互独立意味着 X 和 Y 不相关; 反之不成立. 当 X 和 Y 不相关时, (1.8) 仍然成立.

X 和 Y 的**相关系数**定义为

$$\rho_{X,Y} = \frac{\mathrm{Cov}(X, Y)}{\sqrt{\mathrm{Var}(X)} \sqrt{\mathrm{Var}(Y)}}.$$

$\rho_{X,Y}$ 具有下列基本性质:

(i) $-1 \leqslant \rho_{X,Y} \leqslant 1$;

(ii) 当 $\rho_{X,Y} = 0$ 时, X 和 Y 不相关;

(iii) 当 $\rho_{X,Y} = 1$ 时, X 和 Y 正线性相关;

(iv) 当 $\rho_{X,Y} = -1$ 时, X 和 Y 负线性相关.

注 1.7 $\rho_{X,Y}$ 反映 X 和 Y 的线性相关程度. $\rho_{X,Y} = 0$ 表明 X 和 Y 不线性相关, 但仍可能存在非线性函数 f 使得 $Y = f(X)$.

四、 条件期望

有了条件分布, 可以类似地定义条件期望. 给定 $x \in \mathbb{R}$, 如果

$$\int_{-\infty}^{\infty} |y| \mathrm{d}F_{Y|X}(y|x) < \infty,$$

定义

$$E(Y|X = x) = \int_{-\infty}^{\infty} y \mathrm{d}F_{Y|X}(y|x),$$

称其为给定 $X = x$ 的条件下, Y 的**条件期望**.

如果对每一个 $x \in \mathbb{R}$, $E(Y|X = x)$ 存在且有限, 定义

$$g(x) = E(Y|X = x), \quad x \in \mathbb{R}.$$

$g : \mathbb{R} \mapsto \mathbb{R}$ 是可测函数, 那么 $g(X)$ 是随机变量. 由此可以定义 Y 关于 X 的条件期望:

$$E(Y|X) = g(X).$$

定理 1.8   假设 $E|Y| < \infty$, 那么 $E|g(X)| < \infty$. 进而

$$Eg(X) = EY,$$

即

$$EY = E(E(Y|X)). \tag{1.11}$$

称 (1.11) 为**全期望公式**.

五、 特征函数

特征函数是研究分布函数的一个有效工具. 给定随机变量 X, 分布函数为 $F_X(x)$, 定义

$$\phi_X(t) = E\mathrm{e}^{\mathrm{i}tX} = \int_{-\infty}^{\infty} \mathrm{e}^{\mathrm{i}tx} \mathrm{d}F_X(x), \quad t \in \mathbb{R},$$

称 $\phi_X(t)$ 为 X (或 $F_X(x)$) 的**特征函数**.

由 $e^{itx} = \cos tx + i \sin tx$ 知, 任何随机变量的特征函数都存在. 特征函数具有下列基本性质:

(i) $\phi_X(0) = 1$;

(ii) 对任意 $t \in \mathbb{R}$, $|\phi_X(t)| \leqslant 1$;

(iii) $\phi_X(t)$ 在 $\mathbb{R}$ 上一致连续;

(iv) $\phi_X(t)$ 是非负定函数, 即对任意实数 $t_1, t_2, \cdots, t_n$ 和复数 $z_1, z_2, \cdots, z_n$, 都有

$$\sum_{j,k=1}^{n} z_k \overline{z}_j \phi_X(t_k - t_j) \geqslant 0;$$

(v) 如果对某个 $k \geqslant 1$, $m_k < \infty$, 那么 $\phi_X(t)$ 在 $t = 0$ 处 k 次连续可微, 并且

$$\phi_X^{(k)}(0) = i^k m_k;$$

进而, $\phi_X(t)$ 在 $t = 0$ 处可进行 Taylor 展开:

$$\phi_X(t) = \sum_{l=0}^{k} \frac{i^l m_l}{l!} t^l + o(t^k);$$

(vi) 如果 X 和 Y 相互独立, 那么

$$\phi_{X+Y}(t) = \phi_X(t)\phi_Y(t), \quad t \in \mathbb{R}; \tag{1.12}$$

(1.12) 可推广到任意有限个独立随机变量之和;

(vii) 给定两个随机变量 X 和 Y, $X \overset{d}{=} Y$ 当且仅当 $\phi_X \equiv \phi_Y$, 这里 $\overset{d}{=}$ 表示分布函数相同.

特别, 如果 $\phi_X(t)$ 关于 t 绝对可积, 那么 X 存在密度函数, 并且

$$p_X(x) = \frac{1}{2\pi} \int_{-\infty}^{\infty} e^{-itx} \phi_X(t) dt;$$

如果存在一列实数 x_k 和正实数 p_k 使得 $\sum\limits_{k=1}^{\infty} p_k = 1$, 并且

$$\phi_X(t) = \sum_{k=1}^{\infty} e^{ix_k t} p_k,$$

那么 X 是离散随机变量, 其分布列为

$$X \sim \begin{pmatrix} x_1 & x_2 & \cdots & x_k & \cdots \\ p_1 & p_2 & \cdots & p_k & \cdots \end{pmatrix}.$$

1.4　经典极限定理

概率极限理论贯穿概率论学科发展的整个过程, 其形式多样, 内容丰富. 正如著名概率学家柯尔莫哥洛夫 (Kolmogorov) 和格涅坚科 (Gnedenko) 所说的那样, 概率理论的认识价值只有通过极限定理才能体现出来, 没有极限定理就不可能理解概率论中基本概念的真正含义.

假设 $(\Omega, \mathcal{A}, P)$ 是概率空间, $\{X, X_n, n \geqslant 1\}$ 是一列随机变量, $\{F_X, F_n, n \geqslant 1\}$ 是相应的分布函数列. 下面回顾几种常见的收敛性.

一、　几乎处处收敛

如果存在一个零概率事件 Ω_0, 使得对任意 $\omega \in \Omega \setminus \Omega_0$, 当 $n \to \infty$ 时,

$$X_n(\omega) \to X(\omega),$$

那么称 X_n **几乎处处收敛**于 X, 记作 $X_n \to X$ a.s.

从定义不难给出下列判别准则.

定理 1.9　$X_n \to X$ a.s. 当且仅当对任意 $\varepsilon > 0$,

$$\lim_{N \to \infty} P\left(\omega : \sup_{n \geqslant N} |X_n(\omega) - X(\omega)| > \varepsilon\right) = 0. \tag{1.13}$$

特别, 如果对任意 $\varepsilon > 0$,

$$\sum_{n=1}^{\infty} P(\omega : |X_n(\omega) - X(\omega)| > \varepsilon) < \infty,$$

那么 $X_n \to X$ a.s.

注 1.8　几乎处处收敛是函数逐点收敛的推广形式, 具有与函数逐点收敛性相类似的运算性质. 虽然概念简单, 但验证起来并不容易, 实际上它是各种收敛性中最强的一种.

二、　依概率收敛

如果对任意 $\varepsilon > 0$,

$$\lim_{n \to \infty} P(\omega : |X_n(\omega) - X(\omega)| > \varepsilon) = 0, \tag{1.14}$$

那么称 X_n **依概率收敛**于 X, 记作 $X_n \xrightarrow{P} X$.

从 (1.13) 和 (1.14) 知, 几乎处处收敛比依概率收敛强. 下列定理经常用来证明依概率收敛.

定理 1.10 如果对某个 $r > 0$, 有

$$\lim_{n \to \infty} E|X_n - X|^r = 0,$$

那么 $X_n \xrightarrow{P} X$.

依概率收敛具有下列基本性质.

定理 1.11 (i) 假设 $X_n \xrightarrow{P} X$, $X_n \xrightarrow{P} Y$, 那么 $X = Y$ a.s.;

(ii) 令 $\{a_n, b_n, n \geqslant 1\}$ 是一列常数, 如果 $a_n \to a$, $b_n \to b$, 并且 $X_n \xrightarrow{P} X$, 那么

$$a_n X_n + b_n \xrightarrow{P} aX + b;$$

(iii) 假设 $X_n \xrightarrow{P} X$, $Y_n \xrightarrow{P} Y$, 那么

$$X_n \pm Y_n \xrightarrow{P} X \pm Y,$$
$$X_n Y_n \xrightarrow{P} XY,$$

当 $Y \neq 0$ 时, 进一步有

$$\frac{X_n}{Y_n} \xrightarrow{P} \frac{X}{Y};$$

(iv) 令 $f : \mathbb{R} \mapsto \mathbb{R}$ 是连续函数, 如果 $X_n \xrightarrow{P} X$, 那么 $f(X_n) \xrightarrow{P} f(X)$.

三、 依分布收敛

如果对 F_X 的每一个连续点 x,

$$\lim_{n \to \infty} F_n(x) = F_X(x), \tag{1.15}$$

那么称 X_n **依分布收敛**于 X, 记作 $X_n \xrightarrow{d} X$.

注 1.9 (1.15) 表明, 依分布收敛不同于分布函数的逐点收敛, 但在所有连续点处都逐点收敛. 由于 F_X 单调不减有界, 故不连续点最多可数个, 连续点构成 $\mathbb{R}$ 上的稠密集. X_n 是否依分布收敛只取决于它的概率分布, 与它的取值是否有极限趋势无关.

依分布收敛的最经典判别法则是下列莱维 (Lévy) 连续性定理.

定理 1.12 (i) $X_n \xrightarrow{d} X$ 当且仅当相应的特征函数收敛, 即

$$\lim_{n \to \infty} \phi_n(t) = \phi_X(t), \quad t \in \mathbb{R};$$

(ii) 如果存在一个函数 $\phi(t)$, 使得

$$\lim_{n\to\infty}\phi_n(t)=\phi(t),\quad t\in\mathbb{R},$$

并且 $\phi(t)$ 在 0 点处连续, 那么存在一个随机变量 X, 使得 $\phi_X=\phi$, 并且 $X_n\xrightarrow{d}X$.

依分布收敛具有下列基本性质.

定理 1.13 (i) 令 c 是常数, $X_n\xrightarrow{P}c$ 当且仅当 $X_n\xrightarrow{d}c$;

(ii) 如果 $X_n\xrightarrow{P}X$, 那么 $X_n\xrightarrow{d}X$;

(iii) 如果 $X_n-Y_n\xrightarrow{P}0$, 并且 $X_n\xrightarrow{d}X$, 那么 $Y_n\xrightarrow{d}X$;

(iv) 令 $\{a_n,b_n,n\geqslant1\}$ 是一列常数, 如果 $a_n\to a$, $b_n\to b$, 并且 $X_n\xrightarrow{d}X$, 那么

$$a_nX_n+b_n\xrightarrow{d}aX+b;$$

(v) 令 c 是常数, 如果 $Y_n\xrightarrow{P}c$, $X_n\xrightarrow{d}X$, 那么 $X_nY_n\xrightarrow{d}cX$;

(vi) 令 $f:\mathbb{R}\mapsto\mathbb{R}$ 是连续函数, 如果 $X_n\xrightarrow{d}X$, 那么 $f(X_n)\xrightarrow{d}f(X)$.

四、 均方收敛

假设 $EX^2<\infty$, $EX_n^2<\infty$, $n\geqslant1$. 如果

$$\lim_{n\to\infty}E|X_n-X|^2=0,$$

那么称 X_n 均方收敛于 X, 记作 $X_n\xrightarrow{L^2}X$.

均方收敛具有下列基本性质.

定理 1.14 (i) 如果 $X_n\xrightarrow{L^2}X$, 那么 $X_n\xrightarrow{P}X$;

(ii) 如果 $X_n\xrightarrow{L^2}X$, $X_n\xrightarrow{L^2}Y$, 那么 $X=Y$ a.s.;

(iii) 假设存在一个常数 $M>0$, 使得 $|X_n|\leqslant M$ a.s., 并且 $X_n\xrightarrow{P}X$, 那么 $X_n\xrightarrow{L^2}X$;

(iv) 如果 $X_n\xrightarrow{L^2}X$, 那么 $EX_n\longrightarrow EX$.

五、 经典极限定理

最后, 我们给出独立同分布随机变量部分和的经典极限定理.

定理 1.15 令 $\{\xi_n,n\geqslant1\}$ 是一列独立同分布随机变量, 其分布为

$$P(\xi_n=1)=p,\quad P(\xi_n=0)=1-p,\quad 0<p<1.$$

令 $S_n=\sum_{k=1}^{n}\xi_k$, 那么

(i)（伯努利）

$$\frac{S_n}{n} \xrightarrow{P} p;$$

(ii)（棣莫弗–拉普拉斯 (De Moivre-Laplace)）

$$\frac{S_n - np}{\sqrt{np(1-p)}} \xrightarrow{d} N(0,1);$$

(iii)（博雷尔）

$$\frac{S_n}{n} \longrightarrow p \ \text{a.s.}$$

定理 1.16（泊松） 令 $\{\xi_{nk}, 1 \leqslant k \leqslant n\}$ 是一列独立同分布随机变量, 分布为

$$P(\xi_{nk} = 1) = p_n, \quad P(\xi_{nk} = 0) = 1 - p_n, \quad 1 \leqslant k \leqslant n.$$

假设当 $n \to \infty$ 时, $p_n \to 0$ 并且 $np_n \to \lambda$, 其中 $\lambda > 0$ 是常数. 令 $S_n = \sum_{k=1}^{n} \xi_{nk}$, 那么

$$S_n \xrightarrow{d} \mathcal{P}(\lambda).$$

对于一般独立同分布随机变量, 有类似的结果成立.

定理 1.17 假设 $\{\xi_n, n \geqslant 1\}$ 是一列独立同分布随机变量, 令 $S_n = \sum_{k=1}^{n} \xi_k$.

(i)（柯尔莫哥洛夫）

$$\frac{S_n}{n} \longrightarrow \mu \ \text{a.s.}$$

当且仅当 $E|\xi_n| < \infty$ 并且 $E\xi_n = \mu$;

(ii)（费勒–莱维 (Feller-Lévy)）

$$\frac{S_n}{\sqrt{n\sigma^2}} \xrightarrow{d} N(0,1)$$

当且仅当 $E\xi_n^2 = \sigma^2$, $E\xi_n = 0$.

上述结果可以进一步推广到独立不同分布, 甚至不独立的情形.

1.5 补充与注记

一、 柯尔莫哥洛夫 (Andrey Nikolaevich Kolmogorov)

柯尔莫哥洛夫 1903 年 4 月 25 日出生于俄国坦波夫, 1987 年 10 月 20 日在莫斯科去世. 柯尔莫哥洛夫幼年家庭不幸, 父母过早去世, 主要由其姨妈抚养长大. 柯尔莫

哥洛夫 1920 年进入莫斯科大学, 但并非仅仅主修数学. 大学时代, 柯尔莫哥洛夫在数学上受到许多著名数学家的影响, 如亚历山德罗夫 (Aleksandrov)、卢津 (Luzin)、叶戈罗夫 (Egorov)、苏斯林 (Suslin) 和乌雷松 (Urysohn) 等, 但影响他最深的是斯捷潘诺夫 (Stepanov). 尽管他只是个大学生, 但已经做出了具有国际影响的工作. 1922 年 6 月, 他构造出一个几乎处处发散的可求和函数, 使得他名声大噪. 1925 年毕业时, 他已经发表 8 篇论文.

1925 年, 柯尔莫哥洛夫发表了第一篇有关概率的论文, 这篇论文是和辛钦 (Khinchin) 一起合作完成的, 包含了三级数定理与部分和不等式, 这些成为后来的鞅不等式和随机分析的基础. 1929 年, 在卢津的指导下, 柯尔莫哥洛夫完成博士学位论文, 他共计发表 18 篇论文, 其中包括著名的强大数定律和重对数律. 毕业之后不久 (1929—1931), 柯尔莫哥洛夫和拓扑学家亚历山德罗夫进行了两次旅行, 其中一次去了德国柏林、哥廷根、慕尼黑和法国巴黎, 和莱维作了深入交流. 1931 年柯尔莫哥洛夫担任莫斯科大学教授, 并在 1933 年出版了 *Foundations of the Theory of Probability*, 建立了概率论公理化体系.

1938—1939 年, 莫斯科大学许多著名数学家, 如亚历山德罗夫、盖尔范德 (Gelfand)、柯尔莫哥洛夫、彼得罗夫斯基 (Petrovsky) 和辛钦加入俄罗斯科学院斯捷克洛夫 (Steklov) 研究所, 并创办了概率统计系, 柯尔莫哥洛夫任系主任. 1953—1954 年, 柯尔莫哥洛夫发表两篇各 4 页纸的论文, 研究动力系统及其在哈密顿 (Hamilton) 系统中的应用, 标志着著名的柯尔莫哥洛夫–阿诺德–莫泽 (Kolmogorov-Arnold-Moser, 简记 KAM) 理论研究的开始, 并在阿姆斯特丹国际数学家大会上发表演讲.

除数学研究之外, 柯尔莫哥洛夫还花了大量时间从事中小学教育工作, 参与制定教学大纲、编写教材, 和学生们一起爬山旅游、阅读文学、欣赏音乐等.

二、 博雷尔 σ–域、博雷尔可测函数和博雷尔测度

令 $\mathcal{C}$ 为 $\mathbb{R}$ 上一族子集组成的集类. 如果下列条件满足:

(i) $\mathbb{R}, \varnothing \in \mathcal{C}$;

(ii) 如果 $A \in \mathcal{C}$, 那么 $\overline{A} \in \mathcal{C}$;

(iii) 如果 $A_n \in \mathcal{C}, n \geqslant 1$, 那么 $\bigcup\limits_{n=1}^{\infty} A_n \in \mathcal{C}$,

那么称 $\mathcal{C}$ 为 $\mathbb{R}$ 上的 σ–域.

令 $\mathcal{B}$ 为 $\mathbb{R}$ 上所有开集所生成的最小 σ–域, 即

$$\mathcal{B} = \sigma\{O : O \text{ 开集}\},$$

称 $\mathcal{B}$ 为 $\mathbb{R}$ 上的博雷尔 σ–域, $\mathcal{B}$ 中的每一个集合为博雷尔 (**可测**) **集**.

由定义可以看出, 每一个博雷尔集都由一列开集通过交、并、差集运算生成. 常见的集合都是博雷尔集, 如开集、闭集 (开区间、闭区间、左开右闭区间、左闭右开区间)、有理数集和无理数集.

假设 $f : \mathbb{R} \mapsto \mathbb{R}$ 是定义在 $\mathbb{R}$ 上的实值函数. 如果对每一个博雷尔集 $B \in \mathcal{B}$, 有 $f^{-1}(B) \in \mathcal{B}$, 称 f 为博雷尔**可测函数**. 根据博雷尔集定义, 不难看出: f 为博雷尔可测函数当且仅当对每一个开集 O, 有 $f^{-1}(O) \in \mathcal{B}$. 常见的函数都是博雷尔可测函数, 如连续函数、单调函数和博雷尔可测集的示性函数. 进而, 我们有下列基本结果.

定理 1.18　令 $\mathcal{F}$ 为 $\mathbb{R}$ 上所有博雷尔可测函数组成的集合.

(1) $\mathcal{F}$ 构成一个域, 即

(i) 如果 $f, g \in \mathcal{F}$, 那么 $f + g \in \mathcal{F}$;

(ii) 如果 $f, g \in \mathcal{F}$, 那么 $f \cdot g \in \mathcal{F}$;

(iii) 如果 $f \in \mathcal{F}, \alpha \in \mathbb{R}$, 那么 $\alpha f \in \mathcal{F}$.

(2) 假设 $f_n \in \mathcal{F}, n \geqslant 1$, 并且对每一个 $x \in \mathbb{R}$, $\{f_n(x), n \geqslant 1\}$ 是有界数列. 定义

$$\overline{f}(x) = \sup_{n \geqslant 1} f_n(x), \quad \underline{f}(x) = \inf_{n \geqslant 1} f_n(x),$$

那么 $\overline{f}, \underline{f} \in \mathcal{F}$.

(3) 假设 $f_n \in \mathcal{F}, n \geqslant 1$, 并且对每一个 $x \in \mathbb{R}$, $f(x) := \lim_{n \to \infty} f_n(x)$ 存在且有限, 那么 $f \in \mathcal{F}$.

考虑可测空间 $(\mathbb{R}, \mathcal{B})$. 如果 $\mu : \mathcal{B} \mapsto [0, \infty]$ 是一个测度, 那么称 μ 为博雷尔**测度**. 最常用的博雷尔测度是由长度生成的测度, 即

$$\mu(a, b) = b - a, \quad a < b.$$

今后将用 $|\cdot|$ 表示由长度生成的博雷尔测度.

尽管常见的集合和函数都是博雷尔可测集和博雷尔可测函数, 但是 $\mathbb{R}$ 上确实存在非博雷尔可测集和非博雷尔可测函数. 考虑左开右闭区间 $(0,1]$, 定义一种新型加法运算如下: 对任意 $x, y \in (0,1]$,

$$x \oplus y = \begin{cases} x + y, & 0 < x + y \leqslant 1, \\ x + y - 1, & x + y > 1. \end{cases}$$

对任意 $x \in (0,1]$ 和子集 $A \subset (0,1]$, 令 $A \oplus x = \{a \oplus x : a \in A\}$. 任意给定 $x, y \in (0,1]$, 如果存在一个有理数 $r \in (0,1]$ 使得 $y = x \oplus r$, 那么称 x, y 是**等价**的, 记作 $x \sim y$. 令 H 表示 $(0,1]$ 中恰好由来自每个等价类中一个点所组成的子集. 根据选择性公理, H 是存在的.

定理 1.19　H 是非博雷尔可测集.

定理 1.19 的证明需要下列两个引理.

引理 1.1   对任意 $x \in (0,1]$ 和博雷尔可测集 $A \subset (0,1]$, $A \oplus x$ 是博雷尔可测的, 并且

$$|A \oplus x| = |A|.$$

引理 1.2   令 $\mathbb{Q}$ 表示 $(0,1]$ 上所有有理数集, 那么

(1) $\{H \oplus r : r \in \mathbb{Q}\}$ 互不相交;

(2) $(0,1] = \sum_{r \in \mathbb{Q}} H \oplus r.$

请读者自行证明定理 1.19.

可以类似地定义高维空间 $\mathbb{R}^d$ 上的博雷尔可测集、博雷尔 σ–域、博雷尔可测函数和博雷尔测度.

三、 数学期望收敛定理

在数学分析中, 经常会问: 一列逐点收敛的函数, 它的积分是否收敛? 在概率论中, 问题变成: 一列收敛的随机变量, 它的数学期望是否收敛? 下面给出三大收敛定理, 即单调收敛定理、法图 (Fatou) 引理和控制收敛定理.

定理 1.20 (单调收敛定理)   令 $\{X_n, n \geqslant 1\}$ 是一列单调不减非负随机变量, 即 $0 \leqslant X_n \leqslant X_{n+1}$ a.s. 如果 $X_n \to X$ a.s., 那么

$$\lim_{n \to \infty} EX_n = EX.$$

推论 1.1   令 $\{X_n, n \geqslant 1\}$ 是一列单调不增非负随机变量, 即 $0 \leqslant X_{n+1} \leqslant X_n$ a.s. 如果 $X_n \to X$ a.s., 并且 $EX_1 < \infty$, 那么

$$\lim_{n \to \infty} EX_n = EX.$$

定理 1.21 (法图引理)   令 $\{X_n, n \geqslant 1\}$ 是一列单调非负随机变量, 那么

$$\lim_{n \to \infty} EX_n \geqslant E \lim_{n \to \infty} X_n.$$

注 1.10   在上述法图引理中, 对 X_n 的收敛方式没有作任何要求.

定理 1.22 (控制收敛定理)   令 $\{X_n, n \geqslant 1\}$ 是一列随机变量, 假设存在一个随机变量 Y, 使得 $E|Y| < \infty$, 并且 $|X_n| \leqslant Y$ a.s. 如果 $X_n \to X$ a.s. 或者 $X_n \xrightarrow{P} X$, 那么

$$\lim_{n \to \infty} EX_n = EX.$$

四、 L^p 空间

给定 $0 < p < \infty$, 定义

$$L^p = L^p(\Omega, \mathcal{A}, P) = \{X : E|X|^p < \infty\},$$

即 L^p 为 p 阶矩存在且有限的随机变量全体.

对任意 $X \in L^p$, 定义

$$\|X\|_p = (E|X|^p)^{1/p},$$

那么 $\|\cdot\|_p$ 满足下列性质:

(1) $\|X\|_p = 0$ 当且仅当 $X = 0$ a.s.;

(2) $\|X + Y\|_p \leqslant \|X\|_p + \|Y\|_p$;

(3) 如果 $0 < p \leqslant q$, 那么 $\|X\|_p \leqslant \|X\|_q$.

定理 1.23　$(L^p, \|\cdot\|_p)$ 是完备赋范空间. 具体地说, 假设 $\{X_n, n \geqslant 1\}$ 在 $\|\cdot\|_p$ 下是柯西序列, 即

$$\lim_{n \geqslant m \to \infty} \|X_n - X_m\|_p = 0,$$

那么一定存在一个随机变量 $X \in L^p$, 使得

$$\lim_{n \to \infty} \|X_n - X\|_p = 0.$$

习题一

以下所有随机变量都定义在概率空间 $(\Omega, \mathcal{A}, P)$ 上.

1. 若 $\mathcal{F}_1 \subset \mathcal{F}_2 \subset \cdots$ 是一列 σ-域, 证明: $\bigcup_n \mathcal{F}_n$ 不一定是 σ-域.

2. 证明:

(1) $\mathbb{R}$ 上的连续函数为博雷尔可测函数;

(2) $\mathbb{R}$ 上的右连续函数为博雷尔可测函数;

(3) 一列单调不减连续函数的极限函数为博雷尔可测函数.

3. 证明: 分布函数 F 至多有可数多个不连续点.

4. 假设 A, B, C 是三个事件, 满足条件

$$P(A|C) \geqslant P(B|C), \quad P(A|\overline{C}) \geqslant P(B|\overline{C}),$$

证明: $P(A) \geqslant P(B)$.

5. 令 X 是随机变量, 具有分布函数 $F(x)$, 证明:

(1) $P(X = a) = \lim_{\varepsilon \downarrow 0}[F(a + \varepsilon) - F(a - \varepsilon)]$;

(2) $P(a < X < b) = \lim_{\varepsilon \downarrow 0}[F(b - \varepsilon) - F(a + \varepsilon)]$.

6. 令 $\{X_n, n \geqslant 1\}$ 是一列随机变量, 证明:

(1) $\sup\limits_{n \geqslant 1} X_n$, $\inf\limits_{n \geqslant 1} X_n$ 是随机变量;

(2) $\limsup\limits_{n \to \infty} X_n$, $\liminf\limits_{n \to \infty} X_n$ 是随机变量;

(3) $\{\omega : \lim\limits_{n \to \infty} X_n(\omega) \text{ 存在}\} \in \mathcal{A}$.

7. 设 $\{X_n, n \geqslant 1\}$ 是一列随机变量, 若 f 是连续函数, $X_n \longrightarrow X$ a.s., 证明: $f(X_n) \longrightarrow f(X)$ a.s.

8. 若随机变量 X 的分布函数 $F(x) = P(X \leqslant x)$ 是连续的, 证明: $Y = F(X)$ 服从 $(0,1)$ 上的均匀分布.

9. 假设 $X \sim B(N, p)$, $0 < p < 1$ 是常数, 但 N 是随机变量.

(1) 令 $N \sim B(M, q)$, $0 < q < 1$, $M \geqslant 1$ 是常数, 求 X 的分布;

(2) 令 $N \sim \mathcal{P}(\lambda)$, $\lambda > 0$ 是常数, 求 X 的分布.

10. 假设 X 是负二项分布, 参数为 p 和 N, 其中 $0 < p < 1$ 是常数, 但 N 是随机变量. 如果 N 是参数为 β 的几何分布, $0 < \beta < 1$ 是常数, 求 X 的分布. 提示: X 服从参数为 p 和 n 的负二项分布,

$$P(X = k) = \binom{n + k - 1}{k} p^n (1 - p)^k, \quad k = 0, 1, 2, \cdots,$$

N 服从参数为 β 的几何分布,

$$P(N = k) = \beta(1 - \beta)^{k-1}, \quad k = 1, 2, \cdots. \tag{1.16}$$

11. 给定 p, X 服从参数为 p 和 N 的二项分布, 而 N 本身服从参数为 q 和 n 的二项分布.

(1) 用分析方法证明 X 服从参数为 pq 和 n 的二项分布;

(2) 对上述结果给出概率解释.

12. 假设 $X \sim \mathcal{P}(\lambda)$, 求 $E(X | X \text{ 为奇数})$.

13. 假设 U 和 V 是独立同分布的几何随机变量, 参数为 $0 < \beta < 1$. 令 $Z = U + V$.

(1) 求 $P(U = n, Z = N)$;

(2) 给定 $Z = N$ 的条件下, 求 U 的分布.

14. 假设 $(X_n, n \geqslant 1)$ 是独立同分布的参数为 $\lambda > 0$ 的指数随机变量, N 是参数

为 β 的几何随机变量, 并且与 $(X_n, n \geqslant 1)$ 相互独立. 定义随机和

$$S_N = \sum_{k=1}^{N} X_k.$$

(1) 求 S_N 的密度函数;

(2) 求 ES_N 和 $\mathrm{Var}(S_N)$.

15. 令 $X \sim B(n,p)$, 其中 $n \geqslant 1$ 是常数, 但 p 是随机变量. 如果 $p \sim U[0,1]$, 求 X 的分布.

16. 令 $X \sim \mathcal{P}(\lambda)$, 其中 λ 是随机变量. 如果 $\lambda \sim \exp(\mu)$, 其中 $\mu > 0$ 是常数, 求 X 的分布.

17. 令 $X \sim U[0,L]$, 其中 L 是随机变量. 如果 L 服从参数为 2 的 Γ 分布, 即密度函数为 $x\mathrm{e}^{-x}$, $x \geqslant 0$, 求 X 和 $L-X$ 的联合密度函数.

18. 假设 λ 是服从 Γ 分布的随机变量, 密度函数为

$$p(x) = \begin{cases} \dfrac{1}{\Gamma(n)} x^{n-1}\mathrm{e}^{-x}, & x \geqslant 0, \\ 0, & x < 0, \end{cases}$$

n 是固定的正常数. 对每个固定的 $\lambda > 0$, X 服从参数为 λ 的泊松分布, 当整数 n 服从参数为 $p = 1/2$ 的负二项分布时, 证明:

$$P(X = k) = \frac{\Gamma(k+n)}{\Gamma(n)\Gamma(k+1)}\left(\frac{1}{2}\right)^{k+n}, \quad k = 0, 1, 2, \cdots.$$

19. 假定 p 服从参数为 r, s 的 β 分布. 对每个给定的 p, X 服从参数为 p 和 n 的二项分布, 求 X 的分布列; 并说明在什么情况下 X 服从 $\{0, 1, 2, \cdots, n\}$ 上的均匀分布.

20. X 服从参数为 λ 的泊松分布, 而 λ 服从参数为 α, β 的 Γ 分布, 密度函数为

$$p(x) = \begin{cases} \dfrac{1}{\Gamma(\alpha)}\beta^{\alpha}x^{\alpha-1}\mathrm{e}^{-\beta x}, & x \geqslant 0, \\ 0, & x < 0. \end{cases}$$

求 X 的分布列.

21. 假设 X 是正随机变量, 且有连续密度函数 $p(x)$. 给定 $X = x$ 的条件下, Y 服从 $[0,x]$ 上的均匀分布, 证明: 如果 Y 与 $X-Y$ 相互独立, 那么

$$p(x) = a^2 x\mathrm{e}^{-ax}, \quad x > 0, a > 0.$$

22. 令 $0 < q < p$. 假设 U 服从参数为 p 的 Γ 分布, V 服从参数为 $q, p-q$ 的 β 分布, 并且 U 和 V 相互独立, 证明: UV 服从参数为 q 的 Γ 分布.

23. 假设 X 和 Y 是独立同分布的正随机变量, 有连续密度函数 $p(x)$. 若 $U = X - Y$ 与 $V = \min(X, Y)$ 相互独立, 证明: 存在 $\lambda > 0$, 使

$$p(x) = \begin{cases} \lambda \mathrm{e}^{-\lambda x}, & x \geqslant 0, \\ 0, & \text{其他.} \end{cases}$$

24. 假设 X 和 Y 是取非负整数值的随机变量, 两者相互独立. 若对所有非负整数 x, y, 有

$$P(X = x | X + Y = x + y) = \frac{\dbinom{m}{x}\dbinom{n}{y}}{\dbinom{m+n}{x+y}}$$

成立, 其中 m, n 是给定的正整数, 并且 $P(X = 0) > 0$, $P(Y = 0) > 0$, 证明: $X \sim B(n, p)$, $Y \sim B(m, p)$.

25. 令 $\{X_n, n \geqslant 0\}$ 是一列独立同分布的连续随机变量, 定义

$$N = \inf\{k : X_k > X_0\},$$

求 N 的分布和数学期望 EN.

26. 一个首饰盒有三个抽屉: 第一个抽屉内有两个银币, 第二个抽屉内有一个金币和一个银币, 第三个抽屉内有两个金币. 现在随意打开一个抽屉, 并随机挑选一个硬币. 已知该硬币是金币, 求所打开的抽屉中另一个也是金币的概率.

27. 令 X 和 Y 是两个相互独立的随机变量.

(1) 若 X 和 Y 是两个整数值随机变量, 分布为 p_k, $k \in \mathbb{Z}$, 求 $P(X = Y)$ 和 $P(X \leqslant Y)$;

(2) 若 X 是连续随机变量, 求 $P(X = Y)$.

28. 令 $\{X_n, n \geqslant 1\}$ 是一列独立同分布的正整数随机变量, 证明:

$$E \min\{X_1, X_2, \cdots, X_m\} = \sum_{n=1}^{\infty} P(X_1 \geqslant n)^m.$$

29. (1) 假设 $f : \mathbb{R} \mapsto \mathbb{R}$ 是连续函数, 满足

$$f\left(\frac{1}{2}(x+y)\right) = \frac{1}{2}[f(x) + f(y)], \quad x, y \in \mathbb{R},$$

证明: 存在常数 $a, b \in \mathbb{R}$ 使得 $f(x) = ax + b$;

(2) 假设 X 是正随机变量, 具有无记忆性:

$$P(X > s + t | X > t) = P(X > s), \quad s, t \geqslant 0,$$

证明: X 是参数为 1 的指数随机变量.

30. 令 X 是正随机变量, 分布函数为 $F(x)$, 证明:

(1) $EX = \displaystyle\int_0^\infty [1 - F(x)]\mathrm{d}x$;

(2) 如果 $c > 0$, 那么

$$E(X \wedge c) = \int_0^c [1 - F(x)]\mathrm{d}x,$$

其中 $X \wedge c$ 表示 X 和 c 的最小值;

(3) 如果 $EX < \infty$, 那么 $\lim\limits_{x \to \infty} xP(X > x) = 0$.

31. 令 X 是非负随机变量, 证明: 对任何 $M > 0$,

$$M \sum_{k=1}^\infty P(X > kM) \leqslant EX \leqslant M \sum_{k=0}^\infty P(X > kM).$$

32. 现有标记 $1, 2, \cdots, N$ 的 N 个球, 从中无放回随机抽取 $2n + 1$ 个. Y 表示这 $2n + 1$ 个球的中位数, 证明: Y 的分布列为

$$P(Y = k) = \frac{\dbinom{k-1}{n}\dbinom{N-k}{n}}{\dbinom{N}{2n+1}}, \quad k = n+1, n+2, \cdots, N-n,$$

且

$$EY = \frac{N+1}{2}, \quad \mathrm{Var}(Y) = \frac{(N - 2n - 1)(N + 1)}{8n + 12}.$$

33. 现有标记 $1, 2, \cdots, N$ 的 N 个球, 从中无放回随机抽取 n 个. X 表示这 n 个球中最大的数, 证明: X 的分布列为

$$P(X = k) = \frac{\dbinom{k-1}{n-1}}{\dbinom{N}{n}}, \quad k = n, n+1, \cdots, N,$$

且

$$EX = \frac{n}{n+1}(N + 1), \quad \mathrm{Var}(X) = \frac{n(N - n)(N + 1)}{(n+1)^2(n+2)}.$$

34. 假设相互独立的随机变量 X_1, X_2 均服从 $[\theta - 1/2, \theta + 1/2]$ 上的均匀分布, 证明 $X_1 - X_2$ 的分布不依赖于 θ, 并求出其密度函数.

35. 假设离散随机变量 X 与 Y 均在 $\{0, 1, 2, \cdots\}$ 上取值, 定义联合生成函数:

$$\phi_{X,Y}(s, t) = \sum_{i,j=0}^\infty s^i t^j P(X = i, Y = j), \quad |s| < 1, |t| < 1$$

以及边际生成函数:

$$\phi_X(s) = \sum_{i=0}^{\infty} s^i P(X=i),$$

$$\phi_Y(t) = \sum_{j=0}^{\infty} t^j P(Y=j).$$

(1) 证明: X 与 Y 相互独立当且仅当

$$\phi_{X,Y}(s,t) = \phi_X(s)\phi_Y(t), \quad \forall s,t;$$

(2) 试给出 X, Y 不独立, 但

$$\phi_{X,Y}(t,t) = \phi_X(t)\phi_Y(t), \quad \forall t$$

成立的一个例子.

36. 记 $A_0, A_1, \cdots, A_r$ 是随机试验可能出现的 $r+1$ 个结果, 每个 A_i 出现的概率为 p_i. 独立重复该随机试验直到 A_0 发生 k 次, X_i 表示 A_i 出现的次数, $i=0,1,2,\cdots,r$.

(1) 证明:

$$P\left\{X_1 = x_1, \cdots, X_r = x_r; A_0 \text{ 在第} \left(k+\sum_{i=1}^{r} x_i\right) \text{ 次试验时刚好出现第 } k \text{ 次}\right\}$$

$$= \frac{\Gamma\left(k+\sum_{i=1}^{r} x_i\right)}{\Gamma(k)\prod_{i=1}^{r} x_i!} p_0^k \prod_{i=1}^{r} p_i^{x_i};$$

(2) 证明: $(X_0, X_1, \cdots, X_r)$ 的生成函数为

$$\varphi(t_1, \cdots, t_r) = p_0^k \left(1 - \sum_{i=1}^{r} t_i p_i\right)^{-k}.$$

37. 假定 $(X_0, X_1, \cdots, X_r)$ 服从参数为 $(n; p_0, p_1, \cdots, p_r)$ 的多项分布, 而 n 服从参数为 (k, ρ) 的负二项分布, 求 $(X_0, X_1, \cdots, X_r)$ 的联合分布.

38. 罐子里有第 0 种, 第 1 种, $\cdots$, 第 r 种颜色的球各 $m, n_1, \cdots, n_r$ 个. 从罐子中无放回地随机取球, 直到取出第 0 种颜色的第 k 个球为止. 记 X_i 为第 i 种颜色球被取出的个数, $i=1,\cdots,r$.

(1) 证明: $(X_1, \cdots, X_r)$ 的联合分布列为

$$P(X_1 = x_1, \cdots, X_r = x_r) = \frac{\binom{m}{k-1}\prod_{i=1}^{r}\binom{n_i}{x_i}}{\binom{m+n}{k+y-1}} \cdot \frac{m-(k-1)}{m+n-(k+y-1)},$$

其中 $y = \sum_{i=1}^{r} x_i, n = \sum_{i=1}^{r} n_i$;

(2) 如果 $m \to \infty$, $n \to \infty$, 并且 $\dfrac{m}{m+n} \to p_0$, $\dfrac{n_i}{m+n} \to p_i$, $i = 1, \cdots, r$, 证明: $(X_1, \cdots, X_r)$ 的联合分布收敛于负多项分布.

39. 设离散随机变量 X_n 取 k/n 的概率为 $1/n$, $k = 1, 2, \cdots, n$.

(1) 求 X_n 的特征函数 $\phi_n(t)$;

(2) 求 $\lim\limits_{n\to\infty} \phi_n(t)$;

(3) 确定 X_n 的极限分布.

40. 假设 X 与 Y 是相互独立的随机变量, 满足

$$P(X = i) = f(i), \quad P(Y = i) = g(i),$$

其中 $f(i) > 0$, $g(i) > 0$, $i = 0, 1, 2, \cdots$, 并且

$$\sum_{i=0}^{\infty} f(i) = \sum_{i=0}^{\infty} g(i) = 1.$$

若

$$P(X = k | X + Y = l) = \begin{cases} \dbinom{l}{k} p^k (1-p)^{l-k}, & 0 \leqslant k \leqslant l, \\ 0, & k > l. \end{cases}$$

(1) 证明:

$$f(i) = e^{-\theta\alpha} \frac{(\theta\alpha)^i}{i!}, \quad g(i) = e^{-\theta} \frac{\theta^i}{i!}, \quad i = 0, 1, 2, \cdots,$$

其中 $\alpha = \dfrac{p}{1-p}$, θ 是任意正常数;

(2) 证明: p 可由条件

$$G\left(\frac{1}{1-p}\right) = \frac{1}{f(0)}$$

确定, 其中 $G(s) = \sum g(i) s^i$ 是 Y 的生成函数.

41. 假设 X 是非负整数值随机变量, 其生成函数为 $\phi_X(s)$. 现重复 X 次伯努利试验, 每次试验成功的概率为 p, $0 < p < 1$. 令 Y 表示成功的次数.

(1) 求 Y 的生成函数 $\phi_Y(s)$;

(2) 求在给定 $Y = X$ 的条件下, X 的生成函数;

(3) 如果 (1) 和 (2) 的生成函数相同, 证明 X 服从泊松分布.

42. 令 $\{X_n, n \geqslant 1\}$ 是一列独立随机变量, 均值为 0, 方差为 1; Y 是一个随机变量, 且 $EY^2 < \infty$.

(1) 记 $a_j = E(YX_j)$, 证明:

$$\sum_{j=1}^{n} a_j^2 \leqslant EY^2, \quad n \geqslant 1;$$

(2) 证明:

$$\lim_{n \to \infty} E(YX_n) = 0.$$

提示: 考虑 $E\left(Y - \sum_{j=1}^{n} a_j X_j\right)^2$.

43. 若一列分布函数 F_n 弱收敛于分布函数 F, F 是连续的, 证明 F_n 一致收敛于 F.

44. 假设 $\{X_n, n \geqslant 1\}$ 是一列随机变量, X 是随机变量, 证明: $X_n \xrightarrow{P} X$ 当且仅当

$$\lim_{n \to \infty} E \frac{|X_n - X|}{1 + |X_n - X|} = 0.$$

45. 令 $\{X_n, n \geqslant 1\}$ 是一列非负随机变量, $EX_n < \infty$, X 是非负随机变量, $EX < \infty$. 假设 $X_n \to X$ a.s., 证明:

(1) $\lim_{n \to \infty} EX_n = EX$;

(2) 对所有有界随机变量 Y, $\lim_{n \to \infty} E(YX_n) = E(YX)$.

46. $\{X_n, n \geqslant 1\}$ 是一列定义在概率论空间 $(\Omega, \mathcal{F}, P)$ 上的随机变量, Ω 是个可数集, $\mathcal{F}$ 由 Ω 的所有子集构成, 证明: 若 $X_n \xrightarrow{P} X$, 则 $X_n \longrightarrow X$ a.s.

习题一部分
习题参考答案

第二章

随机过程基本概念

随机过程是一族随机变量, 主要用于描述随时间变化的随机现象. 刻画随机过程的基本要素包括时间参数、状态空间、样本曲线和概率分布等.

2.1　随机过程基本概念

一、随机过程定义

"过程" 一词通常用于描述与时间有关的现象, 如

(i) 人类社会发展过程;

(ii) 高能粒子裂变过程;

(iii) 化学反应过程;

(iv) 学生求学过程.

当描述一个具体的 "过程" 时, 总需要特别指明该事物或现象某时刻处于某状态. 以下仅以 "学生求学过程" 为例加以解释.

小孩 3 岁开始上幼儿园, 由小班开始, 直至中班、大班; 6 周岁开始上小学, 小学共 6 年; 小学毕业后, 进入初中, 初中 3 年, 完成现阶段九年制义务教育; 通过考试进入高中, 高中 3 年, 完成中学教育; 参加高考, 通过审核符合条件者, 进入大学本科学习, 一般本科为 4 年制, 少数专业为 5 年制. 按照这一教育规划, 大多数人 18 岁进入大学, 22 岁大学本科毕业. 但是一些例外情况时有发生, 如由于身体原因需要休学一年或更长时间; 由于成绩不佳, 未能考上大学, 仅仅拿到高中毕业文凭; 由于大学 4 年内未能修满学分, 按规定延迟毕业; 由于成绩优秀, 小学连跳两级; 由于 3 年就修满学分大学提前毕业等. 从步入幼儿园起, 人们心中满是期待, 或许有一些担心; 在大学毕业之际, 回望曾经的学习历程, 感慨万千.

下面给出随机过程的定义.

假设 $(\Omega, \mathcal{A}, P)$ 是概率空间, T 为指标集, $\mathcal{E}$ 为点集. 称一族随机变量 $X(\omega, t): \Omega \mapsto \mathcal{E}, t \in T$ 为**随机过程**, 记作 $\boldsymbol{X} = (X(t), t \in T)$, 其中称 T 为**时间参数空间**, $\mathcal{E}$ 为**状态空间**. $\{X(t) = a\}$ 的意思是随机过程在 t 时刻处于状态 a. 有时将时间 t 作为下标, 如 $X_t(\omega)$; 有时为简洁起见, 略去 ω, 仅写作 $X(t)$ 或 X_t.

常见的时间参数空间 T 包括 $(-\infty, \infty), [0, \infty), [0, 1], \{\cdots, -2, -1, 0, 1, 2, \cdots\}, \{0, 1, 2, \cdots\}$ 或 $\{1, 2, \cdots\}$. 这些 T 有一个重要特点: 即自然的 "序" 关系.

常见的状态空间 $\mathcal{E}$ 包括 $\mathbb{R}^d, \mathbb{R}_+^d, \mathbb{Z}^d, \mathbb{Z}_+^d, \mathbb{N}$, 其中 $d \geqslant 1$. 当然, 也会遇到其他情形, 如 $\mathcal{E} = \{$开、关$\}$, $\mathcal{E} = \{$成功、失败$\}$, $\mathcal{E} = \{$运行、维修$\}$.

在随机过程研究中, 有一个全新的概念 —— 样本曲线 (或样本轨道). 任给一个 $\omega \in$

Ω, 称 $X(\omega, \cdot): T \to \mathcal{E}$ 为**样本曲线**.

例 2.1 余弦波过程. 令 Θ 是 $[0, 2\pi]$ 上的均匀随机变量, a, ω 为给定的正常数. 定义

$$X(t) = a\cos(\omega t + \Theta), \quad -\infty < t < \infty,$$

那么 $\boldsymbol{X} = (X(t), -\infty < t < \infty)$ 为随机过程, 其中 $T = (-\infty, \infty)$, $\mathcal{E} = [-a, a]$. 任给一个相位 Θ, $X(t)$ 为一条余弦波曲线, 振幅为 a, 频率为 $\dfrac{2\pi}{\omega}$. 图 2.1 给出了两条样本曲线.

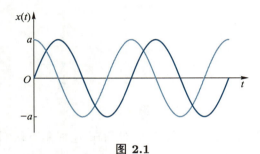

图 2.1

例 2.2 简单随机游动. 假设 $\{\xi_n, n \geqslant 1\}$ 为一列独立同分布随机变量,

$$P(\xi_n = 1) = p, \quad P(\xi_n = -1) = 1 - p,$$

其中 $0 < p < 1$. 定义

$$S_0 = 0, \quad S_n = S_{n-1} + \xi_n, \quad n \geqslant 1,$$

那么 $\boldsymbol{S} = (S_n, n \geqslant 0)$ 为随机过程, 时间参数空间 $T = \{0, 1, 2, \cdots\}$, 状态空间 $\mathcal{E} = \mathbb{Z}$. 该过程用于描述直线上随机游动: 从原点出发, 一步一格, 向右走的概率为 p, 向左走的概率为 $1 - p$, S_n 表示第 n 步以后所处的位置. 图 2.2 给出了前 12 步留下的一条 "足迹".

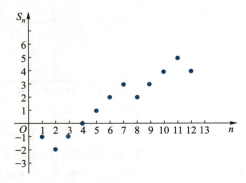

图 2.2

例 2.3   汇率波动. 不同货币之间的汇率波动会影响两国之间甚至全球的金融市场和经济发展. 下面以德国马克 (DEM) 和美国美元 (USD) 汇率为例, 令

$$r_t = \left(\frac{\text{DEM}}{\text{USD}}\right)_t, \quad t \geqslant t_0, \tag{2.1}$$

其中 t_0 作为起始时刻. $\boldsymbol{r} = (r_t, t \geqslant t_0)$ 是连续时间取正实数值的随机过程, 如图 2.3 所示.

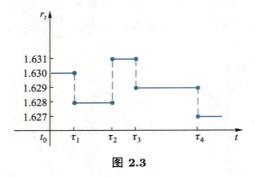

图 2.3

特别, r_t 在 t_0 之后保持常值一段时间; 然后在 τ_1 时刻下跌 (很可能在 τ_1 时刻, 某家银行给出了新的报价); 维持该价格一段时间后, 在 τ_2 时刻出现上涨; 如此下去.

问题: 波动时间的间隔 $\tau_{k+1} - \tau_k$ 有什么统计规律吗? 汇率的绝对变化 $r_{\tau_{k+1}} - r_{\tau_k}$ 和相对变化 $\dfrac{r_{\tau_{k+1}}}{r_{\tau_k}}$ 程度如何 $(k = 1, 2, \cdots)$?

例 2.4   自回归序列. 如何准确地预测预报地震是人类目前面临的巨大挑战. 目前国际上大多采用 "里氏震级" 作为地震规模大小的标度, 按此标准, 过去连续 99 年间全球范围内共发生里氏 7.0 级以上地震大约 20.2 次 (平均每年 20.2 次). 图 2.4 给出了每年的具体数据.

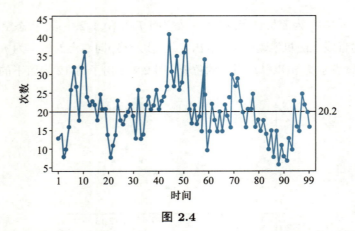

图 2.4

以开始记录数据的那一年作为元年, 令 X_n 表示第 n 年全球范围内所发生的旦氏 7.0 级以上的地震次数, 其中 $n \geqslant 0$. X_n 是一个随机变量, 它的分布规律未知, 更不清楚不同年份之间地震次数以及强度之间有何关系. 图 2.4 所给出的只是一段时间内所记录的

历史数据. 问题: 这些数据蕴含着某种内在规律吗? 如何有效利用这些数据进行预测预报呢?

从图 2.4 上数据来看, 没有单调增加或单调减少的趋势, 没有季节性变化趋势, 没有明显异常点. 考虑一组向量 (X_{n-1}, X_n), $2 \leqslant n \leqslant 99$, 并作图 2.5.

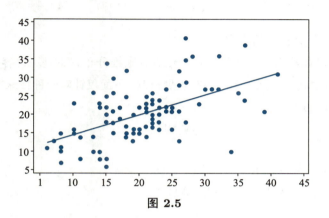

图 2.5

可以看出, X_n 并不完全恰好随 X_{n-1} 线性增加, 但整体上看有线性增加的趋势. 由此, 假设可用下列 1 阶自回归模型来描述:

$$X_n = bX_{n-1} + \varepsilon_n, \quad n \geqslant 2, \tag{2.2}$$

其中 $\{\varepsilon_n, n \geqslant 1\}$ 是独立同分布正态随机变量序列, $\varepsilon_n \sim N(0, \sigma^2)$.

方程 (2.2) 给出了 X_n 随时间而变化的内在机制, 其中参数 b 可以通过最小二乘法进行估计, 并依此来进行预测.

二、 随机过程概率分布

随机过程是一族随机变量, 如何刻画它的概率分布呢? 为叙述方便, 以下仅以 $\mathcal{E} = \mathbb{R}$ 和 $T = (-\infty, \infty)$ 为例来描述随机过程的概率分布. 从有限维分布函数开始.

1-维分布: 任给 $t \in T$, $X(t)$ 的分布函数为

$$F_t(x) = P(X(t) \leqslant x);$$

2-维分布: 任给 $s, t \in T$, $(X(s), X(t))$ 的联合分布函数为

$$F_{s,t}(x, y) = P(X(s) \leqslant x, X(t) \leqslant y);$$

k-维分布: 任给 $t_1, t_2, \cdots, t_k \in T$, $(X(t_1), X(t_2), \cdots, X(t_k))$ 的联合分布函数为

$$F_{t_1, t_2, \cdots, t_k}(x_1, x_2, \cdots, x_k) = P(X(t_1) \leqslant x_1, X(t_2) \leqslant x_2, \cdots, X(t_k) \leqslant x_k).$$

随机过程 $\boldsymbol{X}$ 的概率分布通过它的所有有限维分布函数族来描述. 假设 $\boldsymbol{X} = (X(t),$ $t \in T)$ 和 $\boldsymbol{Y} = (Y(t), t \in T)$ 为两个随机过程, 如果对任意 $k \geqslant 1$ 和 $t_1, t_2, \cdots, t_k \in T$ 均有

$$F^{\boldsymbol{X}}_{t_1,t_2,\cdots,t_k}(x_1, x_2, \cdots, x_k) \equiv F^{\boldsymbol{Y}}_{t_1,t_2,\cdots,t_k}(x_1, x_2, \cdots, x_k), \quad x_i \in \mathbb{R}, \quad i = 1, 2, \cdots, k,$$

那么称 $\boldsymbol{X}$ 和 $\boldsymbol{Y}$ 具有相同的概率分布.

一般来说, 具体给出一个随机过程的任意有限维分布并不是一件容易的事, 通常需要知道不同时刻之间的相互关系和内在发展机制. 下面仅针对两种特殊情况给出计算有限维分布的一般原理.

(i) 对 $k \geqslant 1$, $t_1 < t_2 < \cdots < t_k$, 注意到

$$\begin{cases} X(t_1) = X(t_1), \\ X(t_2) = X(t_1) + X(t_2) - X(t_1), \\ \qquad \cdots\cdots\cdots\cdots \\ X(t_n) = X(t_1) + X(t_2) - X(t_1) + \cdots + X(t_n) - X(t_{n-1}), \end{cases}$$

这样, 如果 $(X(t_1), X(t_2) - X(t_1), \cdots, X(t_k) - X(t_{k-1}))$ 的联合分布已知, 那么可以通过线性变换方法计算 $(X(t_1), X(t_2), \cdots, X(t_k))$ 的联合分布.

(ii) 假设 $t_1 < t_2 < \cdots < t_k$, 任意给定 $x_1, x_2, \cdots, x_k \in \mathbb{R}$, 记 $A_k = \{X(t_k) = x_k\}$. 由条件概率链式法则得

$$P(X(t_1) = x_1, X(t_2) = x_2, \cdots, X(t_k) = x_k)$$
$$= P(A_1 A_2 \cdots A_k)$$
$$= P(A_1)P(A_2|A_1)\cdots P(A_k|A_1 A_2 \cdots A_{k-1}). \tag{2.3}$$

因此, 如果在给定 $X(t_1), X(t_2), \cdots, X(t_{k-1})$ 的条件下, $X(t_k)$ 的分布已知, 那么 $\boldsymbol{X}$ 的任意有限维分布可以通过 (2.3) 来计算.

三、 随机过程数字特征

1. 均值函数

假设对每一个 $t \in T$, $E|X(t)| < \infty$, 称

$$\mu_X(t) = EX(t), \quad t \in T$$

为 $\boldsymbol{X}$ 的均值函数.

2. 自协方差函数

假设对每一个 $t \in T$, $E(X(t))^2 < \infty$, 称

$$\sigma_X^2(t) = \operatorname{Var}(X(t)), \quad t \in T$$

为 $\boldsymbol{X}$ 的**方差函数**. 定义

$$r_X(s,t) = E(X(s)X(t)), \quad s,t \in T,$$

称 $r_X(s,t)$ 为 $\boldsymbol{X}$ 的**自相关函数**. 定义自协方差函数为

$$\operatorname{Cov}(X(s), X(t)) = r_X(s,t) - \mu_X(s)\mu_X(t), \quad s,t \in T.$$

3. 互相关函数

假设 $\boldsymbol{X} = (X(t), t \in T)$ 和 $\boldsymbol{Y} = (Y(t), t \in T)$ 是两个随机过程, 并且对每一个 $t \in T$, $E(X(t))^2 < \infty$, $E(Y(t))^2 < \infty$. 定义

$$r_{X,Y}(s,t) = E(X(s)Y(t)), \quad s,t \in T,$$

称 $r_{X,Y}(s,t)$ 为 $\boldsymbol{X}$ 和 $\boldsymbol{Y}$ 的**互相关函数**.

例 2.5 (例 2.1 续) 经过一些简单计算, 得到

$$\begin{aligned} \mu_X(t) &= EX(t) \\ &= aE\cos(\omega t + \Theta) \\ &= a\int_0^{2\pi} \frac{1}{2\pi}\cos(\omega t + \theta)\mathrm{d}\theta = 0, \quad t \in T; \end{aligned}$$

$$\begin{aligned} r_X(s,t) &= E(X(s)X(t)) \\ &= a^2 E[\cos(\omega s + \Theta)\cos(\omega t + \Theta)] \\ &= \frac{a^2}{2\pi}\int_0^{2\pi}\cos(\omega s + \theta)\cos(\omega t + \theta)\mathrm{d}\theta \\ &= \frac{a^2}{2}\cos\omega(t - s), \quad s,t \in T. \end{aligned}$$

因此, 方差函数为

$$\sigma_X^2(t) = \frac{a^2}{2}, \quad t \in T.$$

例 2.6 (例 2.2 续) 令 $p = 1/2$. 经过一些简单计算, 得到

$$\mu_S(n) = ES_n = 0, \quad n \geqslant 0$$

和

$$r_S(n,m) = E(S_n S_m)$$
$$= E\sum_{i=1}^{n}\sum_{j=1}^{m}\xi_i\xi_j$$
$$= n \wedge m, \quad n,m \geqslant 0,$$

其中 $n \wedge m$ 表示 n 和 m 中的最小值.

因此, 方差函数为

$$\sigma_S^2(n) = n, \quad n \geqslant 0.$$

四、 特殊过程

令 $X = (X(t), t \in T)$ 是一个随机过程, 对每一个 $t \in T$, $E(X(t))^2 < \infty$. 如果
(i) 均值函数为常数, 即存在一个常数 μ 使得

$$\mu_X(t) \equiv \mu, \quad t \in T;$$

(ii) 自相关函数 $r_X(s,t)$ 仅与时间差 $s-t$ 有关, 即存在一个函数 $\tau_X : \mathbb{R} \mapsto \mathbb{R}$ 使得

$$r_X(s,t) = \tau_X(s-t), \quad s,t \in T,$$

那么称 X 为**弱平稳过程**, 有时也称为**宽平稳过程**.

例 2.7 (例 2.5 续) 余弦波过程是弱平稳过程.

例 2.8 (例 2.6 续) 简单随机游动不是弱平稳过程.

令 $X = (X(t), t \in T)$ 是一个随机过程. 如果对任意 $k \geqslant 1$, $t_1, t_2, \cdots, t_k \in T$ 以及 $t \in T$ 都有

$$(X(t_1 + t), X(t_2 + t), \cdots, X(t_k + t)) \stackrel{d}{=} (X(t_1), X(t_2), \cdots, X(t_k)),$$

那么称 X 为**强平稳过程**, 有时也称为**严平稳过程**.

例 2.9 假设 $X = (X_n, n \geqslant 0)$ 是一个随机过程, 并且所有 X_n 都相互独立同分布, 那么 X 是强平稳过程.

注 2.1 一般来说, 平稳随机过程的强弱性并没有直接联系. 如果强平稳过程的二阶矩存在且有限, 那么它一定是弱平稳过程.

令 $X = (X(t), t \in T)$ 是一个随机过程. 对任意 $s < t$, 称 $X(t) - X(s)$ 为**过程增量**. 如果 $X(t) - X(s)$ 的分布仅依赖于时间差 $t-s$, 而与 s 和 t 无关, 那么称 X 是**平稳增量过程**.

如果对任意 $k \geqslant 1$ 和 $t_1 < t_2 < \cdots < t_k$, 增量

$$X(t_1), X(t_2) - X(t_1), \cdots, X(t_k) - X(t_{k-1})$$

是相互独立的, 那么称 $\boldsymbol{X}$ 是**独立增量过程**.

例 2.10 (例 2.2 续)　简单随机游动 $\boldsymbol{S} = (S_n, n \geqslant 0)$ 是独立平稳增量过程.

例 2.11　后面将要学到的泊松过程和布朗 (Brown) 运动都是独立平稳增量过程.

令 $\boldsymbol{X} = (X(t), t \in T)$ 是一个随机过程. 如果其任意有限维分布为联合正态分布, 那么称 $\boldsymbol{X}$ 为**正态过程**, 有时也称为**高斯 (Gauss) 过程**.

注 2.2　对任何 k 个时刻 $t_1, t_2, \cdots, t_k$, $(X(t_1), X(t_2), \cdots, X(t_k))$ 服从正态分布当且仅当其任意线性组合

$$\sum_{i=1}^{k} a_i X(t_i)$$

服从正态分布, 其中 $a_1, a_2, \cdots, a_k$ 为任意实数.

因为联合正态向量的分布由均值向量和协方差矩阵所唯一确定, 所以弱平稳正态过程一定是强平稳正态过程.

令 $\boldsymbol{X} = (X(t), t \in T)$ 是零均值随机过程. 如果对任意 $s \neq t$ 都有 $r_X(s, t) = 0$, 那么称 $\boldsymbol{X}$ 为**白噪声**.

2.2　补充与注记

一、杜布 (Joseph Leo Doob)

杜布 1910 年 2 月 27 日出生于美国俄亥俄州辛辛那提, 2004 年 6 月 7 日在美国伊利诺伊州厄巴纳去世. 杜布从小就对科学感兴趣, 特别喜欢无线电, 制作过自己的晶体管收音机; 中学期间, 学习摩斯电码, 取得执照, 并使用自己制作的发射器发射无线电波. 1926 年, 杜布进入哈佛大学物理专业学习; 一年后, 他决定不再继续学习物理; 由于被数学分析及其应用深深吸引, 故转学数学. 1930 年毕业后, 他跟随沃尔什 (Walsh) 攻读博士学位; 两年后, 获博士学位, 论文为 *Boundary values of analytic functions*.

20 世纪 30 年代初期, 美国进入大萧条时期, 失业率居高不下, 人们生活窘迫. 杜布四处奔波, 寻找工作机会; 后经哥伦比亚大学 (Columbia University) 统计学家霍特林

(Hotelling) 推荐, 获得奖学金进入哥伦比亚大学从事概率统计研究. 1935 年, 杜布转到伊利诺伊大学 (University of Illinois), 1942 年应维布伦 (Veblen) 劝说短暂离开, 去美国海军部工作, 1945 年回到伊利诺伊大学担任教授, 直到 1978 年退休.

杜布的主要工作领域是概率和测度理论. 1940—1950 年, 杜布在莱维的工作基础上, 发展了随机过程、鞅论及其应用. 1953 年, 杜布出版 *Stochastic Processes*, 该书现已成为随机过程领域的经典著作. 钟开莱 1954 年在 *Bulletin of the American Mathematical Society* 上对该书内容做了详细评论. 杜布曾担任数理统计研究院 (Institute of Mathematical Statistics) 主席 (1950) 和美国数学学会理事长 (1963—1964), 为概率论学科发展成为数学的一个分支做出了积极贡献.

杜布爱好散步, 每周六坚持散步, 1939 年加入 Champaign-Urbana 散步协会, 并担任该协会召集人 25 年.

二、 随机过程存在性

1. 随机变量存在性

假设 $\{\xi_n, n \geq 1\}$ 是一列独立同分布随机变量,

$$P(\xi_n = 0) = P(\xi_n = 1) = \frac{1}{2}.$$

该随机变量序列可以通过独立重复投掷均匀硬币产生. 定义

$$U = \sum_{n=1}^{\infty} \frac{\xi_n}{2^n}. \tag{2.4}$$

注意, (2.4) 右边级数处处收敛, 并且 U 是 $[0,1]$ 上均匀随机变量.

任意给定一个分布函数 $F(x)$, 即 $F(x)$ 单调不减右连续, 并且 $F(-\infty) = 0, F(\infty) = 1$. 令

$$F^{-1}(x) = \inf\{u : F(u) \geq x\},$$

称 F^{-1} 为 F 的**广义逆函数**. 定义

$$X = F^{-1}(U),$$

那么 X 具有分布函数 F, 即 $F_X(x) \equiv F(x)$.

2. 随机过程存在性

假设 $\boldsymbol{X} = (X(t), t \in \mathbb{R})$ 是随机过程, 那么它的分布由一族有限维分布刻画: 任意给定 $k \geq 1$ 以及 $t_1, t_2, \cdots, t_k \in \mathbb{R}$,

$$F_{t_1, t_2, \cdots, t_k}(x_1, x_2, \cdots, x_k) = P(X(t_1) \leq x_1, X(t_2) \leq x_2, \cdots, X(t_k) \leq x_k), \quad x_i \in \mathbb{R}.$$

显然, 对任意排列 $\sigma = (\sigma(1), \sigma(2), \cdots, \sigma(k))$,

$$F_{t_1,t_2,\cdots,t_k}(x_1, x_2, \cdots, x_k) = F_{t_{\sigma(1)},t_{\sigma(2)},\cdots,t_{\sigma(k)}}(x_{\sigma(1)}, x_{\sigma(2)}, \cdots, x_{\sigma(k)}), \tag{2.5}$$

并且

$$\lim_{x_{k+1} \to \infty} F_{t_1,t_2,\cdots,t_{k+1}}(x_1, x_2, \cdots, x_{k+1}) = F_{t_1,t_2,\cdots,t_k}(x_1, x_2, \cdots, x_k). \tag{2.6}$$

称有限维分布族 $\mathcal{F} = \{F_{t_1,t_2,\cdots,t_k}(x_1, x_2, \cdots, x_k), k \geqslant 1, t_1, t_2, \cdots, t_k \in \mathbb{R}\}$ 满足**相容性**条件.

问题: 任意给定一族相容的分布函数 $\mathcal{F}$, 是否存在一个随机过程使得它的有限维分布族正好是所给定的 $\mathcal{F}$ 呢?

定理 2.1　假设 $\mathcal{F} = \{F_{t_1,t_2,\cdots,t_k}(x_1, x_2, \cdots, x_k), k \geqslant 1, t_1, t_2, \cdots, t_k \in \mathbb{R}\}$ 满足相容性条件 (2.5) 和 (2.6), 那么一定存在一个概率空间 $(\Omega, \mathcal{A}, P)$ 以及一个随机过程 $\boldsymbol{X} = (X(t), t \in \mathbb{R})$, 使得

$$P(X(t_1) \leqslant x_1, X(t_2) \leqslant x_2, \cdots, X(t_k) \leqslant x_k)$$
$$= F_{t_1,t_2,\cdots,t_k}(x_1, x_2, \cdots, x_k), \quad x_i \in \mathbb{R}, i = 1, 2, \cdots, k.$$

作为定理 2.1 的一个应用, 可以给出一族独立随机变量的存在性. 令 $\{F_t, t \in \mathbb{R}\}$ 是一族分布函数. 任意给定 $k \geqslant 1$ 以及 $t_1, t_2, \cdots, t_k \in \mathbb{R}$, 定义

$$F_{t_1,t_2,\cdots,t_k}(x_1, x_2, \cdots, x_k) = \prod_{i=1}^{k} F_{t_i}(x_i), \quad x_i \in \mathbb{R}. \tag{2.7}$$

显然, (2.7) 定义的 $F_{t_1,t_2,\cdots,t_k}$ 满足相容性条件 (2.5) 和 (2.6).

推论 2.1　假设 $\{F_t, t \in \mathbb{R}\}$ 是一族分布函数, 那么一定存在一个概率空间 $(\Omega, \mathcal{A}, P)$ 以及一个独立随机过程 $\boldsymbol{X} = (X(t), t \in \mathbb{R})$ 使得

$$F_t(x) = P(X(t) \leqslant x), \quad x \in \mathbb{R}.$$

习题二

1. 令 A, B 是两个不相关随机变量, 均值为 0, 方差为 1. 给定常数 $\lambda > 0$, 定义

$$X_n = A \cos \lambda n + B \sin \lambda n,$$

求 EX_n 和 $\mathrm{Cov}(X_n, X_m)$.

2. 令 $\{Z_n, n \in \mathbb{Z}\}$ 是一列不相关随机变量, 均值为 0, 方差为 1, 定义滑动平均过程

$$X_n = \sum_{i=0}^{r} \alpha_i Z_{n-i}, \quad n \in \mathbb{Z},$$

其中 $r \geqslant 1$, $\alpha_1, \alpha_2, \cdots, \alpha_r$ 是常数, 求 EX_n 和 $\mathrm{Cov}(X_n, X_m)$.

3. 令 $\{Z_n, n \in \mathbb{Z}\}$ 是一列不相关随机变量, 均值为 0, 方差为 1. 定义自回归过程

$$X_n = \alpha X_{n-1} + Z_n, \quad n \in \mathbb{Z},$$

其中 $|\alpha| < 1$, 证明:

$$\mathrm{Cov}(X_n, X_{n+m}) = \frac{\alpha^{|m|}}{1 - \alpha^2}, \quad n, m \in \mathbb{Z}.$$

4. 令 $\{\xi_n, n \geqslant 1\}$ 是一列独立同分布随机变量, 服从 $[0,1]$ 上均匀分布. 对任意 $0 \leqslant t \leqslant 1$, 定义

$$X(t) = \frac{1}{n} \sum_{k=1}^{n} \mathbf{1}_{(\xi_k \leqslant t)},$$

其中 $\mathbf{1}_{(\xi_k \leqslant t)}$ 表示示性函数, 求 $EX(t)$ 和 $\mathrm{Cov}(X(s), X(t))$.

5. 设 $\xi_1, \xi_2, \cdots, \xi_m, \eta_1, \eta_2, \cdots, \eta_m$ 两两不相关, 均值都为 0, 且对 $1 \leqslant i \leqslant m$, $\mathrm{Var}\,(\xi_i) = \mathrm{Var}\,(\eta_i) = \sigma_i^2$. 设 $\omega_1, \omega_2, \cdots, \omega_m$ 为正常数, 对 $n = 0, \pm 1, \pm 2, \cdots$,

$$X(n) = \sum_{i=0}^{m} \left[\xi_i \cos\left(n\omega_i\right) + \eta_i \sin\left(n\omega_i\right) \right].$$

计算 $(X(n), n = 0, \pm 1, \pm 2, \cdots)$ 的均值函数和自相关函数, 并证明它是弱平稳过程.

6. 假设 $\boldsymbol{X} = (X(t), t \in \mathbb{R})$ 是弱平稳随机过程, 并且存在一个常数 $M > 0$, 使得对每一个 $t \in \mathbb{R}$, $|X(\omega, t)| \leqslant M$. 进而, 假设对每一个 $\omega \in \Omega$, 样本曲线 $X(\omega) : \mathbb{R} \mapsto \mathbb{R}$ 是连续函数. 定义

$$Y_n(\omega) = \int_n^{n+1} X(\omega, t) \mathrm{d}t, \quad n \in \mathbb{Z},$$

证明: $\boldsymbol{Y} = (Y_n, n \in \mathbb{Z})$ 是弱平稳过程.

7. 令 $\boldsymbol{X} = (X(n), n \in \mathbb{Z})$ 是离散时间弱平稳过程, 均值为 0, $\gamma_X(m)$ 是自协方差函数, $m \in \mathbb{Z}$. 证明: 如果对所有 $m \neq 0$, $\gamma_X(m) \leqslant 0$, 那么

$$\sum_{m=-\infty}^{\infty} |\gamma_X(m)| < \infty.$$

8. 令 $\{\xi_n, n \geqslant 1\}$ 是一列独立同分布随机变量, $P(\xi_1 = 0) = P(\xi_1 = 1) = 1/2$. 定义

$$V_n = \sum_{i=1}^{\infty} \frac{\xi_{n+i}}{2^i}, \quad n \geqslant 0.$$

(1) 求 $\mathrm{Cov}(V_n, V_{n+m})$;

(2) 证明: $\boldsymbol{V} = (V_n, n \geqslant 0)$ 是强平稳随机过程.

9. 令 Y, Z 是独立同分布标准正态随机变量, 定义

$$X(t) = Y \cos \theta t + Z \sin \theta t, \quad t \in \mathbb{R},$$

求 $\boldsymbol{X} = (X(t), t \in \mathbb{R})$ 的有限维分布.

10. 设 $X(t) = At + B, t \leqslant 0$, 这里 A 和 B 独立同分布, $E(A) = \mu, \mathrm{Var}(A) = \sigma^2 > 0$.

(1) 计算 $\mu_X(t)$, $R_X(s,t)$, $C_X(t,s)$;

(2) 若 $A \sim N(0,1)$, 证明 $\{X(t)\}$ 是正态过程, 并求出 $X(t)$ 和 $X(t) - X(s)$, $X(t) + X(s)$.

习题二部分
习题参考答案

第三章

泊松过程

泊松过程是连续时间取非负整数值的随机过程, 具有独立平稳增量性, 并遵循泊松分布. 它主要用于随机服务系统, 统计寻求服务的顾客数. 本章着重介绍泊松过程的基本特点和基本性质, 并介绍复合泊松过程和非齐次泊松过程等.

3.1   泊松过程

一、 泊松流

考虑某服务系统为顾客提供服务, 该系统服务设施、服务内容是确定的, 不具有随机性. 如

(i) 通信管理局电话交换机;

(ii) 大型超市停车场;

(iii) 飞机零件更换中心.

以上服务系统具有以下特点: 顾客来自不同地方, 各自是否需要服务是随机的, 并且相互独立; 在不同时间段前来寻求服务的顾客数基本相同; 系统提供服务不占用时间, 但不能同时为两位以上顾客提供服务. 系统遵循 "先来后到" 的基本原则, 顾客依序排队等待服务. 称由此形成的顾客流为**泊松流**.

令 $N(s,t]$ 表示 $(s,t]$ 时间段内寻求该系统提供服务的顾客数, $0 \leqslant s < t$. 为方便起见, 记 $N(t) = N(0,t]$. 这样, 自然地得到一个用于统计个数的 "计数过程": 连续时间、取非负整数值的随机过程. 与上述泊松流相对应的 $N(t)$ 满足下列要求:

(i) 初始条件: $N(0) = 0, N(t) \geqslant 0$;

(ii) 独立增量: 假如 $0 < t_1 < t_2 < \cdots < t_k \ (k \geqslant 1)$, 那么 $N(t_1), N(t_2) - N(t_1), \cdots, N(t_k) - N(t_{k-1})$ 相互独立;

(iii) 平稳增量: 假如 $s < t$, 那么 $N(t) - N(s)$ 与 $N(t-s)$ 具有相同分布;

(iv) 稀有性: 存在一个正常数 $\lambda > 0$, 使得对任何 $t > 0$, 有

$$\begin{aligned} P(N(t, t+\Delta(t)) = 1) &= \lambda \Delta(t) + o(\Delta(t)), \\ P(N(t, t+\Delta(t)) \geqslant 2) &= o(\Delta(t)), \end{aligned} \tag{3.1}$$

其中 $\Delta(t)$ 是一个相对小的时间增量, $o(\Delta(t))$ 意味着比 $\Delta(t)$ 高阶的无穷小.

注 3.1   尽管上述 (i)—(iv) 所描述的是一个理想化概率模型, 但它适用于 (近似地) 许多实际问题. 如果确有某些服务系统不能完全满足上述要求, 可以做些适当修正, 参见 3.5 节. (3.1) 中 λ 是系统 (模型) 参数, 正如后面讨论的那样, 它用于刻画服务系统繁忙程度: λ 越大, 顾客数越多, 系统越繁忙.

$\boldsymbol{N} = (N(t), t \geqslant 0)$ 用于描述泊松流, 是一个随机过程. 问题: 它遵循什么分布规律呢?

定理 3.1 假设 $\boldsymbol{N} = (N(t), t \geqslant 0)$ 满足上述 (i)—(iv), 那么有

(iv′) 泊松分布: 对任何 $t > 0$,

$$P(N(t) = k) = \frac{(\lambda t)^k}{k!} \mathrm{e}^{-\lambda t}, \quad k = 0, 1, 2, \cdots.$$

证明 固定 $t > 0$. 任给 $n \geqslant 1$ (充分大), 将 $[0, t]$ 区间进行 n 等分, 分点记为

$$0 = t_0 < t_1 < t_2 < \cdots < t_n = t, \quad \text{其中 } t_i = \frac{it}{n}.$$

当 $k = 0$ 时,

$$N(t) = 0 \Leftrightarrow N(t_{i-1}, t_i] = 0, \quad 1 \leqslant i \leqslant n.$$

因此, 由独立平稳增量性假设 (ii) 和 (iii) 得

$$\begin{aligned}
P(N(t) = 0) &= P(N(t_{i-1}, t_i] = 0) \\
&= [P(N(0, t_1] = 0)]^n.
\end{aligned} \tag{3.2}$$

另外, 当 n 充分大时, $\frac{t}{n}$ 很小, 由假设 (iv) 得

$$\begin{aligned}
P(N(0, t_1] = 0) &= 1 - P(N(0, t_1] = 1) - P(N(0, t_1] \geqslant 2) \\
&= 1 - \lambda \frac{t}{n} + o\left(\frac{1}{n}\right).
\end{aligned} \tag{3.3}$$

将 (3.3) 代入 (3.2), 并令 $n \to \infty$ 得

$$\begin{aligned}
P(N(t) = 0) &= \lim_{n \to \infty} [P(N(0, t_1] = 0)]^n \\
&= \lim_{n \to \infty} \left[1 - \lambda \frac{t}{n} + o\left(\frac{1}{n}\right)\right]^n \\
&= \mathrm{e}^{-\lambda t}.
\end{aligned}$$

当 $k = 1$ 时,

$$N(t) = 1 \Leftrightarrow \text{对某个 } i, \text{ 有 } N(t_{i-1}, t_i] = 1, \text{ 并且 } N(t_{j-1}, t_j] = 0, \quad \forall j \neq i.$$

因此, 由独立平稳增量性假设 (ii) 和 (iii), 以及概率可加性得

$$P(N(t) = 1) = nP(N(0, t_1] = 1)[P(N(0, t_1] = 0)]^{n-1}.$$

进而, 由假设 (iv) 和 (3.3) 式得

$$P(N(t) = 1) = [\lambda t + o(1)]\left[1 - \lambda \frac{t}{n} + o\left(\frac{1}{n}\right)\right]^{n-1}.$$

令 $n \to \infty$ 得

$$P(N(t) = 1) = \lambda t e^{-\lambda t}.$$

当 $k = 2$ 时, $N(t) = 2$ 当且仅当

$$\begin{cases} \text{存在 } i, j \text{ 使得 } N(t_{i-1}, t_i] = 1, N(t_{j-1}, t_j] = 1, \text{ 并且 } N(t_{l-1}, t_l] = 0, \forall l \neq i, j; \\ \text{存在 } i \text{ 使得 } N(t_{i-1}, t_i] = 2, \text{ 并且 } N(t_{j-1}, t_j] = 0, \forall j \neq i. \end{cases}$$

第一种情况发生的概率为

$$\binom{n}{2} \left[\lambda \frac{t}{n} + o\left(\frac{1}{n}\right) \right]^2 \left[1 - \lambda \frac{t}{n} + o\left(\frac{1}{n}\right) \right]^{n-2} \to \frac{\lambda^2 t^2}{2!} e^{-\lambda t};$$

第二种情况发生的概率为

$$n \left[1 - \lambda \frac{t}{n} + o\left(\frac{1}{n}\right) \right]^{n-1} o\left(\frac{1}{n}\right) = o(1).$$

对任意固定的 $k \geqslant 3$, 可以类似地证明

$$P(N(t) = k) = \frac{(\lambda t)^k}{k!} e^{-\lambda t}.$$

定理证毕.

假设 $\boldsymbol{N} = (N(t), t \geqslant 0)$ 是连续时间、取非负整数值的随机过程. 如果 $N(0) = 0$, 具有独立平稳增量, 并且 $N(t)$ 服从参数为 λt 的泊松分布, 那么称 $\boldsymbol{N}$ 是参数为 λ 的**泊松过程**.

二、 基本性质

给定一个参数为 λ 的泊松过程, 可以讨论它的基本性质: (1) 数字特征; (2) 联合分布; (3) 样本曲线.

首先, 容易从泊松随机变量的数字特征看出, 对任意 $t > 0$,

$$EN(t) = \lambda t, \quad \text{Var}(N(t)) = \lambda t, \tag{3.4}$$

$$E[N(t)(N(t) - 1) \cdots (N(t) - k + 1)] = (\lambda t)^k.$$

另外, 特征函数为

$$E e^{ixN(t)} = e^{\lambda t(e^{ix} - 1)}.$$

注 3.2 由 (3.4) 可以看出,

$$\lambda = EN(1) = \frac{EN(t)}{t}.$$

这表明参数 λ 反映该服务系统的平均繁忙程度.

对任意 $s < t$, $N(s)$ 和 $N(t)$ 的自相关函数和自协方差函数可以如下计算:

$$
\begin{aligned}
E(N(s)N(t)) &= E[N(s)(N(s) + N(t) - N(s))] \\
&= E(N(s))^2 + E[N(s)(N(t) - N(s))] \\
&= E(N(s))^2 + EN(s)E(N(t) - N(s)) \\
&= E(N(s))^2 + EN(s)EN(t - s) \\
&= (\lambda s)^2 + \lambda s + \lambda^2 s(t - s) \\
&= \lambda^2 st + \lambda s,
\end{aligned}
\tag{3.5}
$$

$$\mathrm{Cov}(N(s), N(t)) = E(N(s)N(t)) - EN(s)EN(t) = \lambda s.$$

注 3.3 (3.5) 的计算充分利用了泊松过程具有独立平稳增量性这一重要性质.

下面我们计算泊松过程的联合分布. 任意给定 $0 < t_1 < t_2 < \cdots < t_m$ 和 $0 \leqslant k_1 \leqslant k_2 \leqslant \cdots \leqslant k_m$,

$$
\begin{aligned}
&P(N(t_1) = k_1, N(t_2) = k_2, \cdots, N(t_m) = k_m) \\
&= P(N(t_1) = k_1, N(t_2) - N(t_1) = k_2 - k_1, \cdots, N(t_m) - N(t_{m-1}) = k_m - k_{m-1}) \\
&= P(N(t_1) = k_1)P(N(t_2) - N(t_1) = k_2 - k_1) \cdots P(N(t_m) - N(t_{m-1}) = k_m - k_{m-1}) \\
&= \frac{(\lambda t_1)^{k_1}}{k_1!} \frac{[\lambda(t_2 - t_1)]^{k_2 - k_1}}{(k_2 - k_1)!} \cdots \frac{[\lambda(t_m - t_{m-1})]^{k_m - k_{m-1}}}{(k_m - k_{m-1})!} \mathrm{e}^{-\lambda t_m}.
\end{aligned}
$$

有了联合分布, 可以计算条件分布. 假设 $s < t$, 在给定 $N(s) = k$ 的条件下,

$$
\begin{aligned}
P(N(t) = m | N(s) = k) &= \frac{P(N(s) = k, N(t) = m)}{P(N(s) = k)} \\
&= \frac{[\lambda(t - s)]^{m-k}}{(m - k)!} \mathrm{e}^{-\lambda(t-s)}, \quad \forall m \geqslant k.
\end{aligned}
\tag{3.6}
$$

类似地, 假设 $s < t$, 在给定 $N(t) = m$ 的条件下,

$$
\begin{aligned}
P(N(s) = k | N(t) = m) &= \frac{P(N(s) = k, N(t) = m)}{P(N(t) = m)} \\
&= \frac{m!}{k!(m - k)!} \left(\frac{s}{t}\right)^k \left(1 - \frac{s}{t}\right)^{m-k}, \quad \forall k \leqslant m.
\end{aligned}
\tag{3.7}
$$

注 3.4　(3.6) 是容易理解的: 在给定 $N(s) = k$ 的条件下, $N(t) = m$ 等价于 $N(s,t] = m - k$; 而泊松过程具有独立平稳增量性 (与统计个数的起点时刻无关), 因此 $N(s,t] = m - k$ 的概率仍遵循泊松分布. 至于 (3.7), 可以解释如下: 在给定 $N(t) = m$ 的条件下, $(0,t]$ 内共有 m 位顾客, 但每位顾客独立并随时可以来寻求服务, 因此恰好在 $(0,s]$ 内有 k 位顾客到达服从二项分布.

最后, 分析泊松过程的样本曲线. 既然 $\boldsymbol{N} = (N(t), t \geqslant 0)$ 是计数过程, 那么每一条曲线都是阶梯形的, 跳跃高度为 1, 跳跃点恰好在顾客到达的时刻. 但是, 顾客什么时刻到达呢? 这完全是随机的. 令 $S_0 = 0, S_1, S_2, \cdots, S_n, \cdots$ 是顾客依次到达时刻, 只有当这些顾客到达之后, 才能画出一条完整的样本曲线.

注 3.5　回顾 2.1 节中例 2.1 余弦波过程, 其中相位 $\varTheta$ 是 $[0, 2\pi]$ 上的均匀随机变量. 给定一个相位 $\varTheta = \theta$ (与时间无关), 余弦波过程就变成一条余弦曲线. 对于泊松过程, 情况有所不同: 样本曲线的跳跃点正是顾客到达时刻, 具有随机性. 换个角度说, 可以将 $(S_0, S_1, S_2, \cdots)$ 看成样本点, 给定每个样本点, 样本曲线就完全确定了, 见图 3.1.

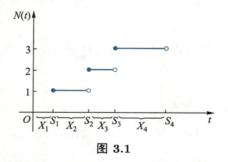

图 3.1

每位顾客什么时刻到达呢? 对服务系统而言, 需要等待多久, 才会出现下一位顾客? 对这些问题, 可以进行如下回答.

首先注意到, 对任意给定的 $t > 0$,

$$S_1 > t \Leftrightarrow N(t) = 0,$$

那么

$$P(S_1 > t) = P(N(t) = 0) = \mathrm{e}^{-\lambda t}.$$

这说明第一位顾客的到达时刻 S_1 服从参数为 λ 的指数分布.

类似地, 对任意 $n \geqslant 1$,

$$S_n > t \Leftrightarrow N(t) \leqslant n - 1,$$

那么

$$P(S_n > t) = P(N(t) \leqslant n - 1)$$
$$= \sum_{k=0}^{n-1} P(N(t) = k)$$
$$= \sum_{k=0}^{n-1} \frac{(\lambda t)^k}{k!} e^{-\lambda t}.$$

等价地, 有

$$P(S_n \leqslant t) = 1 - \sum_{k=0}^{n-1} \frac{(\lambda t)^k}{k!} e^{-\lambda t}.$$

求导数便得到第 n 位顾客到达时刻 S_n 的密度函数

$$p_{S_n}(t) = \frac{\lambda^n t^{n-1}}{(n-1)!} e^{-\lambda t}, \quad t > 0. \tag{3.8}$$

下面计算每位顾客依次到达的间隔时间所服从的分布. 令 $X_n = S_n - S_{n-1}$, $n \geqslant 1$. 显然, $X_1 = S_1$ 服从指数分布. 另外, 给定 $n \geqslant 2$,

$$P(X_n > t | S_{n-1} = s) = P(N(0, s+t] < n | N(0, s] = n - 1, N(0, s] < n - 1)$$
$$= P(N(s, s+t] = 0) = e^{-\lambda t}, \quad s, t > 0.$$

因此, X_n 和 S_{n-1} 相互独立, 并且服从参数为 λ 的指数分布. 实际上, 可以进一步证明 (留给读者):

定理 3.2   假设 $\boldsymbol{N} = (N(t), t \geqslant 0)$ 是参数为 λ 的泊松过程, 每位顾客依次到达时刻为 $S_1, S_2, \cdots$, 间隔时间为 $X_1, X_2, \cdots$, 那么

(i) $X_1, X_2, \cdots$ 为独立指数随机变量, 参数为 λ;

(ii) $S_n = X_1 + X_2 + \cdots + X_n$, 其密度函数由 (3.8) 给出.

反过来, 可以由独立同分布指数随机变量序列来生成泊松过程. 令 $X_1, X_2, \cdots$ 为一列独立同分布指数随机变量, 参数为 λ. 定义

$$S_0 = 0, \quad S_n = \sum_{k=1}^{n} X_k, \quad n \geqslant 1.$$

不难验证 S_n 的密度函数恰好是 (3.8). 令 $N(0) = 0$, 并且

$$N(t) = \max\{n \geqslant 1 : S_n \leqslant t\}, \quad t > 0. \tag{3.9}$$

定理 3.3   由 (3.9) 定义的 $\boldsymbol{N} = (N(t), t \geqslant 0)$ 是参数为 λ 的泊松过程.

证明   给定 $t > 0$, 由条件概率公式得

$$
\begin{aligned}
P(N(t) = k) &= P(S_k \leqslant t < S_{k+1}) \\
&= \int_0^t P(0 \leqslant t - s < X_{k+1}) p_{S_k}(s)\mathrm{d}s \\
&= \int_0^t \mathrm{e}^{-\lambda(t-s)} \frac{\lambda^k s^{k-1}}{(k-1)!} \mathrm{e}^{-\lambda s}\mathrm{d}s \\
&= \frac{\lambda^k t^k}{k!}\mathrm{e}^{-\lambda t}, \quad k \geqslant 0.
\end{aligned}
$$

这说明 $N(t)$ 服从参数为 λt 的泊松分布.

为了证明 $\boldsymbol{N} = (N(t), t \geqslant 0)$ 具有独立平稳增量性, 注意到

$$
\begin{aligned}
&P(N(t) - N(s) < m, N(s) = k) \\
&= P(N(t) < m + k, N(s) = k) \\
&= P(S_{m+k} > t, S_k \leqslant s < S_{k+1}) \\
&= P(S_{m+k} > t, S_k \leqslant s) - P(S_{m+k} > t, S_{k+1} \leqslant s).
\end{aligned}
\tag{3.10}
$$

另外, 由于 $X_1, X_2, \cdots$ 独立同分布, 故

$$
\begin{aligned}
P(S_{m+k} > t, S_k \leqslant s) &= P(S_{m+k} - S_k > t - S_k, S_k \leqslant s) \\
&= \int_0^s p_{S_k}(u) P(S_m > t - u)\mathrm{d}u \\
&= \sum_{l=0}^{m-1} \mathrm{e}^{-\lambda t} \lambda^{k+l} \frac{1}{(k-1)!l!} \int_0^s u^{k-1}(t-u)^l \mathrm{d}u.
\end{aligned}
\tag{3.11}
$$

类似地, 有

$$
P(S_{m+k} > t, S_{k+1} \leqslant s) = \sum_{l=0}^{m-2} \mathrm{e}^{-\lambda t} \lambda^{k+l} \frac{1}{k!l!} \int_0^s u^k(t-u)^l \mathrm{d}u.
\tag{3.12}
$$

将 (3.11) 和 (3.12) 代入 (3.10), 并进行简单分部积分得

$$
\begin{aligned}
P(N(t) - N(s) < m, N(s) = k) &= \sum_{l=0}^{m-1} \lambda^{k+l} \frac{s^k(t-s)^l}{k!l!}\mathrm{e}^{-\lambda t} \\
&= P(N(t-s) < m)P(N(s) = k).
\end{aligned}
$$

定理证毕.

注 3.6 上述结果可以解释如下: 假设某零件的使用寿命为 X, 服从参数为 λ 的指数分布. 一旦寿命终止, 立即去零件配置中心更换 (更换时间不计入). $N(t)$ 表示 $(0,t]$ 时间段内更换零件的次数, 它是参数为 λ 的泊松过程. 显然, λ 越小, 零件的平均使用寿命越长, 更换次数越少.

问题: 如果零件寿命不服从指数分布, 情况会如何呢? 留给读者思考.

注 3.7 任意给定 $t > 0$,

$$P(N(t, t + \Delta t] = 0) = 1 - \lambda\Delta t + o(\Delta t).$$

更新过程

所以

$$P(N(0,t] = N(0,t)) = 1,$$

即在 t 时刻, 有顾客到达的概率为 0.

3.2 泊松过程可加性

大家知道, 泊松随机变量具有可加性, 即两个独立泊松随机变量的和仍为泊松随机变量. 事实上, 泊松过程同样具有可加性.

定理 3.4 假设 $\boldsymbol{N}_1 = (N_1(t), t \geqslant 0)$ 和 $\boldsymbol{N}_2 = (N_2(t), t \geqslant 0)$ 是两个独立泊松过程, 参数分别为 λ_1 和 λ_2. 令 $N(t) = N_1(t) + N_2(t)$, 那么 $\boldsymbol{N} = (N(t), t \geqslant 0)$ 是泊松过程, 参数为 $\lambda_1 + \lambda_2$.

该定理可以借助图 3.2 来理解: 两个独立泊松流在某处汇合, 形成一个新的泊松流.

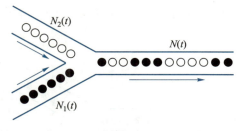

图 **3.2**

证明   给定 $t > 0$, 对任意整数 $k \geqslant 0$,

$$P(N(t) = k) = P(N_1(t) + N_2(t) = k)$$

$$= \sum_{l=0}^{k} P(N_1(t) = l, N_2(t) = k - l)$$

$$= \sum_{l=0}^{k} \frac{(\lambda_1 t)^l}{l!} \frac{(\lambda_2 t)^{k-l}}{(k-l)!} \mathrm{e}^{-(\lambda_1 + \lambda_2)t}$$

$$= \frac{(\lambda_1 + \lambda_2)^k t^k}{k!} \mathrm{e}^{-(\lambda_1 + \lambda_2)t}.$$

这说明, $N(t)$ 是参数为 $(\lambda_1 + \lambda_2)t$ 的泊松随机变量.

往证 $\boldsymbol{N} = (N(t), t \geqslant 0)$ 具有独立平稳增量性. 事实上, 由于 $\boldsymbol{N}_1$ 和 $\boldsymbol{N}_2$ 相互独立, 并各自具有独立平稳增量性, 故

(i) 对任何 $0 < s < t$,

$$(N_1(t) - N_1(s), N_2(t) - N_2(s)) \stackrel{d}{=} (N_1(t-s), N_2(t-s));$$

(ii) 对任何 $0 < t_1 < t_2 < \cdots < t_k \ (k \geqslant 1)$,

$$(N_1(t_1), N_2(t_1)), (N_1(t_2) - N_1(t_1), N_2(t_2) - N_2(t_1)), \cdots ,$$

$$(N_1(t_k) - N_1(t_{k-1}), N_2(t_k) - N_2(t_{k-1}))$$

相互独立.

因此, $\boldsymbol{N} = (N(t), t \geqslant 0)$ 是泊松过程, 参数为 $\lambda_1 + \lambda_2$. 定理证毕.

下面考虑泊松过程的分解问题. 给定某随机服务系统, 顾客前来寻求服务, 形成参数为 λ 的泊松流. 服务系统对每位顾客分类登记: I–型、II–型. 每位顾客属于 I–型的概率为 p, 属于 II–型的概率为 $1 - p$, 且相互独立. 令 $N_1(t)$ 表示 $(0, t]$ 时间段内 I–型顾客数, $N_2(t)$ 表示 $(0, t]$ 时间段内 II–型顾客数, 如图 3.3 所示, 显然 $N(t) = N_1(t) + N_2(t)$. 事实上, 进一步有

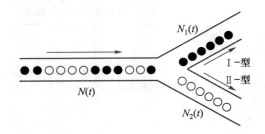

图 3.3

定理 3.5 假设 $\boldsymbol{N} = (N(t), t \geqslant 0)$ 是参数为 λ 的泊松过程, 那么 $\boldsymbol{N}_1 = (N_1(t), t \geqslant 0)$ 和 $\boldsymbol{N}_2 = (N_2(t), t \geqslant 0)$ 分别是参数为 λp 和 $\lambda(1-p)$ 的泊松过程, 且两者相互独立.

证明 令

$$\xi_n = \begin{cases} 1, & \text{第 } n \text{ 位顾客为 I–型}, \\ 0, & \text{第 } n \text{ 位顾客为 II–型}, \end{cases}$$

那么 $\{\xi_n, n \geqslant 1\}$ 是一列独立同分布随机变量, 其分布为

$$P(\xi_n = 1) = p, \quad P(\xi_n = 0) = 1 - p,$$

并且

$$N_1(t) = \sum_{i=1}^{N(t)} \xi_i, \quad N_2(t) = \sum_{i=1}^{N(t)} (1 - \xi_i), \quad t > 0.$$

首先证明: $\boldsymbol{N}_1 = (N_1(t), t \geqslant 0)$ 是参数为 λp 的泊松过程. 给定 $t > 0$, 对任意 $k \geqslant 0$, 由全概率公式,

$$\begin{aligned} P(N_1(t) = k) &= \sum_{n=k}^{\infty} P(N_1(t) = k | N(t) = n) P(N(t) = n) \\ &= \sum_{n=k}^{\infty} \binom{n}{k} p^k (1-p)^{n-k} \frac{(\lambda t)^n}{n!} \mathrm{e}^{-\lambda t} \\ &= \frac{(\lambda p t)^k}{k!} \mathrm{e}^{-\lambda p t}. \end{aligned} \tag{3.13}$$

对任何 $0 < s < t$, 可以类似证明

$$P(N_1(t) - N_1(s) = k) = \frac{[\lambda p(t-s)]^k}{k!} \mathrm{e}^{-\lambda p(t-s)}, \quad k \geqslant 0.$$

即 $\boldsymbol{N}_1 = (N_1(t), t \geqslant 0)$ 具有平稳增量性.

另外, 对任意 $x, y \in \mathbb{R}$, 利用独立性得

$$\begin{aligned} E\mathrm{e}^{x[N_1(t)-N_1(s)]+yN_1(s)} &= E_{\boldsymbol{N}} E_{\boldsymbol{\xi}} \mathrm{e}^{x[N_1(t)-N_1(s)]+yN_1(s)} \\ &= E_{\boldsymbol{N}} (p\mathrm{e}^x + 1 - p)^{N(t)-N(s)} (p\mathrm{e}^y + 1 - p)^{N(s)} \\ &= E_{\boldsymbol{N}} (p\mathrm{e}^x + 1 - p)^{N(t)-N(s)} E_{\boldsymbol{N}} (p\mathrm{e}^y + 1 - p)^{N(s)} \\ &= E\mathrm{e}^{x[N_1(t)-N_1(s)]} E\mathrm{e}^{yN_1(s)}, \end{aligned}$$

其中 $E_{\boldsymbol{N}}$ 表示关于泊松过程 $\boldsymbol{N}$ 的数学期望, $E_{\boldsymbol{\xi}}$ 表示关于 $(\xi_n, n \geqslant 1)$ 的数学期望. 这样, $N_1(t) - N_1(s)$ 和 $N_1(s)$ 相互独立.

类似地, 可以证明: 对任何 $0 < t_1 < t_2 < \cdots < t_k \ (k \geqslant 1)$, $N_1(t_1)$, $N_1(t_2) - N_1(t_1), \cdots, N_1(t_k) - N_1(t_{k-1})$ 相互独立, 即 $\boldsymbol{N}_1 = (N_1(t), t \geqslant 0)$ 具有独立增量性.

因此, $\boldsymbol{N}_1 = (N_1(t), t \geqslant 0)$ 是参数为 λp 的泊松过程. 类似地, $\boldsymbol{N}_2 = (N_2(t), t \geqslant 0)$ 是参数为 $\lambda(1-p)$ 的泊松过程.

往下证明: $\boldsymbol{N}_1$ 和 $\boldsymbol{N}_2$ 相互独立, 即对任何 $0 < s_1 < s_2 < \cdots < s_m \ (m \geqslant 1)$ 和任何 $0 < t_1 < t_2 < \cdots < t_k \ (k \geqslant 1)$, 随机向量 $(N_1(s_1), N_1(s_2), \cdots, N_1(s_m))$ 和 $(N_2(t_1), N_2(t_2), \cdots, N_2(t_k))$ 相互独立. 以下仅以 $m = k = 1$ 为例加以证明, 其余一般情况可以类似给出.

对任意 $0 < s < t$ 和 $x, y \in \mathbb{R}$, 由独立性得

$$
\begin{aligned}
E\mathrm{e}^{xN_1(s)+yN_2(t)} &= E_{\boldsymbol{N}} E_{\boldsymbol{\xi}} \mathrm{e}^{x\sum\limits_{i=1}^{N(s)}\xi_i + y\sum\limits_{i=1}^{N(t)}(1-\xi_i)} \\
&= E_{\boldsymbol{N}} E_{\boldsymbol{\xi}} \mathrm{e}^{(x-y)\sum\limits_{i=1}^{N(s)}\xi_i - y\sum\limits_{i=N(s)+1}^{N(t)}\xi_i + yN(t)} \\
&= E_{\boldsymbol{N}} (p\mathrm{e}^{x-y}+1-p)^{N(s)} (p\mathrm{e}^{-y}+1-p)^{N(t)-N(s)}\mathrm{e}^{yN(t)} \\
&= E_{\boldsymbol{N}} [p\mathrm{e}^x+(1-p)\mathrm{e}^y]^{N(s)} [p+(1-p)\mathrm{e}^y]^{N(t)-N(s)} \\
&= E_{\boldsymbol{N}} [p\mathrm{e}^x+(1-p)\mathrm{e}^y]^{N(s)} E_{\boldsymbol{N}} [p+(1-p)\mathrm{e}^y]^{N(t)-N(s)} \\
&= \mathrm{e}^{\lambda ps(\mathrm{e}^x-1)+\lambda(1-p)t(\mathrm{e}^y-1)} \\
&= E\mathrm{e}^{xN_1(s)} E\mathrm{e}^{yN_2(t)}.
\end{aligned}
$$

这样, $N_1(s)$ 和 $N_2(t)$ 相互独立. 定理证毕.

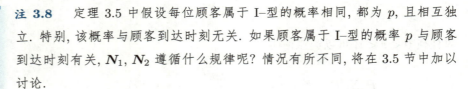

注 3.8   定理 3.5 中假设每位顾客属于 I–型的概率相同, 都为 p, 且相互独立. 特别, 该概率与顾客到达时刻无关. 如果顾客属于 I–型的概率 p 与顾客到达时刻有关, $\boldsymbol{N}_1, \boldsymbol{N}_2$ 遵循什么规律呢? 情况有所不同, 将在 3.5 节中加以讨论.

3.3   到达时刻的条件分布

先看下面实例.

例 3.1   某电视台提供有偿电视节目, 按实际收看时间收费. 考虑一个单位时间段 $[0,1]$ (比如一个财政年度), 收费标准如下: 假设客户在 $0 < x < 1$ 时刻到达, 那么应缴费 $\alpha(1-x)$ 元, 其中 $\alpha > 0$. 在这段时间内, 前来登记缴费的客户人数服从参数为 $\lambda > 0$ 的泊松分布. 该电视台在 0 时刻希望评估下一年度的收入状况, 假设银行贴现率 (利率)

为 β, 即 x 时刻收取 1 元, 相当于 0 时刻收取 $e^{-\beta x}$ 元. 问: 该电视台下一年度平均缴费收入为多少?

令 Z 为电视台下一年度的缴费收入. 显然, 它依赖于下一年度实际收看该节目的客户量. 令 $N(1)$ 表示客户量, 服从泊松分布, 均值为 λ. 当然, Z 也与这些客户实际收看时间有关. 记 $S_1, S_2, \cdots$ 为客户前来缴费时刻, 第 k 位客户应缴费用为 $\alpha(1 - S_k)$ 元. 考虑到贴现率, 折算成 0 时刻收入为 $\alpha e^{-\beta S_k}(1 - S_k)$ 元. 这样, 电视台总收入为

$$Z = \sum_{k=1}^{N(1)} \alpha e^{-\beta S_k}(1 - S_k).$$

以下计算平均收入. 应用全期望公式得

$$EZ = E \sum_{k=1}^{N(1)} \alpha e^{-\beta S_k}(1 - S_k)$$

$$= \sum_{n=0}^{\infty} E\left[\sum_{k=1}^{N(1)} \alpha e^{-\beta S_k}(1 - S_k)\bigg| N(1) = n\right] P(N(1) = n)$$

$$= \sum_{n=0}^{\infty} E\left[\sum_{k=1}^{n} \alpha e^{-\beta S_k}(1 - S_k)\bigg| N(1) = n\right] P(N(1) = n). \tag{3.14}$$

由此可以看出, 需要计算条件数学期望. 换句话说, 需要计算

$$E\left(\sum_{k=1}^{n} f(S_k)\bigg| N(1) = n\right), \tag{3.15}$$

其中 $f: \mathbb{R} \to \mathbb{R}$. 等价于需要计算: 在 $N(1) = n$ 的条件下, $(S_1, S_2, \cdots, S_n)$ 的联合分布. 这正是本节所要考虑的关键问题.

泊松流的一个基本特点是: 顾客之间相互独立, 每位顾客随时可能到达服务系统. 固定 $t > 0$. 在 $N(t) = 1$ 的条件下, 该顾客在 $[0, t]$ 内每个时刻都有可能到达, 因此 S_1 服从 $[0, t]$ 上均匀分布. 类似地, 在 $N(t) = 2$ 的条件下, 两位顾客在 $[0, t]$ 内每个时刻都有可能到达, 且相互独立. 但是, S_1 总是表示先到达顾客的时刻, S_2 表示后到达顾客的时刻, 因此 S_1, S_2 分别为 $[0, t]$ 上两个独立同分布均匀随机变量的最小值和最大值. 更一般地, 可以猜想: 在 $N(t) = n$ 的条件下, n 位顾客先后到达时刻 $S_1, S_2, \cdots, S_n$ 与 $[0, t]$ 上 n 个独立同分布均匀随机变量的次序统计量具有相同分布.

定理 3.6 假设 $\boldsymbol{N} = (N(t), t \geqslant 0)$ 是参数为 λ 的泊松过程, 令 $S_1, S_2, \cdots$ 为顾客依次到达时刻. 给定 $t > 0$, 那么

$$(S_1, S_2, \cdots, S_n | N(t) = n) \overset{d}{=} (U_{(1)}, U_{(2)}, \cdots, U_{(n)}), \tag{3.16}$$

其中 $U_{(1)}, U_{(2)}, \cdots, U_{(n)}$ 为 $[0, t]$ 上 n 个独立同分布均匀随机变量 $U_1, U_2, \cdots, U_n$ 的次序统计量.

证明 任意给定 $0 < x_1 < x_2 < \cdots < x_n < t$, 根据定理 3.1,

$$P(S_k \in (x_k - \varepsilon_k, x_k + \varepsilon_k), 1 \leqslant k \leqslant n | N(t) = n)$$

$$= \frac{P(S_k \in (x_k - \varepsilon_k, x_k + \varepsilon_k), 1 \leqslant k \leqslant n, N(t) = n)}{P(N(t) = n)}$$

$$= \frac{\lambda^n \mathrm{e}^{-\lambda t}}{\dfrac{\lambda^n t^n}{n!} \mathrm{e}^{-\lambda t}} \prod_{k=1}^{n} 2\varepsilon_k = \frac{n!}{t^n} \prod_{k=1}^{n} 2\varepsilon_k,$$

其中 $\varepsilon_k, 1 \leqslant k \leqslant n$ 是很小的正数, 使得 $(x_k - \varepsilon_k, x_k + \varepsilon_k)$ 互不相交.

因此, 在 $N(t) = n$ 的条件下, $S_1, S_2, \cdots, S_n$ 的密度函数为

$$p_{S_1, S_2, \cdots, S_n | N(t)}(x_1, x_2, \cdots, x_n | n)$$

$$= \lim_{\max\{\varepsilon_k\} \to 0} \frac{P(S_k \in (x_k - \varepsilon_k, x_k + \varepsilon_k), 1 \leqslant k \leqslant n | N(t) = n)}{\prod_{k=1}^{n} 2\varepsilon_k}$$

$$= \frac{n!}{t^n}, \quad 0 < x_1 < x_2 < \cdots < x_n < t. \tag{3.17}$$

注意, (3.17) 正是 $(U_{(1)}, U_{(2)}, \cdots, U_{(n)})$ 的联合密度函数. 证明完毕.

下面回到 (3.15) 的计算. 令 $t = 1$, 由 (3.16) 得

$$E\left(\sum_{k=1}^{n} f(S_k) \middle| N(1) = n \right) = E \sum_{k=1}^{n} f(U_{(k)}), \tag{3.18}$$

$U_{(k)}$ 是 $U_1, U_2, \cdots, U_n$ 的第 k 个次序统计量, 其密度函数已经知道 (参见下面的注 3.9), 但比较复杂. 这里, 为计算 (3.18), 注意到

$$\sum_{k=1}^{n} f(U_{(k)}) = \sum_{k=1}^{n} f(U_k),$$

所以

$$E \sum_{k=1}^{n} f(U_{(k)}) = E \sum_{k=1}^{n} f(U_k) = \sum_{k=1}^{n} E f(U_k) = n \int_0^1 f(x) \mathrm{d}x. \tag{3.19}$$

特别, 令 $f(x) = \alpha \mathrm{e}^{-\beta x}(1 - x)$, 由 (3.18) 和 (3.19) 得

$$E\left[\sum_{k=1}^{n} \alpha \mathrm{e}^{-\beta S_k}(1 - S_k) \middle| N(1) = n \right] = n\alpha \int_0^1 \mathrm{e}^{-\beta x}(1 - x) \mathrm{d}x$$

$$= n\alpha \left[\frac{1}{\beta} - \frac{1}{\beta^2}(1 - \mathrm{e}^{-\beta}) \right]. \tag{3.20}$$

将 (3.20) 代入 (3.14), 得该电视台下一年度的平均缴费收入为

$$EZ = \alpha \left[\frac{1}{\beta} - \frac{1}{\beta^2}(1 - \mathrm{e}^{-\beta}) \right] EN(1)$$
$$= \lambda\alpha \left[\frac{1}{\beta} - \frac{1}{\beta^2}(1 - \mathrm{e}^{-\beta}) \right].$$

注 3.9 假设 $X_1, X_2, \cdots, X_n$ 是独立同分布随机变量, 分布函数为 $F(x)$, 密度函数为 $p(x)$. 令 $X_{(1)} \leqslant X_{(2)} \leqslant \cdots \leqslant X_{(n)}$ 为次序统计量, 那么对任意 $1 \leqslant k \leqslant n$ 和 $x \in \mathbb{R}$,

$$P(X_{(k)} \leqslant x) = \sum_{j=k}^{n} \binom{n}{j} [F(x)]^j [1 - F(x)]^{n-j},$$
$$p_{(k)}(x) = \frac{n!}{(k-1)!(n-k)!} [F(x)]^{k-1} p(x) [1 - F(x)]^{n-k}.$$

特别, 如果 $U_1, U_2, \cdots, U_n$ 是 $[0, t]$ 上独立同分布均匀随机变量, 那么

$$P(U_{(k)} \leqslant s) = \frac{1}{t^n} \sum_{j=k}^{n} \binom{n}{j} s^j (t-s)^{n-j}, \quad 0 \leqslant s \leqslant t,$$
$$p_{(k)}(s) = \frac{1}{t^n} \frac{n!}{(k-1)!(n-k)!} s^{k-1} (t-s)^{n-k}, \quad 0 \leqslant s \leqslant t.$$

由此可得

$$EU_{(k)} = \frac{k}{n+1} t.$$

3.4 复合泊松过程

泊松过程是一个计数过程, 统计一段时间内稀有事件发生的次数. 但在许多实际问题中, 仅仅统计次数和了解事件发生的频繁程度并不是目的. 比如, 对于 3.3 节中的例 3.1, 电视台关心的是缴费收入, 而不仅仅是收看电视节目的客户数. 其他例子如下.

例 3.2 某保险公司办理某种保险业务. 用 $N(t)$ 表示 $(0, t]$ 时间段内由于意外损失向保险公司提出索赔的客户数. 根据经验, $\boldsymbol{N} = (N(t), t \geqslant 0)$ 是参数为 $\lambda > 0$ 的泊松过程. 一般情况下, 保险公司赔付额由损失的严重程度决定, 通常分成几个不同等级. 令 $\xi_1, \xi_2, \cdots$ 表示客户提出的索赔额大小. 由于客户投保的是同一种保险业务, 所以不妨假设 $\xi_1, \xi_2, \cdots$ 具有相同分布函数 $G(x)$, 并且相互独立. 一个基本问题: $(0, t]$ 内客户提出的索赔总额是多少?

这个数非常重要, 它决定着保费的确定, 以及保险公司破产概率 (风险) 的控制. 根据上述假设, $(0,t]$ 内客户提出的索赔总额为

$$Z(t) = \sum_{i=1}^{N(t)} \xi_i.$$

例 3.3   某粒子加速器通过对撞释放粒子. 用 $N(t)$ 表示 $(0,t]$ 时间段内释放的粒子数, 试验数据表明 $N = (N(t), t \geqslant 0)$ 是参数为 $\lambda > 0$ 的泊松过程. 假设释放出的粒子能量为 $\xi_1, \xi_2, \cdots$, 它们是随机的, 具有相同分布函数 $G(x)$, 并且相互独立. 一个基本问题: $(0,t]$ 内该粒子加速器释放粒子的总能量是多少?

根据上述假设, $(0,t]$ 内该粒子加速器释放粒子的总能量为

$$Z(t) = \sum_{i=1}^{N(t)} \xi_i.$$

例 3.4   某零件在运行过程中受到撞击. 用 $N(t)$ 表示 $(0,t]$ 时间段内该零件受到的撞击次数, 经验表明 $N = (N(t), t \geqslant 0)$ 是参数为 $\lambda > 0$ 的泊松过程. 每次撞击会给零件带来一定的磨损, 其磨损量大小是随机的, 分布函数为 $G(x)$. 假设各次磨损量为 $\xi_1, \xi_2, \cdots$, 具有分布函数 $G(x)$, 并且相互独立. 一个基本问题: $(0,t]$ 内该零件的磨损总量是多少?

这个数至关重要, 它直接影响零件的使用寿命, 决定什么时候需要更换零件. 根据上述假设, $(0,t]$ 内磨损总量为

$$Z(t) = \sum_{i=1}^{N(t)} \xi_i.$$

类似上述例子的问题还有很多, 一个共同特点是涉及随机过程 $Z = (Z(t), t \geqslant 0)$. 由于求和项数 $N(t)$ 为泊松过程, 称 $Z = (Z(t), t \geqslant 0)$ 为**复合泊松过程**. 以下着重讨论该过程的基本性质.

显然, $Z(0) = 0$. 但一般情况下, $Z(t)$ 不再取非负整数值, 所以不是泊松过程. $Z(t)$ 的分布依赖于随机变量 $\xi_1, \xi_2, \cdots$, 一般情况下很难详细计算出 $Z(t)$ 的分布, 但在一定条件下可以计算出 $Z(t)$ 的数学期望和方差.

定理 3.7   假设 $N = (N(t), t \geqslant 0)$ 是参数为 $\lambda > 0$ 的泊松过程, $\xi_1, \xi_2, \cdots$ 是一列独立同分布随机变量, 均值为 μ, 方差为 σ^2. 定义

$$Z(t) = \sum_{i=1}^{N(t)} \xi_i.$$

如果 N 和 $(\xi_n, n \geqslant 1)$ 相互独立, 那么

(i) $EZ(t) = \mu\lambda t, \text{Var}(Z(t)) = (\mu^2 + \sigma^2)\lambda t;$

(ii) $\boldsymbol{Z} = (Z(t), t \geqslant 0)$ 具有独立平稳增量性.

证明 (i) 根据全期望公式,

$$
\begin{aligned}
EZ(t) &= E\sum_{i=1}^{N(t)} \xi_i \\
&= \sum_{n=0}^{\infty} E\left(\sum_{i=1}^{N(t)} \xi_i \middle| N(t) = n\right) P(N(t) = n) \\
&= \sum_{n=0}^{\infty} E\sum_{i=1}^{n} \xi_i P(N(t) = n) \\
&= \sum_{n=0}^{\infty} \mu n P(N(t) = n) \\
&= \mu EN(t) = \mu\lambda t,
\end{aligned}
$$

其中第三个等式使用了 $\boldsymbol{N}$ 和 $(\xi_n, n \geqslant 1)$ 相互独立这一假设.

类似地,

$$
\begin{aligned}
E(Z(t))^2 &= E\left(\sum_{i=1}^{N(t)} \xi_i\right)^2 \\
&= \sum_{n=0}^{\infty} E\left(\left(\sum_{i=1}^{N(t)} \xi_i\right)^2 \middle| N(t) = n\right) P(N(t) = n) \\
&= \sum_{n=0}^{\infty} E\left(\sum_{i=1}^{n} \xi_i\right)^2 P(N(t) = n) \\
&= \sum_{n=0}^{\infty} \left(n\sigma^2 + \mu^2 n^2\right) P(N(t) = n) \\
&= \sigma^2 EN(t) + \mu^2 E(N(t))^2 \\
&= (\mu^2 + \sigma^2)\lambda t + \mu^2\lambda^2 t^2.
\end{aligned}
$$

所以, 方差为

$$
\text{Var}(Z(t)) = E(Z(t))^2 - (EZ(t))^2 = (\mu^2 + \sigma^2)\lambda t.
$$

(ii) 往下证明: $\boldsymbol{Z} = (Z(t), t \geqslant 0)$ 具有独立平稳增量性. 令 $\phi(\cdot)$ 为 ξ_1 的特征函数. 任意给定 $s < t$ 和 $u, v \in \mathbb{R}$, 利用独立性得

$$
\begin{aligned}
E\mathrm{e}^{iu[Z(t)-Z(s)]+ivZ(s)} &= E_{\boldsymbol{N}}E_{\boldsymbol{\xi}}\mathrm{e}^{iu\sum\limits_{i=N(s)+1}^{N(t)}\xi_i+iv\sum\limits_{i=1}^{N(s)}\xi_i} \\
&= E_{\boldsymbol{N}}(\phi(u))^{N(t)-N(s)}(\phi(v))^{N(s)} \\
&= E_{\boldsymbol{N}}(\phi(u))^{N(t)-N(s)}E(\phi(v))^{N(s)} \\
&= E\mathrm{e}^{iu[Z(t)-Z(s)]}E\mathrm{e}^{ivZ(s)},
\end{aligned}
$$

其中 $E_{\boldsymbol{N}}$ 表示关于泊松过程 $\boldsymbol{N}$ 的数学期望, $E_{\boldsymbol{\xi}}$ 表示关于 $(\xi_n, n \geqslant 1)$ 的数学期望. 这样, $\boldsymbol{Z} = (Z(t), t \geqslant 0)$ 具有独立增量性.

类似地, 对任意 $0 < s < t$ 和 $u \in \mathbb{R}$,

$$
\begin{aligned}
E\mathrm{e}^{iu[Z(t)-Z(s)]} &= E_{\boldsymbol{N}}E_{\boldsymbol{\xi}}\mathrm{e}^{iu\sum\limits_{i=N(s)+1}^{N(t)}\xi_i} \\
&= E(\phi(u))^{N(t)-N(s)} \\
&= E(\phi(u))^{N(t-s)} \\
&= E\mathrm{e}^{iuZ(t-s)}.
\end{aligned}
$$

这表明 $\boldsymbol{Z} = (Z(t), t \geqslant 0)$ 具有平稳增量性. 定理证毕.

例 3.5 (例 3.4 续) 假设各次磨损量和撞击次数相互独立, 并且每次磨损量是参数为 $\beta > 0$ 的指数随机变量. 根据零件设计标准, 如果磨损总量大于 $\alpha > 0$, 那么需要更换零件; 否则影响安全运行. 求该零件的平均寿命.

解 令 η 为零件的寿命, 它是随机变量. 对任意 $t > 0$,

$$
\eta > t \Leftrightarrow Z(t) \leqslant \alpha.
$$

所以

$$
P(\eta > t) = P(Z(t) \leqslant \alpha).
$$

由分部积分公式得

$$
\begin{aligned}
E\eta &= \int_0^\infty P(\eta > t)\mathrm{d}t \\
&= \int_0^\infty P(Z(t) \leqslant \alpha)\mathrm{d}t \\
&= \int_0^\infty P\left(\sum_{i=1}^{N(t)}\xi_i \leqslant \alpha\right)\mathrm{d}t.
\end{aligned}
\tag{3.21}
$$

由于 $\boldsymbol{N} = (N(t), t \geqslant 0)$ 和 $(\xi_n, n \geqslant 1)$ 相互独立, 根据全概率公式,

$$
P\left(\sum_{i=1}^{N(t)}\xi_i \leqslant \alpha\right) = \sum_{n=0}^\infty P\left(\sum_{i=1}^n\xi_i \leqslant \alpha\right)P(N(t) = n).
\tag{3.22}
$$

令

$$\widetilde{N}(t) = \max\left\{n \geqslant 0 : \sum_{i=1}^{n} \xi_i \leqslant t\right\},$$

由定理 3.3, $(\widetilde{N}(t), t \geqslant 0)$ 是参数为 $\beta > 0$ 的泊松过程. 特别,

$$P\left(\sum_{i=1}^{n} \xi_i \leqslant \alpha\right) = P(\widetilde{N}(\alpha) \geqslant n)$$

$$= \sum_{k=n}^{\infty} \frac{\alpha^k \beta^k}{k!} \mathrm{e}^{-\alpha\beta}. \tag{3.23}$$

将 (3.23) 代入 (3.22), 并和 (3.21) 相结合得

$$
\begin{aligned}
E\eta &= \int_0^\infty \sum_{n=0}^{\infty} \sum_{k=n}^{\infty} \frac{\alpha^k \beta^k}{k!} \mathrm{e}^{-\alpha\beta} \frac{\lambda^n t^n}{n!} \mathrm{e}^{-\lambda t} \mathrm{d}t \\
&= \sum_{n=0}^{\infty} \sum_{k=n}^{\infty} \int_0^\infty \frac{\alpha^k \beta^k}{k!} \mathrm{e}^{-\alpha\beta} \frac{\lambda^n t^n}{n!} \mathrm{e}^{-\lambda t} \mathrm{d}t \\
&= \frac{1}{\lambda} \sum_{n=0}^{\infty} \sum_{k=n}^{\infty} \frac{\alpha^k \beta^k}{k!} \mathrm{e}^{-\alpha\beta} \\
&= \frac{1}{\lambda} \sum_{k=0}^{\infty} (k+1) \frac{\alpha^k \beta^k}{k!} \mathrm{e}^{-\alpha\beta} \\
&= \frac{1+\alpha\beta}{\lambda}. \tag{3.24}
\end{aligned}
$$

注 3.10 上述结果 (3.24) 可以解释如下: λ 表示平均撞击次数, λ 越大, 寿命越短; α 是设计磨损量上限, α 越大, 寿命越长; β 是每次平均磨损量的倒数, β 越大, 每次磨损量越小, 寿命越长.

例 3.6 (例 3.2 续) 假设保险公司初始盈余为 u_0, 单位时间内获得的保费收入为 c, 那么在 t 时刻的盈余为 $u_0 + ct - Z(t)$. 保险公司最终破产的概率为

经典破产概率

$$P(u_0 + ct - Z(t) < 0, \text{ 对某个 } t > 0). \tag{3.25}$$

经典的保险精算理论可以给出 (3.25) 的估计.

3.5　非齐次泊松过程

前面几节所学的泊松过程具有一个明显特点, 即具有平稳增量性: 假设 $s < t$, 那么

$$N(t) - N(s) \stackrel{d}{=} N(t - s).$$

这表明在任意一段时间内到达的顾客数仅与时间间隔长度有关, 与观察记录的起点无关. 换句话说, 服务系统在各个时刻的繁忙程度一样, 称这样的泊松过程为齐次泊松过程.

然而, 在许多实际问题中, 系统的繁忙程度明显与时间有关. 如, 公交候车亭在早晚上下班乘车高峰期非常拥挤, 但在中午时段乘客较少; 电话交换机在白天上班时间接受电话呼叫次数很多, 工作人员异常繁忙, 但在午夜电话呼叫次数明显很少. 对于这样的服务系统, 通常用**非齐次泊松流**来描述.

令 $t > 0$, $N(t)$ 表示 $(0, t]$ 内寻求服务的顾客数. 假设

(i) 初始条件: $N(0) = 0$, $N(t) \geqslant 0$;

(ii) 独立增量: 假如 $0 < t_1 < t_2 < \cdots < t_k$ $(k \geqslant 1)$, 那么 $N(t_1), N(t_2) - N(t_1), \cdots, N(t_k) - N(t_{k-1})$ 相互独立;

(iii) 稀有性: 存在一个非负函数 $\lambda(t)$ 使得

$$P(N(t + \Delta t) - N(t) = 1) = \lambda(t)\Delta t + o(\Delta t),$$

$$P(N(t + \Delta t) - N(t) \geqslant 2) = o(\Delta t).$$

定理 3.8　在上述假设 (i)—(iii) 下, $N(t)$ 服从参数为 $m(t)$ 的泊松分布. 特别, 对任意 $s < t$ 有

$$P(N(t) - N(s) = k) = \frac{[m(t) - m(s)]^k}{k!} \mathrm{e}^{-[m(t)-m(s)]}, \quad \forall k \geqslant 0, \tag{3.26}$$

其中 $m(t) = \displaystyle\int_0^t \lambda(u)\mathrm{d}u$.

称 $\boldsymbol{N} = (N(t), t \geqslant 0)$ 是强度为 $\lambda(\cdot)$ 的**非齐次泊松过程**.

证明　不妨假设 $s = 0$, 其他情况类似讨论. 固定 $k \geqslant 0$, 采用求解微分方程的方法. 令

$$p_k(t) = P(N(t) = k).$$

从 $p_0(t)$ 开始. 显然, 由假设 (ii) 和 (iii) 得

$$p_0(t + \Delta t) = p_0(t)P(N(t, t + \Delta t] = 0)$$
$$= p_0(t)[1 - \lambda(t)\Delta t + o(\Delta t)]$$
$$= p_0(t) - p_0(t)\lambda(t)\Delta t + o(\Delta t).$$

令 $\Delta t \to 0$, 得

$$p_0'(t) = -\lambda(t)p_0(t).$$

求解齐次常微分方程, 并利用初始条件 $p_0(0) = 1$ 得

$$p_0(t) = \mathrm{e}^{-m(t)}. \tag{3.27}$$

类似地, 由假设 (ii) 和 (iii) 得

$$p_k'(t) = -\lambda(t)p_k(t) + \lambda(t)p_{k-1}(t). \tag{3.28}$$

求解非齐次常微分方程 (3.28), 并利用 (3.27) 进行局部递推, 得

$$p_k(t) = \frac{(m(t))^k}{k!}\mathrm{e}^{-m(t)}.$$

定理证毕.

基于定理 3.8, 可以进一步分析 $\boldsymbol{N} = (N(t), t \geqslant 0)$ 的基本性质: (1) 数字特征; (2) 联合分布; (3) 样本曲线.

显然,

$$EN(t) = m(t), \quad \mathrm{Var}(N(t)) = m(t).$$

另外, 对任意 $s < t$, 由独立增量性得

$$E(N(s)N(t)) = E[N(s)(N(s) + N(t) - N(s))]$$
$$= E(N(s))^2 + EN(s)E(N(t) - N(s))$$
$$= \int_0^s \lambda(u)\mathrm{d}u + \left(\int_0^s \lambda(u)\mathrm{d}u\right)^2 + \int_0^s \lambda(u)\mathrm{d}u \int_s^t \lambda(u)\mathrm{d}u.$$

根据 (3.26) 和独立增量性, 不难写出任意有限维联合分布 (留给读者).

为了画出样本曲线, 需要知道每位顾客的到达时刻 $S_1, S_2, \cdots$. 事实上, 非齐次泊松过程 $\boldsymbol{N} = (N(t), t \geqslant 0)$ 和 $(S_0, S_1, S_2, \cdots)$ 等价, 其中 $S_0 = 0$, 可以计算出各个到达时刻的分布. 令 $X_k = S_k - S_{k-1}$, $k \geqslant 1$, 这些是每位顾客到达时刻之间的间隔, 也可看成服务系统的等待时间. 但与齐次泊松过程不同, $X_1, X_2, \cdots$ 不再独立同分布, 更不服从指数分布. 事实上, 给定 $t > 0$,

$$S_1 > t \Leftrightarrow N(t) = 0.$$

因此

$$P(X_1 > t) = P(S_1 > t) = P(N(t) = 0) = \mathrm{e}^{-m(t)}.$$

固定 $n \geqslant 1$, 给定 $S_1, S_2, \cdots, S_n$, 那么

$$S_{n+1} - S_n > t \Leftrightarrow N(S_n + t) - N(S_n) = 0.$$

因此

$$\begin{aligned}
P(X_{n+1} > t) &= P(S_{n+1} - S_n > t) \\
&= P(N(S_n + t) - N(S_n) = 0) \\
&= \mathrm{e}^{-[m(S_n+t)-m(S_n)]}.
\end{aligned}$$

对于非齐次泊松过程, 到达时刻的条件概率由下面定理给出.

定理 3.9   令 $t > 0$, $n \geqslant 1$. 假设 $V_1, V_2, \cdots, V_n$ 是独立同分布随机变量, 密度函数为 $\dfrac{\lambda(u)}{m(t)}$, $0 \leqslant u \leqslant t$, 那么

$$(S_1, S_2, \cdots, S_n | N(t) = n) \stackrel{d}{=} (V_{(1)}, V_{(2)}, \cdots, V_{(n)}),$$

其中 $V_{(1)}, V_{(2)}, \cdots, V_{(n)}$ 是 $V_1, V_2, \cdots, V_n$ 的次序统计量.

更具体地说, 在给定 $N(t) = n$ 的条件下, $S_1, S_2, \cdots, S_n$ 的条件密度函数为

$$p(s_1, s_2, \cdots, s_n | N(t) = n) = n! \prod_{i=1}^{n} \frac{\lambda(s_i)}{m(t)}, \quad 0 \leqslant s_1 < s_2 < \cdots < s_n \leqslant t.$$

该定理的证明完全类似于定理 3.6.

例 3.7   某地急救设施使用次数 $\boldsymbol{N} = (N(t), t \geqslant 0)$ 是泊松过程, 强度函数为

$$\lambda(t) = \begin{cases} 2t, & 0 \leqslant t < 1, \\ 2, & 1 \leqslant t < 2, \\ 4 - t, & 2 \leqslant t \leqslant 4, \end{cases}$$

其中时间单位为小时, 求 $P(N(2) = 2, N(2, 4] = 2)$.

解   容易计算得

$$\int_0^2 \lambda(t)\mathrm{d}t = 3, \quad \int_2^4 \lambda(t)\mathrm{d}t = 2.$$

由独立增量性知

$$\begin{aligned}
P(N(2) = 2, N(2, 4] = 2) &= P(N(2) = 2)P(N(2, 4] = 2) \\
&= \frac{9\mathrm{e}^{-3}}{2!} \frac{4\mathrm{e}^{-2}}{2!} = 9\mathrm{e}^{-5}.
\end{aligned}$$

例 3.8 某患者患有间歇性神经痛, 一般情况下不需要服用药物镇痛; 但有时痛得厉害, 需要服用药物止痛. 据观察记录, 该患者 $(0,t]$ 内出现神经痛的次数 $N(t)$ 服从泊松分布, 平均次数为 λ. 另外, 假设患者在 t 时刻出现神经痛需要服用药物的概率为 $p(t)$ (依赖于 t). 令 $t>0$, $\widetilde{N}(t)$ 表示 $(0,t]$ 内服用药物的次数, 求 $\widetilde{N}(t)$ 的分布.

解 假设 $N(t)=n$, 并且出现神经痛的时刻为 $S_1,S_2,\cdots,S_n$. 由于是否服药相互独立, 故在此条件下得 $\widetilde{N}(t)=k$ (其中 $k\leqslant n$) 的概率为

$$f(S_1,S_2,\cdots,S_n)=\sum_{1\leqslant i_1<i_2<\cdots<i_k\leqslant n}\prod_{l=1}^{k}p(S_{i_l})\prod_{j\neq i_1,\cdots,i_k}[1-p(S_j)].$$

因此, 利用全概率公式得

$$\begin{aligned}P(\widetilde{N}(t)=k)&=\sum_{n=k}^{\infty}P(\widetilde{N}(t)=k|N(t)=n)P(N(t)=n)\\&=\sum_{n=k}^{\infty}E(f(S_1,S_2,\cdots,S_n)|N(t)=n)P(N(t)=n).\end{aligned}\quad(3.29)$$

进而, 由定理 3.6, 并注意到函数 f 关于 n 个变量对称, 得

$$\begin{aligned}E(f(S_1,S_2,\cdots,S_n)|N(t)=n)&=Ef(U_{(1)},U_{(2)},\cdots,U_{(n)})\\&=Ef(U_1,U_2,\cdots,U_n),\end{aligned}\quad(3.30)$$

其中 $U_1,U_2,\cdots,U_n$ 为独立同分布均匀随机变量.

不难计算

$$Ef(U_1,U_2,\cdots,U_n)=\binom{n}{k}\frac{1}{t^n}\left[\int_0^t p(u)\mathrm{d}u\right]^k\left[t-\int_0^t p(u)\mathrm{d}u\right]^{n-k}.\quad(3.31)$$

将 (3.30) 和 (3.31) 代入 (3.29) 得

$$\begin{aligned}P(\widetilde{N}(t)=k)&=\sum_{n=k}^{\infty}Ef(U_1,U_2,\cdots,U_n)P(N(t)=n)\\&=\frac{\left(\lambda\int_0^t p(u)\mathrm{d}u\right)^k}{k!}\mathrm{e}^{-\lambda\int_0^t p(u)\mathrm{d}u}.\end{aligned}$$

例 3.9 某大型购物娱乐中心附近配有停车场, 设施齐全 (图 3.4), 管理先进. 顾客从停车场入口处进入, 然后去购物和娱乐. 假设进入入口处的车流量 $\boldsymbol{N}=(N(t),t\geqslant 0)$ 是参数为 $\lambda>0$ 的齐次泊松过程, 每位顾客购物娱乐时间 $\xi_1,\xi_2,\cdots$ 是随机的, 相互独立, 具有分布函数 $G(t)$, 并且假定与 $\boldsymbol{N}$ 相互独立. 令 $t>0$, $\widetilde{N}(t)$ 表示 $(0,t]$ 内从出口处开出停车场的车流量, 求 $\widetilde{N}(t)$ 的分布 (假设停车场容量足够大).

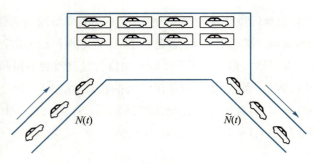

图 3.4

解　假设 $N(t) = n$, 那么 $(0, t]$ 内有 n 辆车进入停车场停车. 令这些顾客的到达时刻分别为 $S_1, S_2, \cdots, S_n$, 购物娱乐时间分别为 $\xi_1, \xi_2, \cdots, \xi_n$, 那么第 k 位顾客在 t 时刻之前离开停车场当且仅当 $S_k + \xi_k \leqslant t$. 这样

$$\widetilde{N}(t) = \sum_{k=1}^{n} \mathbf{1}_{(S_k + \xi_k \leqslant t)}.$$

因此, 任意给定 $m \geqslant 1$, 由定理 3.6,

$$
\begin{aligned}
P(\widetilde{N}(t) = m) &= \sum_{n=m}^{\infty} P(\widetilde{N}(t) = m | N(t) = n) P(N(t) = n) \\
&= \sum_{n=m}^{\infty} P\Big(\sum_{k=1}^{n} \mathbf{1}_{(S_k + \xi_k \leqslant t)} = m \big| N(t) = n \Big) P(N(t) = n) \\
&= \sum_{n=m}^{\infty} P\Big(\sum_{k=1}^{n} \mathbf{1}_{(U_{(k)} + \xi_k \leqslant t)} = m \Big) P(N(t) = n).
\end{aligned} \tag{3.32}
$$

另外, 由于均匀随机变量 U_k 和停车时间 ξ_k 相互独立,

$$
\begin{aligned}
P\left(\sum_{k=1}^{n} \mathbf{1}_{(U_{(k)} + \xi_k \leqslant t)} = m \right) &= E_{\boldsymbol{U}} P_{\boldsymbol{\xi}} \left(\sum_{k=1}^{n} \mathbf{1}_{(U_{(k)} + \xi_k \leqslant t)} = m \right) \\
&= E_{\boldsymbol{U}} P_{\boldsymbol{\xi}} \left(\sum_{k=1}^{n} \mathbf{1}_{(\xi_k \leqslant t - U_{(k)})} = m \right),
\end{aligned}
$$

其中 $E_{\boldsymbol{U}}$ 表示关于 $U_1, U_2, \cdots, U_n$ 的数学期望, $P_{\boldsymbol{\xi}}$ 表示关于 $\xi_1, \xi_2, \cdots, \xi_n$ 的概率.

令 $p_k = P_{\boldsymbol{\xi}}(\xi_k \leqslant x_k) = G(x_k)$, 由 ξ_k 的独立性得

$$
\begin{aligned}
f(x_1, x_2, \cdots, x_n) &= P_{\boldsymbol{\xi}} \left(\sum_{k=1}^{n} \mathbf{1}_{(\xi_k \leqslant x_k)} = m \right) \\
&= \sum_{1 \leqslant i_1 < \cdots < i_m \leqslant n} \prod_{i = i_1, \cdots, i_m} p_i \prod_{i \neq i_1, \cdots, i_m} (1 - p_i).
\end{aligned}
$$

注意到 $f(x_1, x_2, \cdots, x_n)$ 是对称函数, 即对任何排列 $\sigma = (\sigma_1, \sigma_2, \cdots, \sigma_n)$,

$$f(x_1, x_2, \cdots, x_n) = f(x_{\sigma_1}, x_{\sigma_2}, \cdots, x_{\sigma_n}).$$

所以

$$P_{\boldsymbol{\xi}}\left(\sum_{k=1}^{n}\mathbf{1}_{(\xi_k\leqslant t-U_{(k)})}=m\right)$$

$$=P_{\boldsymbol{\xi}}\left(\sum_{k=1}^{n}\mathbf{1}_{(\xi_k\leqslant t-U_k)}=m\right)$$

$$=\sum_{1\leqslant i_1<\cdots<i_m\leqslant n}\prod_{i=i_1,\cdots,i_m}G(t-U_i)\prod_{i\neq i_1,\cdots,i_m}[1-G(t-U_i)],$$

$$E_{\boldsymbol{U}}P_{\boldsymbol{\xi}}\left(\sum_{k=1}^{n}\mathbf{1}_{(\xi_k\leqslant t-U_{(k)})}=m\right)$$

$$=\sum_{1\leqslant i_1<\cdots<i_m\leqslant n}\prod_{i=i_1,\cdots,i_m}EG(t-U_i)\prod_{i\neq i_1,\cdots,i_m}[1-EG(t-U_i)]$$

$$=\binom{n}{m}\left[\int_0^t\frac{1}{t}G(u)\mathrm{d}u\right]^m\left[1-\int_0^t\frac{1}{t}G(u)\mathrm{d}u\right]^{n-m}. \tag{3.33}$$

将 (3.33) 代入 (3.32) 得

$$P(\widetilde{N}(t)=m)=\sum_{n=m}^{\infty}\binom{n}{m}\left[\int_0^t\frac{1}{t}G(u)\mathrm{d}u\right]^m\left[1-\int_0^t\frac{1}{t}G(u)\mathrm{d}u\right]^{n-m}\frac{(\lambda t)^n\mathrm{e}^{-\lambda t}}{n!}$$

$$=\frac{\left[\lambda\int_0^t G(u)\mathrm{d}u\right]^m}{m!}\mathrm{e}^{-\lambda\int_0^t G(u)\mathrm{d}u}.$$

注 3.11 假设 $\boldsymbol{N}=(N(t),t\geqslant 0)$ 是参数为 $\lambda(t)$ 的泊松过程, 其中 $\lambda(t)$ 为连续正函数. $m(t)$ 为严格单调增加正函数, 其逆函数存在, 记为 $m^{-1}(t)$. 定义

$$\widetilde{N}(0)=0,\quad \widetilde{N}(t)=N(m^{-1}(t)),\quad t>0,$$

那么 $\widetilde{\boldsymbol{N}}=(\widetilde{N}(t),t\geqslant 0)$ 是参数为 1 的齐次泊松过程.

3.6 多维泊松点过程

前面几节介绍了泊松过程的基本特点、主要性质和实际应用. 本节将泊松过程推广到高维空间.

假设 $0 = S_0, S_1, S_2, \cdots$ 是顾客依次到达的时刻, 任给 $s < t$, 那么

$$N(s,t] = \sharp\{k : s < S_k \leqslant t\}.$$

换句话说, $0 = S_0, S_1, S_2, \cdots$ 是半无穷区间 $[0, \infty)$ 上一列点, $N(s,t]$ 恰好为落在 $(s,t]$ 内点的个数, 如图 3.5 所示. 基于这一思想, 下面给出泊松点过程的概念.

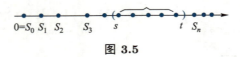

图 3.5

考虑 $\mathbb{R}^d \ (d \geqslant 1)$ 上可数点集 $\mathcal{X}$. 如果对任意有界子集 $A \subset \mathbb{R}^d$,

$$N_{\mathcal{X}}(A) := \sharp(A \cap \mathcal{X}) < \infty,$$

即任意有界区域内最多只包含 $\mathcal{X}$ 中的有限个点, 那么称 $\mathcal{X}$ 为**局部有限点集**.

令 $(\Omega, \mathcal{A}, P)$ 是概率空间, 对每个 $\omega \in \Omega$, $\mathcal{X}(\omega)$ 是 $\mathbb{R}^d$ 上的局部有限点集, 称 $\mathcal{X}$ 为**随机点过程**. 进而, 如果 $\mathcal{X}$ 满足下列条件:

(i) 存在一个非负函数 $f : \mathbb{R}^d \mapsto \mathbb{R}_+$, 对任意有界集合 $A \subset \mathbb{R}^d$, $N_{\mathcal{X}}(A)$ 服从泊松分布, 均值为 $m(A) = \int_A f(\boldsymbol{x}) \mathrm{d}\boldsymbol{x} < \infty$;

(ii) 对任意两个互不相交的有界集合 $A, B \subset \mathbb{R}^d$, $N_{\mathcal{X}}(A)$ 和 $N_{\mathcal{X}}(B)$ 相互独立 (图 3.6), 那么称 $\mathcal{X}$ 是 $\mathbb{R}^d$ 上**泊松点过程**, 强度为 $f(\boldsymbol{x})$.

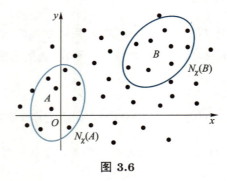

图 3.6

多维泊松点过程同样具有广泛的应用, 如用于描述

(i) 非洲原始森林里动物的栖息地;

(ii) 浩瀚宇宙中星星的位置;

(iii) 一望无际沙漠中的水源地.

下列定理刻画了多维泊松点过程. 令 $n \geqslant 1$, $\boldsymbol{k} = (k_1, k_2, \cdots, k_d) \in \mathbb{Z}_+^d$, 定义边长为 2^{-n} 的正立方体

$$B_{\boldsymbol{k}}(n) = \prod_{i=1}^{d} \left(\frac{k_i}{2^n}, \frac{k_i+1}{2^n} \right].$$

定理 3.10 令 $\mathcal{X}$ 是 $\mathbb{R}^d$ 上随机局部有限点集, $f : \mathbb{R}^d \mapsto \mathbb{R}_+$ 是 $\mathbb{R}^d$ 上非负可积函数, 使得对所有有界集合 A, $m(A) := \int_A f(\boldsymbol{x})\mathrm{d}\boldsymbol{x} < \infty$. 如果

$$P(\omega : \mathcal{X}(\omega) \cap A = \varnothing) = \mathrm{e}^{-m(A)},$$

其中 A 是任意有限个 $B_{\boldsymbol{k}}(n)$ 的并, 那么 $\mathcal{X}$ 是 $\mathbb{R}^d$ 上泊松点过程, 强度为 $f(\boldsymbol{x})$.

多维泊松点过程具有许多良好性质, 下面给出几个结果, 供读者参考.

定理 3.11 假设 $\mathcal{X}_1$ 和 $\mathcal{X}_2$ 是 $\mathbb{R}^d$ 上两个独立泊松点过程, 强度分别为 $f_1(\boldsymbol{x})$ 和 $f_2(\boldsymbol{x})$, 那么 $\mathcal{X} = \mathcal{X}_1 \cup \mathcal{X}_2$ 仍然是泊松点过程, 强度为

$$f(\boldsymbol{x}) := f_1(\boldsymbol{x}) + f_2(\boldsymbol{x}).$$

定理 3.12 令 $\mathcal{X}$ 是 $\mathbb{R}^d$ 上泊松点过程, 强度为 $f(\boldsymbol{x})$. 任给 $A \subset \mathbb{R}^d$, $m(A) := \int_A f(\boldsymbol{x})\mathrm{d}\boldsymbol{x} < \infty$. 那么在 $\sharp(\mathcal{X} \cap A) = n$ 的条件下, A 中所包含的随机点独立同分布, 密度函数为 $\dfrac{f(\boldsymbol{x})}{m(A)}$, $\boldsymbol{x} \in A$.

定理 3.13 令 $\mathcal{X}$ 是 $\mathbb{R}^d$ 上泊松点过程, 强度为 $f(\boldsymbol{x})$. 现随机为 $\mathcal{X}$ 中的点描色: 红色和绿色, 位于 $\boldsymbol{x}$ 处的点以概率 $p(\boldsymbol{x})$ 描成红色, 以概率 $1 - p(\boldsymbol{x})$ 描成绿色. 令 $\mathcal{X}_r$ 和 $\mathcal{X}_g$ 分别表示红点和绿点的集合, 那么 $\mathcal{X}_r$ 和 $\mathcal{X}_g$ 是独立的泊松点过程, 强度分别为 $f(\boldsymbol{x})p(\boldsymbol{x})$ 和 $f(\boldsymbol{x})[1 - p(\boldsymbol{x})]$.

最后, 给出映射定理, 即泊松点过程在可测映射下的像集仍然是泊松点过程. 具体地说, 令 $\varsigma : \mathbb{R}^d \mapsto \mathbb{R}^s$ 为可测映射, 假设 $\mathcal{X}$ 是 $\mathbb{R}^d$ 上泊松点过程, 强度为 $f(\boldsymbol{x})$. 记 $\varsigma(\mathcal{X})$ 为 $\mathcal{X}$ 在 ς 下的像集. 为避免重点, 假设对任何 $\boldsymbol{y} \in \mathbb{R}^s$,

$$|\boldsymbol{x} : \varsigma(\boldsymbol{x}) = \boldsymbol{y}| = 0,$$

其中 $|\cdot|$ 表示 $\mathbb{R}^d$ 上勒贝格 (Lebesgue) 测度.

定理 3.14 在上述条件下, 如果对任意有界集 $B \subset \mathbb{R}^s$,

$$\int_{\varsigma^{-1}(B)} f(\boldsymbol{x})\mathrm{d}\boldsymbol{x} < \infty,$$

那么 $\varsigma(\mathcal{X})$ 是 $\mathbb{R}^d$ 上泊松点过程, 强度为 $f \circ \varsigma^{-1}(\boldsymbol{x})$.

3.7　补充与注记

一、　泊松 (Siméon Denis Poisson)

泊松 1781 年 6 月 21 日生于法国皮蒂维耶, 1840 年 4 月 25 日在巴黎近郊索镇去世. 泊松 1798 年进入巴黎综合工科学校 (École Polytechnique), 其数学才能很快吸引了老师们的注意. 1800 年, 入学不到两年时间, 泊松发表了两篇论文, 得到像拉普拉斯和拉格朗日这样的大数学家赏识, 后来他们给予泊松各方面全力支持, 并成为终生好朋友. 毕业后, 他留校担任助教, 1806 年接替傅里叶 (Fourier) 担任教授.

泊松对他那个时代法国数学教育、数学研究以及数学组织机构的管理做出了重要贡献. 在繁忙的行政管理工作之余, 发表了 300 多篇学术论文和专著, 内容涉及纯数学、应用数学、数学物理、理论力学等. 他有句名言: 生活因发现数学和传播数学而美好.

1837 年泊松发表了一篇有关概率论的重要论文, 题为 *Recherches sur la probabilité des jugements en matière criminelle et en matière civile* (法文). 泊松分布首次出现在该文章中, 用于描述稀有事件发生的概率. 当时, 它在法国并没有引起很大注意, 但引起了俄罗斯数学家切比雪夫的兴趣并将其加以发展. 直到 1898 年, 博特克维奇 (Bortkiewicz) 才把它用于实际问题: 研究普鲁士部队士兵被马所踢意外死亡的人数. 后来, 泊松分布用于工程可靠性研究.

泊松的名字和其他 71 位法国科学家、工程师及知名人士的名字一起镌刻在巴黎埃菲尔铁塔上.

二、　泊松分布族

根据泊松定理 (参见第一章 1.4 节), 如果 $p_n \sim \dfrac{\lambda}{n}$ $(\lambda > 0)$, 那么

$$P(S_n = k) \approx \frac{\lambda^k}{k!} \mathrm{e}^{-\lambda}, \quad k = 0, 1, 2, \cdots.$$

令 $X \sim \mathcal{P}(\lambda)$, 那么

(1) $EX = \lambda, \mathrm{Var}(X) = \lambda$;

(2) 对任意 $k \geqslant 1$,

$$E[X(X-1)\cdots(X-k+1)] = \lambda^k;$$

(3) 对任意 $t > 0$,

$$E\mathrm{e}^{-tX} = \mathrm{e}^{\lambda(\mathrm{e}^{-t}-1)};$$

(4) 当 λ 足够大时,

$$P\left(\frac{X-\lambda}{\sqrt{\lambda}} \leqslant x\right) \approx \Phi(x), \quad x \in \mathbb{R}.$$

图 3.7 直观地给出了泊松分布状况.

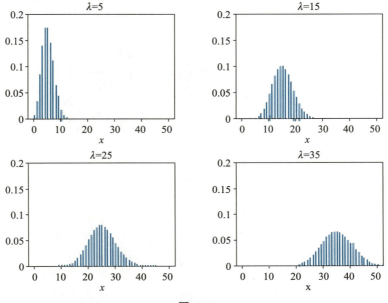

图 3.7

泊松分布具有可加性: 假设 X, Y 是独立泊松随机变量, 参数分别为 μ 和 ν, 那么它们的和 $Z = X + Y$ 也是泊松随机变量, 其参数 $\lambda = \mu + \nu$. 进而

$$P(X = k | Z = n) = \binom{n}{k} p^k (1-p)^{n-k}, \quad 0 \leqslant k \leqslant n,$$

其中 $p = \mu / \lambda$.

有趣的是, 这一性质可以用来刻画泊松分布.

定理 3.15　假设 X, Y 是独立非负整数值随机变量, $P(X = 0) > 0$, $P(Y = 0) > 0$. 令 $Z = X + Y$, 如果存在 $0 < p < 1$, 使得对每一个 $n \geqslant 0$,

$$P(X = k | Z = n) = \binom{n}{k} p^k (1-p)^{n-k}, \quad 0 \leqslant k \leqslant n,$$

那么 X 和 Y 一定是泊松随机变量.

三、 排队服务系统

考虑某随机服务系统, 顾客按到达的先后顺序排队等待服务, 每位顾客接受服务所需要的时间是随机变量. 一旦服务结束, 顾客立即离开, 排队等待的下一位顾客随即开

始 (图 3.8): 给定 $t > 0$, 令 $N_a(t)$ 表示 $(0,t]$ 内到达的顾客数, $N_d(t)$ 表示 $(0,t]$ 内服务已经结束离开系统的顾客数, $N_q(t)$ 表示 t 时刻正在排队等待服务的顾客数, 其中包括正在接受服务的顾客, 如图 3.9 所示. 对于这样一个排队服务系统, 人们自然会问: $N_d(t)$ 和 $N_q(t)$ 分别服从什么样的分布? 这是一个非常困难的问题, 排队论学科对此做出了系统而深入的讨论. 下面只介绍一些最简单的结果, 它们依赖于泊松过程的一些特殊性质.

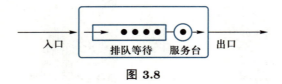

图 3.8

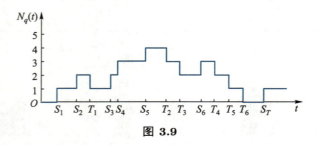

图 3.9

假设 $\boldsymbol{N}_a = (N_a(t), t > 0)$ 是参数为 λ 的泊松过程, 每位顾客接受服务所需要的时间是独立同分布指数随机变量, 参数为 μ, 并且与 $\boldsymbol{N}_a$ 相互独立. 令

$$p_n(t) = P(N_q(t) = n), \quad n = 0, 1, 2, \cdots.$$

定理 3.16 如果 $\lambda < \mu$, 那么

$$p_n := \lim_{t \to \infty} p_n(t) = \rho^n(1 - \rho), \quad n = 0, 1, 2, \cdots,$$

其中 $\rho = \lambda/\mu$.

证明 首先计算 $P(N_q(t + \Delta t) = n)$, 其中 Δt 是无穷小量. 根据服务系统的要求和假设, 对 $n \geqslant 1$,

$$P(N_q(t + \Delta t) = n)$$
$$= P(N_q(t) = n, N_q(t + \Delta t) = n) + P(N_q(t) = n - 1, N_q(t + \Delta t) = n) +$$
$$P(N_q(t) = n + 1, N_q(t + \Delta t) = n) + P(N_q(t) < n - 1, N_q(t + \Delta t) = n) +$$
$$P(N_q(t) > n + 1, N_q(t + \Delta t) = n). \tag{3.34}$$

注意到寻求服务的顾客流是泊松过程, 在 Δt 时间内到达两位及以上顾客的概率关于 Δt

是高阶无穷小量, 即

$$
\begin{cases}
P(N_q(t) < n-1, N_q(t+\Delta t) = n) = o(\Delta t), \\
P(N_q(t) > n+1, N_q(t+\Delta t) = n) = o(\Delta t).
\end{cases}
\tag{3.35}
$$

另外, 在 Δt 时间内到达一位顾客的概率与 Δt 成正比, 一位顾客服务结束离开系统的概率同样与 Δt 成正比, 即

$$
\begin{cases}
P(N_q(t) = n-1, N_q(t+\Delta t) = n) = p_{n-1}(t)\lambda\Delta t(1-\mu\Delta t) + o(\Delta t), \\
P(N_q(t) = n+1, N_q(t+\Delta t) = n) = p_{n+1}(t)\mu\Delta t(1-\lambda\Delta t) + o(\Delta t).
\end{cases}
\tag{3.36}
$$

由于在 Δt 时间内没有一位顾客到达的概率为 $1-\lambda\Delta t$, 没有一位顾客离开的概率为 $1-\mu\Delta t$, 故

$$
P(N_q(t) = n, N_q(t+\Delta t) = n) = p_n(t)(1-\lambda\Delta t)(1-\mu\Delta t) + o(\Delta t).
\tag{3.37}
$$

将 (3.35), (3.36) 和 (3.37) 代入 (3.34) 得

$$
\begin{aligned}
&P(N_q(t+\Delta t) = n) - P(N_q(t) = n) \\
&= -p_n(t)(\lambda+\mu)\Delta t + p_{n-1}(t)\lambda\Delta t + p_{n+1}(t)\mu\Delta t + o(\Delta t).
\end{aligned}
$$

两边除以 Δt, 并令 $\Delta t \to 0$ 得

$$
\frac{\mathrm{d}}{\mathrm{d}t}p_n(t) = -(\lambda+\mu)p_n(t) + \lambda p_{n-1}(t) + \mu p_{n+1}(t).
\tag{3.38}
$$

类似地,

$$
\frac{\mathrm{d}}{\mathrm{d}t}p_0(t) = -\lambda p_0(t) + \mu p_1(t).
\tag{3.39}
$$

这样, 排队服务系统的动态变化趋势可以由一族微分方程 (3.38) 和 (3.39) 加以描述. 该族方程并不容易求解, 但如果系统处于稳定状态, 即当 $t \to \infty$ 时 $p_n(t)$ 存在极限, 那么

$$
\frac{\mathrm{d}}{\mathrm{d}t}p_n(t) = 0, \quad n \geqslant 0.
\tag{3.40}
$$

由此得

$$
\begin{cases}
-\lambda p_0 + \mu p_1 = 0, \\
-(\lambda+\mu)p_n + \lambda p_{n-1} + \mu p_n = 0, \ n \geqslant 1.
\end{cases}
\tag{3.41}
$$

(3.41) 是一族二阶差分方程, 存在多种解法. 由递推公式可得

$$
p_n = \rho^n p_0.
\tag{3.42}
$$

显然, $p_n, n \geqslant 0$ 必须满足

$$\sum_{n=0}^{\infty} p_n = 1. \tag{3.43}$$

将 (3.42) 代入 (3.43) 得

$$p_0 = \left(\sum_{n=0}^{\infty} \rho^n\right)^{-1} = 1 - \rho. \tag{3.44}$$

再代回 (3.42) 得

$$p_n = \rho^n(1-\rho), \quad n \geqslant 1.$$

定理证毕.

> **注 3.12**   参数 ρ 为服务时间内顾客到达的平均人数, 用于描述使用服务设施的频繁程度. 当系统处于稳定状态时, 等待队伍的平均长度为
>
> $$L_q := \sum_{n=1}^{\infty} (n-1)p_n = \frac{\rho^2}{1-\rho}.$$
>
> 如果 $\lambda > \mu$, 那么平均到达人数比服务人数多, 排队等候服务的队伍将变得越来越长, 无限增长; 如果 $\lambda = \mu$, 从上述证明看, $p_n = 0, n = 0, 1, 2, \cdots$, 系统无法达到平稳状态.

例 3.10   某高速公路旁设有加油站, 前往加油的车辆数服从参数为 4 (每小时 4 辆) 的泊松分布. 假设车辆加油所需时间服从指数分布, 根据经验知每辆车平均花费 12 分钟加油; 求至少有 4 辆车等候加油的概率.

解   根据题意, $\lambda = 4$, $\mu = 5$. 因此

$$p_0 = \frac{1}{5}, \quad p_1 = \frac{4}{25}, \quad p_2 = \frac{16}{125}, \quad p_3 = \frac{64}{625}.$$

至少有 4 辆车等候加油的概率为

$$1 - \frac{1}{5} - \frac{4}{25} - \frac{16}{125} - \frac{64}{625} = 0.4096.$$

以下假设服务系统处于稳定状态, 即对任何 $t \geqslant 0$,

$$p_n := P(N_q(t) = n) = \rho^n(1-\rho), \quad n = 0, 1, 2, \cdots.$$

令 $0 = T_0, T_1, T_2, \cdots$ 分别是顾客服务结束后依次离开系统的时刻. 对任意 $i \geqslant 0$, 定义

$$F_{i,n}(t) = P(N_q(T_i + t) = n, T_{i+1} - T_i > t), \quad n = 0, 1, 2, \cdots.$$

特别,

$$F_{0,n}(0) = P(N_q(0) = n, T_1 > 0) = p_n. \tag{3.45}$$

定理 3.17   假设 $\lambda < \mu$, 并且系统处于稳定状态, 那么

(i) $\{T_{i+1} - T_i,\ i \geqslant 0\}$ 是一列独立同分布指数随机变量, 参数为 λ; 进而, $\boldsymbol{N}_d = (N_d(t), t \geqslant 0)$ 是参数为 λ 的泊松过程;

(ii) 任意给定 $i \geqslant 1$, $(N_q(T_i + t), t \geqslant 0)$ 与 $(T_1, T_2, \cdots, T_i)$ 相互独立.

证明   以下仅证明

$$F_{0,n}(t) = p_n e^{-\lambda t}, \quad n = 0, 1, 2, \cdots. \tag{3.46}$$

这表明事件 $\{N_q(t) = n\}$ 与事件 $\{T_1 > t\}$ 相互独立, 并且

$$P(T_1 > t) = e^{-\lambda t}, \quad t \geqslant 0.$$

事实上, 类似于 (3.38) 和 (3.39), 可以证明

$$\begin{cases} \dfrac{\mathrm{d}}{\mathrm{d}t} F_{0,0}(t) = -\lambda F_{0,0}(t), \\[2mm] \dfrac{\mathrm{d}}{\mathrm{d}t} F_{0,n}(t) = -(\lambda + \mu) F_{0,n}(t) + \lambda F_{n-1}(t). \end{cases}$$

求解方程组并利用初始条件 (3.45) 得 (3.46). 其他证明省略.

习题三

1. 令 $\boldsymbol{N} = (N(t), t \geqslant 0)$ 是参数为 $\lambda > 0$ 的泊松过程, T_0 是随机变量, $P(T_0 = \pm 1) = \dfrac{1}{2}$, 并且与 $\boldsymbol{N}$ 相互独立. 定义

$$T(t) = T_0 (-1)^{N(t)}, \quad t \geqslant 0.$$

(1) 求 $ET(t)$ 和 $\mathrm{Cov}(T(s), T(t))$;

(2) 令 $X(t) = \displaystyle\int_0^t T(s)\mathrm{d}s$, 求 $EX(t)$ 和 $\mathrm{Cov}(X(s), X(t))$.

2. 光临某商店的顾客流是参数为 4 (人/时) 的泊松过程. 已知商店早上 9:00 开业, 求:

(1) 到 9:30 为止恰好有一位顾客到达的概率;

(2) 到 11:30 为止总共有 5 位顾客到达的概率.

3. 设 $(N(t), t \geqslant 0)$ 是参数为 $\lambda > 0$ 的齐次泊松过程, S_m 为第 m 个事件发生的时刻 (特别地, $S_0 = 0$). 固定 $t > 0$, 令

$$A(t) = t - S_{N(t)}, \quad B(t) = S_{N(t)+1} - t, \quad L(t) = S_{N(t)+1} - S_{N(t)}.$$

(1) 证明 $A(t)$ 和 $B(t)$ 相互独立, 并求它们的分布函数;

(2) 计算 $L(t)$ 的密度函数.

4. 令 $\boldsymbol{N} = (N(t), t \geqslant 0)$ 是参数为 2 的泊松过程, 求:

(1) $P(N(1) \leqslant 2)$;

(2) $P(N(1) = 1, N(2) = 3)$;

(3) $P(N(1) \geqslant 2 | N(1) \geqslant 1)$.

5. 令 $\boldsymbol{N} = (N(t), t \geqslant 0)$ 是参数为 2 的泊松过程, 求:

(1) $EN(2)$;   (2) $E(N(1))^2$;   (3) $E(N(1)N(2))$;   (4) $E(N(1)N(2)N(3))$.

6. 令 $\boldsymbol{N} = (N(t), t \geqslant 0)$ 表示到达候车亭的乘客数, 是参数为 2 的泊松过程. 假定 0 时刻公交车离开, 候车亭没有乘客. 令 T 表示下一辆公交车到达该候车亭的时刻, 服从区间 $[1, 2]$ 上的均匀分布, 并与泊松过程 $\boldsymbol{N}$ 相互独立. 令 $N(T)$ 表示公交车到达时候车亭的乘客数, 求:

(1) $E(N(T)|T = t)$ 和 $E((N(T))^2 | T = t)$;

(2) $EN(T)$ 和 $\mathrm{Var}(N(T))$.

7. 假设某零件受到外来撞击的次数是参数为 λ 的泊松过程. 已知该零件受到撞击次数超过 k 时就不能正常工作, 求该零件使用寿命 T 的密度函数.

8. 某放射源释放粒子数是参数为 2 (每分钟平均释放 2 个粒子) 的泊松过程, 求:

(1) 第一个粒子出现在 3 min 以后、5 min 以前的概率;

(2) 在第 3 min 到第 5 min 之间, 恰好释放一个粒子的概率.

9. 假设某粒子加速器释放 3 种粒子: α 粒子, β 粒子, γ 粒子, 释放的粒子数分别服从参数为 $\lambda_1, \lambda_2, \lambda_3$ 的泊松过程, 且相互独立. 令 T 表示首次出现所有 3 种粒子的时刻, 求 T 的密度函数.

10. 令 $\boldsymbol{N} = (N(t), t \geqslant 0)$ 是参数为 λ 的泊松过程, $S_1, S_2, \cdots$ 表示顾客依次到达的时刻, 求:

(1) $E(S_1 S_2 | N(1) = 2)$;

(2) $E(S_1 + S_2 + \cdots + S_5 | N(1) = 5)$.

11. 设 $\boldsymbol{N} = (N(t), t \geqslant 0)$ 是参数为 λ 的泊松过程, $S_1, S_2, \cdots$ 表示顾客依次到达的时刻. 令

$$U = \frac{S_1}{S_2}, \quad V = \frac{1 - S_3}{1 - S_2}.$$

已知 $N(1) = 3$, 求 (U, V) 的联合分布.

12. 令 $\boldsymbol{N} = (N(t), t \geqslant 0)$ 是参数为 λ 的泊松过程, $S_1, S_2, \cdots$ 表示顾客依次到达的时刻, 求:

(1) $E(S_1 | N(t) = 2)$;

(2) $E(S_3 | N(t) = 5)$.

13. 令 $N = (N(t), t \geqslant 0)$ 是参数为 λ 的泊松过程, $S_1, S_2, \cdots$ 表示顾客依次到达的时刻.

(1) 证明:

$$E(S_l - S_k | N(t) = n) = \frac{l-k}{n+1}t, \quad k < l \leqslant n, \quad t > 0;$$

(2) 求 $E(t - S_k | N(t) = n)$.

14. 某系统受到外来撞击, 撞击次数是参数为 λ 的泊松过程, $S_1, S_2, \cdots$ 表示撞击发生的时刻. 令 ξ_n 表示在 S_n 时刻所发生撞击的影响, $(\xi_n, n \geqslant 1)$ 独立同分布, 均值为 μ, 方差为 σ^2, 并且与泊松过程相互独立. 另外, 每次撞击所产生的影响随着时间推移呈指数衰减, 速率为 γ. 令 $Z(t)$ 表示到 t 时刻为止所受到撞击的累计影响:

$$Z(t) = \sum_{n=1}^{N(t)} \xi_n \mathrm{e}^{-\gamma(t-S_n)}.$$

求 $EZ(t)$ 和 $\mathrm{Var}(Z(t))$.

15. 设 $(N(t), t \geqslant 0)$ 是强度函数 $\lambda(t) = 1 + t$ 的非齐次泊松过程, 求:

(1) $P(N(1) = N(2) = 3)$;

(2) $P(N(s) = m \mid N(t) = n)$, 这里 $0 < s < t, m \leqslant n$ 且 m, n 是非负整数;

(3) $P(S_2 \leqslant 2 \mid N(1) = 1)$, 这里 S_2 是第二个事件发生时刻.

16. 某种疾病从感染到发病有潜伏期, 以 $N(t)$ 表示 $(0, t]$ 内感染人数. 假设 $(N(t), t \geqslant 0)$ 是参数为 2 的泊松过程. 每个感染者潜伏期独立 (也独立于 $(N(t), t \geqslant 0)$), 且具有相同的密度函数 $f(x) = 2x, 0 \leqslant x \leqslant 1$, 求:

(1) 第一个发病者发病时间的密度函数;

(2) $(0, t]$ 内有 1 人发病, 有 2 人感染不发病的概率.

习题三部分
习题参考答案

第四章

马尔可夫链

马尔可夫链是一类特殊的随机过程, 状态空间只含有限或可数个状态, 并满足马尔可夫性质. 齐次马尔可夫链的概率分布由初始分布和转移概率矩阵所唯一确定; 并且在很多情况下, 经过长时间转移后会处于稳定. 马尔可夫链各个状态所起的作用不完全相同, 可分为瞬时状态、零常返状态和正常返状态.

4.1   马尔可夫链基本性质

一、 马尔可夫链定义

马尔可夫链是一类特殊的随机过程, 时间参数空间可为离散集或连续集, 但其状态空间最多包含可数个状态.

令 $\boldsymbol{X} = (X_n, n \geqslant 0)$ 是随机过程, 状态空间为

$$\mathcal{E} = \{e_1, e_2, \cdots, e_N\},$$

其中 $N < \infty$ 或者 $N = \infty$.

需要指出, e_i 可以是数、向量, 但大多情况下可能是抽象的点 (状态), 比如 "运行" "维修"; "晴天" "阴雨". 为表达简单起见, 记

$$\mathcal{E} = \{1, 2, \cdots, N\}.$$

事件 $\{X_n = i\}$ 意味着随机过程在 n 时刻处于状态 i. 如果对任意 $n \geqslant 0$, 任意状态 i, j 以及 $i_0, i_1, \cdots, i_{n-1}$, 下式成立:

$$P(X_{n+1} = j | X_n = i, X_{n-1} = i_{n-1}, \cdots, X_0 = i_0)$$
$$= P(X_{n+1} = j | X_n = i), \tag{4.1}$$

那么称 $\boldsymbol{X}$ 是马尔可夫链.

马尔可夫链最早由马尔可夫于 1905 年提出并加以研究, 人们通常称等式 (4.1) 为**马尔可夫性质**. 它表明在给定当前状态 $\{X_n = i\}$ 下, 随机过程将来 ($n+1$ 时刻) 处于状态 j 的概率大小与过去所经历的状态 $\{i_0, i_1, \cdots, i_{n-1}\}$ 相互独立. 记

$$p_{n;ij} = P(X_{n+1} = j | X_n = i), \tag{4.2}$$

称之为马尔可夫链在 n 时刻从状态 i 转移到状态 j 的概率. 特别, 如果 $p_{n;ij}$ 与 n 无关, 那么称 $\boldsymbol{X}$ 为 (时间) **齐次马尔可夫链**.

如无特殊声明, 本章仅讨论齐次马尔可夫链. 令

$$\boldsymbol{P} = \begin{pmatrix} p_{11} & p_{12} & \cdots & p_{1N} \\ p_{21} & p_{22} & \cdots & p_{2N} \\ \vdots & \vdots & & \vdots \\ p_{N1} & p_{N2} & \cdots & p_{NN} \end{pmatrix},$$

称 $\boldsymbol{P}$ 为马尔可夫链的**转移概率矩阵**.

$\boldsymbol{P}$ 是一个 $N \times N$ 矩阵, 完全刻画了马尔可夫链在各个状态之间转移的概率大小. 根据概率的基本性质, 可知

$$p_{ij} \geqslant 0, \quad i,j = 1, 2, \cdots, N,$$

并且

$$\sum_{j=1}^{N} p_{ij} = 1, \quad i = 1, 2, \cdots, N.$$

例 4.1 直线上简单随机游动. 令 $\{\xi_n, n \geqslant 1\}$ 是一列独立同分布随机变量,

$$P(\xi_n = 1) = p, \quad P(\xi_n = -1) = 1 - p,$$

其中 $0 < p < 1$. 定义

$$S_0 = 0, \quad S_{n+1} = S_n + \xi_{n+1}, \quad n \geqslant 0,$$

其中 S_n 表示 n 时刻所处的位置.

该过程从原点出发, 一步一格, 状态空间 $\mathcal{E} = \mathbb{Z}$. 由于 $S_{n+1} - S_n$ 与 $\{S_n, S_{n-1}, \cdots, S_0\}$ 相互独立, 给定 $S_n = i$, $n+1$ 时刻处于什么位置仅依赖于 ξ_{n+1}, 而与如何到达位置 i 的方式无关, 故 $\boldsymbol{S} = (S_n, n \geqslant 0)$ 是马尔可夫链, 转移概率为

$$p_{ij} = P(S_{n+1} = j | S_n = i) = \begin{cases} p, & j = i + 1, \\ 1 - p, & j = i - 1, \\ 0, & \text{其他}. \end{cases}$$

例 4.2 罐子模型. 某罐子装有 a 个黑球, b 个红球. 现在随意摸出一球, 如果是红球, 将其放回并添加一个红球; 如果是黑球, 将其放回.

令 X_n 表示第 n 次摸球之后, 罐子中红球的个数, 那么状态空间为 $\mathcal{E} = \{b, b+1, b+2, \cdots\}$. 根据题意, 每一次摸球方式都与以前摸球的结果无关, 因此 $\boldsymbol{X} = (X_n, n \geqslant 0)$ 是马尔可夫链, 并且

$$p_{ij} = P(X_{n+1} = j | X_n = i) = \begin{cases} \dfrac{i}{a+i}, & j = i+1, \\[3mm] \dfrac{a}{a+i}, & j = i, \\[3mm] 0, & \text{其他.} \end{cases}$$

例 4.3 仓储模型. 某大型超市仓库按下列方案贮存货物: 初始仓库的货物贮存量为 S. 如果当日营业结束后, 发现仓库货物少于或等于 s, 那么马上增加到 S; 如果当日营业结束后, 发现仓库货物多于 s, 那么不增加货物. 已知该货物每天的销售量是随机的, 并且相互独立, 分布为

$$P(\xi = k) = p_k, \quad k = 0, 1, 2, \cdots. \tag{4.3}$$

令 $X_0 = S$, X_n 表示第 n 天营业结束后仓库里的货物贮存量, ξ_n 表示第 n 天的货物销售量. 如果 $X_n \leqslant s$, 那么当日晚上增加到 S; 如果 $X_n > s$, 那么无需补充货物. 如果当天货物销售完, 那么营业结束. 这样

$$X_{n+1} = \begin{cases} (X_n - \xi_{n+1})^+, & X_n > s, \\ (S - \xi_{n+1})^+, & X_n \leqslant s, \end{cases} \tag{4.4}$$

其中 $x^+ = \max\{0, x\}$.

容易看出 $\boldsymbol{X} = (X_n, n \geqslant 0)$ 的状态空间为 $\mathcal{E} = \{0, 1, 2, \cdots, S\}$, 并且为马尔可夫链, 其转移概率可以通过 (4.3) 和 (4.4) 计算, 留给读者.

例 4.4 赌博模型. 甲、乙两人进行赌博, 每局赌注 1 元, 甲赢的概率为 $0 < p < 1$, 当前输赢状况不受以前的表现所影响 (即各局之间具有独立性). 赌博开始时, 甲拥有赌资 a 元, 乙拥有赌资 b 元. 一方输光后, 赌博结束. 令 $X_0 = a$, X_n 表示第 n 局后甲拥有的赌资. 容易看出 $\boldsymbol{X} = (X_n, n \geqslant 0)$ 的状态空间为 $\mathcal{E} = \{0, 1, 2, \cdots, a+b\}$, 并且为马尔可夫链, 其转移概率为

$$p_{ij} = P(X_{n+1} = j | X_n = i) = \begin{cases} p, & j = i+1, \ 0 < i < a+b, \\ 1-p, & j = i-1, \ 0 < i < a+b, \\ 1, & i = a+b, j = a+b, \\ 1, & i = 0, j = 0. \end{cases}$$

在描述马尔可夫链时, 通常有以下几种方法.

(1) 转移概率矩阵

当描述马尔可夫链时, 通常给出转移概率矩阵 $\boldsymbol{P}$. 正如后面所讨论的那样, 马尔可夫链的分布规律完全由初始分布 $\boldsymbol{p}_0$ 和转移概率矩阵 $\boldsymbol{P}$ 所确定. 转移概率矩阵刻画了状态之间转移的内在机制, 马尔可夫链的许多长时间渐近性质仅仅依赖于转移概率矩阵, 而与初始分布无关, 因此 $\boldsymbol{P}$ 显得尤为重要.

(2) 有向图

除转移概率矩阵外, 人们习惯用有向图来研究马尔可夫链. 令 (V, G) 是一个图, 其中 V 表示顶点集, G 是边集. 如果每条边被赋予一个方向, 通常用箭头表示, 那么该图是一个有向图. 图和有向图是现代数学的一个最基本工具, 对于研究马尔可夫链, 特别对于直观地理解一些基本概念、状态之间的转移和一些算法非常有帮助.

令 $\boldsymbol{X} = (X_n, n \geqslant 0)$ 是一个马尔可夫链, 状态空间为 $\mathcal{E} = \{1, 2, \cdots, N\}$, 转移概率矩阵为 $\boldsymbol{P}$. 为给出有向图表示, 令 $V = \mathcal{E}$. 如果 $p_{ij} > 0$, 那么在两点 i 和 j 之间画一条有向弧线, 其中箭头从 i 指向 j, 并在弧线附近写上数字 p_{ij}, 旨在指出从状态 i 到 j 之间的转移概率大小; 如果 $p_{ij} = 0$, 那么不用弧线连接; 当然, 如果 $p_{ii} > 0$, 那么画一条从 i 到自身的封闭弧线.

例 4.5　假设马尔可夫链的转移概率矩阵为

$$\boldsymbol{P} = \begin{pmatrix} \frac{1}{2} & 0 & 0 & \frac{1}{2} & 0 \\ \frac{1}{2} & 0 & \frac{1}{3} & 0 & \frac{1}{6} \\ 0 & 0 & 1 & 0 & 0 \\ 1 & 0 & 0 & 0 & 0 \\ 0 & 1 & 0 & 0 & 0 \end{pmatrix}.$$

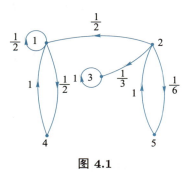

图 4.1

所对应的有向图为图 4.1.

(3) 递推方程构造

在上述例 4.1—4.4 中, 每个随机过程都有一个详细的构造, 通过构造方式可以验证它具有马尔可夫性, 并计算转移概率. 一般地, 假设 $\{Y_n, n \geqslant 1\}$ 是一列独立同分布随机变量, 取值空间为 $\mathcal{S}'$. 令 X_0 是取值于 $\mathcal{S}$ 的随机变量, 并且与 $\{Y_n, n \geqslant 1\}$ 相互独立. 假设 $f : \mathcal{S} \times \mathcal{S}' \to \mathcal{S}$ 为一个映射, 定义

$$X_n = f(X_{n-1}, Y_n), \quad n \geqslant 1,$$

那么 $\boldsymbol{X} = (X_n, n \geqslant 0)$ 是马尔可夫链, 具有转移概率

$$p_{ij} = P(X_{n+1} = j | X_n = i) = P(f(i, Y_1) = j).$$

二、 马尔可夫链的分布

给定一个马尔可夫链 $\boldsymbol{X} = (X_n, n \geqslant 0)$, 如何确定它的分布呢? 令

$$p_0(i) = P(X_0 = i),$$

$$\boldsymbol{p}_0 = (p_0(1), p_0(2), \cdots, p_0(N)),$$

称 $\boldsymbol{p}_0$ 为 $\boldsymbol{X}$ 的**初始分布**, 描述随机系统的初始状态分布规律. 通常情况下, 它是可选择、可控制的.

初始分布 $\boldsymbol{p}_0$ 和转移概率矩阵 $\boldsymbol{P}$ 完全决定着马尔可夫链的分布. 首先, 计算 1 维分布. 令

$$p_n(j) = P(X_n = j), \quad j = 1, 2, \cdots, N,$$

$$\boldsymbol{p}_n = (p_n(1), p_n(2), \cdots, p_n(N))$$

表示马尔可夫链在 n 时刻处于各个状态的概率分布.

利用全概率公式得

$$p_1(j) = \sum_{i=1}^{N} P(X_1 = j | X_0 = i) P(X_0 = i)$$

$$= \sum_{i=1}^{N} p_0(i) p_{ij},$$

即

$$\boldsymbol{p}_1 = \boldsymbol{p}_0 \boldsymbol{P}.$$

类似地, 2 时刻的分布

$$P(X_2 = j) = \sum_{i=1}^{N} P(X_2 = j | X_1 = i) P(X_1 = i)$$

$$= \sum_{i=1}^{N} p_1(i) p_{ij},$$

即

$$\boldsymbol{p}_2 = \boldsymbol{p}_1 \boldsymbol{P} = \boldsymbol{p}_0 \boldsymbol{P}^2.$$

依此运用归纳法得

$$\boldsymbol{p}_n = \boldsymbol{p}_0 \boldsymbol{P}^n.$$

下面计算任意有限维联合分布. 对任意给定的 $i_0, i_1, i_2, \cdots, i_n \in \mathcal{E}$, 利用条件概率的链式法则得

$$P(X_0 = i_0, X_1 = i_1, X_2 = i_2, \cdots, X_n = i_n)$$

$$= P(X_0 = i_0) P(X_1 = i_1 | X_0 = i_0) P(X_2 = i_2 | X_1 = i_1, X_0 = i_0) \cdots$$

$$P(X_n = i_n | X_{n-1} = i_{n-1}, \cdots, X_0 = i_0).$$

进而, 由马尔可夫性质 (4.1) 和 (4.2) 得

$$P(X_0 = i_0, X_1 = i_1, X_2 = i_2, \cdots, X_n = i_n) = p_0(i_0)p_{i_0 i_1}p_{i_1 i_2} \cdots p_{i_{n-1} i_n}.$$

例 4.6 假设 $\boldsymbol{X} = \{X_n, n \geqslant 0\}$ 是一个状态空间为 $\{1, 2, 3\}$ 的马尔可夫链, 转移概率矩阵为

$$\boldsymbol{P} = \begin{pmatrix} 0.3 & 0.2 & 0.5 \\ 0.5 & 0.1 & 0.4 \\ 0.5 & 0.2 & 0.3 \end{pmatrix}.$$

如果 $\boldsymbol{p}_0 = (0.5, 0.5, 0)$, 求:

(1) $P(X_0 = 2, X_1 = 2, X_2 = 1)$;

(2) $P(X_1 = 2, X_2 = 2, X_3 = 1)$.

解 (1) $P(X_0 = 2, X_1 = 2, X_2 = 1) = \boldsymbol{p}_0(2)p_{22}p_{21} = 0.025$.

(2) $P(X_1 = 2, X_2 = 2, X_3 = 1) = \boldsymbol{p}_0(1)p_{12}p_{22}p_{21} + \boldsymbol{p}_0(2)p_{22}p_{22}p_{21} = 0.0075$.

例 4.7 迷宫游戏. 一个迷宫由 3×3 的盒子组成, 如图 4.2 所示. 现把小白鼠放入迷宫做试验, 看看小白鼠是否有学习记忆功能. 该迷宫设计如下: 盒子之间有通道, 允许小白鼠通过; 3 号盒子中含有食物, 可供小白鼠吃; 7 号盒子中含有电网, 一旦进入便被击晕. 试验之初, 假设小白鼠随机地选择可能的通道自由进出. 换句话说, 如果有 k 个通道可以离开这个盒子, 那么选择每一个通道的概率为 $1/k$. 但一旦进入 7 号盒子, 便永远待在那里; 一旦进入 3 号盒子, 便停在那里吃食物, 在这两种情况下, 试验结束. 问题:

(1) 写出转移概率矩阵 $\boldsymbol{P}$;

(2) 如果试验开始时, 将小白鼠放入中间 5 号盒子, 求小白鼠在四步之内吃上食物的概率.

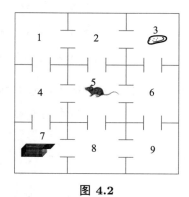

图 4.2

解 (1) 令 X_n 表示第 n 步时小白鼠所在的盒子. 根据题意, $\boldsymbol{X} = (X_n, n \geqslant 0)$ 为马尔可夫链, 其转移概率矩阵为

$$
\boldsymbol{P} = \begin{pmatrix}
0 & \frac{1}{2} & 0 & \frac{1}{2} & 0 & 0 & 0 & 0 & 0 \\
\frac{1}{3} & 0 & \frac{1}{3} & 0 & \frac{1}{3} & 0 & 0 & 0 & 0 \\
0 & 0 & 1 & 0 & 0 & 0 & 0 & 0 & 0 \\
\frac{1}{3} & 0 & 0 & 0 & \frac{1}{3} & 0 & \frac{1}{3} & 0 & 0 \\
0 & \frac{1}{4} & 0 & \frac{1}{4} & 0 & \frac{1}{4} & 0 & \frac{1}{4} & 0 \\
0 & 0 & \frac{1}{3} & 0 & \frac{1}{3} & 0 & 0 & 0 & \frac{1}{3} \\
0 & 0 & 0 & 0 & 0 & 0 & 1 & 0 & 0 \\
0 & 0 & 0 & 0 & \frac{1}{3} & 0 & \frac{1}{3} & 0 & \frac{1}{3} \\
0 & 0 & 0 & 0 & 0 & \frac{1}{2} & 0 & \frac{1}{2} & 0
\end{pmatrix}.
$$

(2) 假设小白鼠最初被放在 5 号盒子里, 那么容易看出:

(i) 恰好移动一步或三步不能进入 3 号盒子.

(ii) 恰好移动两步能吃上食物的方式有两种:

$$5 \frown 6 \frown 3, \quad 5 \frown 2 \frown 3,$$

每种方式的概率各为 1/12.

(iii) 恰好移动四步能吃上食物的方式有 12 种:

$$5 \frown 6 \frown 5 \frown 6 \frown 3, \quad 5 \frown 6 \frown 5 \frown 2 \frown 3,$$
$$5 \frown 2 \frown 5 \frown 6 \frown 3, \quad 5 \frown 2 \frown 5 \frown 2 \frown 3,$$
$$5 \frown 8 \frown 5 \frown 6 \frown 3, \quad 5 \frown 8 \frown 5 \frown 2 \frown 3,$$
$$5 \frown 4 \frown 5 \frown 6 \frown 3, \quad 5 \frown 4 \frown 5 \frown 2 \frown 3,$$
$$5 \frown 2 \frown 1 \frown 2 \frown 3, \quad 5 \frown 4 \frown 1 \frown 2 \frown 3,$$
$$5 \frown 6 \frown 9 \frown 6 \frown 3, \quad 5 \frown 8 \frown 9 \frown 6 \frown 3,$$

前 8 种方式的概率各为 1/144, 后 4 种方式的概率各为 1/72.

综上所述, 小白鼠在四步之内吃上食物的概率为 5/18.

三、 m-步转移概率

回忆一下, (4.2) 给出了在 n 时刻处于状态 i 的条件下, $n+1$ 时刻处于状态 j 的概率. 从时间角度看, 这是一步转移概率. 人们自然会问, 二步转移概率

$$p_{ij}^{(2)} := P\left(X_{n+2} = j | X_n = i\right)$$

为多少? 由条件概率运算法则知

$$p_{ij}^{(2)} = \sum_{k=1}^{N} P\left(X_{n+2} = j | X_{n+1} = k, X_n = i\right) P\left(X_{n+1} = k | X_n = i\right)$$

$$= \sum_{k=1}^{N} p_{kj} p_{ik}.$$

用矩阵表示如下:

$$\boldsymbol{P}^{(2)} = \left(p_{ij}^{(2)}\right)_{N \times N} = \boldsymbol{P}^2.$$

类似地, 三步转移概率为

$$p_{ij}^{(3)} := P\left(X_{n+3} = j | X_n = i\right)$$

$$= \sum_{k=1}^{N} P\left(X_{n+3} = j | X_{n+1} = k, X_n = i\right) P\left(X_{n+1} = k | X_n = i\right)$$

$$= \sum_{k=1}^{N} p_{kj}^{(2)} p_{ik}.$$

用矩阵表示如下:

$$\boldsymbol{P}^{(3)} = \left(p_{ij}^{(3)}\right)_{N \times N} = \boldsymbol{P}\boldsymbol{P}^{(2)} = \boldsymbol{P}^3.$$

更一般地, 令

$$p_{ij}^{(m)} = P\left(X_{n+m} = j | X_n = i\right), \quad \boldsymbol{P}^{(m)} = \left(p_{ij}^{(m)}\right)_{N \times N},$$

有

$$\boldsymbol{P}^{(m)} = \boldsymbol{P}^m. \tag{4.5}$$

注意, 等式左边是 m–步转移概率矩阵, 右边是一步转移概率矩阵的 m 次方.

由 (4.5), 对任意 n 和 m, 有

$$\boldsymbol{P}^{(n+m)} = \boldsymbol{P}^{(n)} \boldsymbol{P}^{(m)},$$

即

$$p_{ij}^{(n+m)} = \sum_{k=1}^{N} p_{ik}^{(n)} p_{kj}^{(m)}, \quad i, j = 1, 2, \cdots, N.$$

称上述等式为查普曼–柯尔莫哥洛夫 (Chapman-Kolmogorov) **方程**, 将在后面讨论中反复使用.

例 4.8 (例 4.4 续)   问题: 甲最终输光的概率是多少?

解   对任意 $k \geqslant 0$, 令 q_k 表示甲拥有 k 元赌资时最终输光的概率, 即

$$q_k = P\left(\text{甲最终输光} | X_0 = k\right)$$

$$= \lim_{n \to \infty} P\left(X_n = 0 | X_0 = k\right).$$

根据题意, 需要计算 q_a. 显然, q_k 满足边界条件:

$$q_0 = 1, \quad q_{a+b} = 0. \tag{4.6}$$

采用一步分析法 (图 4.3), 得

$$q_k = p q_{k+1} + (1-p) q_{k-1}, \quad 0 < k < a+b,$$

即

$$p(q_{k+1} - q_k) = (1-p)(q_k - q_{k-1}), \quad 0 < k < a+b.$$

根据递推得

$$q_{k+1} - q_k = \frac{1-p}{p}(q_k - q_{k-1}) = \cdots = \left(\frac{1-p}{p}\right)^k (q_1 - q_0). \tag{4.7}$$

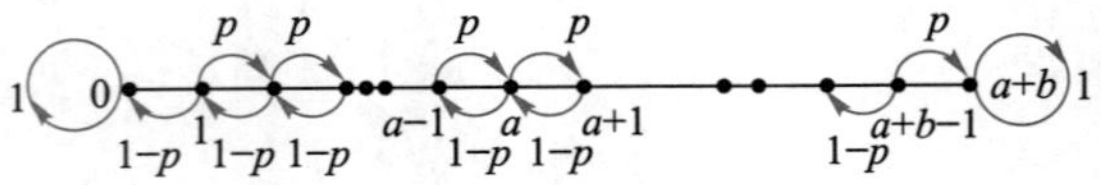

图 4.3

对 $0 \leqslant k < a+b$ 进行求和, 并注意到 (4.6) 得

$$-1 = q_{a+b} - q_0 = \sum_{k=1}^{a+b} (q_k - q_{k-1})$$

$$= (q_1 - q_0) \sum_{k=1}^{a+b} \left(\frac{1-p}{p}\right)^{k-1}. \tag{4.8}$$

分两种情况进行讨论.

(1) $p \neq 1/2$. 由 (4.8), 利用等比级数求和得

$$-1 = (q_1 - q_0) \frac{\left(\dfrac{1-p}{p}\right)^{a+b} - 1}{\dfrac{1-p}{p} - 1}. \tag{4.9}$$

另外, 由 (4.7) 和 (4.9) 得

$$q_a - q_0 = \sum_{k=1}^{a}(q_k - q_{k-1})$$

$$= (q_1 - q_0)\sum_{k=1}^{a}\left(\frac{1-p}{p}\right)^{k-1}$$

$$= -\frac{\dfrac{1-p}{p} - 1}{\left(\dfrac{1-p}{p}\right)^{a+b} - 1} \cdot \frac{\left(\dfrac{1-p}{p}\right)^{a} - 1}{\dfrac{1-p}{p} - 1}$$

$$= -\frac{\left(\dfrac{1-p}{p}\right)^{a} - 1}{\left(\dfrac{1-p}{p}\right)^{a+b} - 1}.$$

求解得

$$q_a = 1 - \frac{\left(\dfrac{1-p}{p}\right)^{a} - 1}{\left(\dfrac{1-p}{p}\right)^{a+b} - 1}$$

$$= \frac{\left(\dfrac{1-p}{p}\right)^{a+b} - \left(\dfrac{1-p}{p}\right)^{a}}{\left(\dfrac{1-p}{p}\right)^{a+b} - 1}.$$

(2) $p = 1/2$. 此时不难看出

$$q_1 - q_0 = -\frac{1}{a+b}$$

和

$$q_a - q_0 = a(q_1 - q_0) = -\frac{a}{a+b},$$

求解得

$$q_a = \frac{b}{a+b}.$$

将上述计算总结一下, 得到如下结论:

(i) 当 $p > 1/2$ 时,

$$q_a = \frac{\left(\dfrac{1-p}{p}\right)^{a+b} - \left(\dfrac{1-p}{p}\right)^a}{\left(\dfrac{1-p}{p}\right)^{a+b} - 1} \to \left(\frac{1-p}{p}\right)^a, \quad b \to \infty;$$

(ii) 当 $p = 1/2$ 时,

$$q_a = \frac{b}{a+b} \to 1, \quad b \to \infty;$$

(iii) 当 $p < 1/2$ 时,

$$q_a = \frac{\left(\dfrac{1-p}{p}\right)^{a+b} - \left(\dfrac{1-p}{p}\right)^a}{\left(\dfrac{1-p}{p}\right)^{a+b} - 1} \to 1, \quad b \to \infty.$$

这说明当甲拥有 a 元赌资, 而乙拥有无限赌资时, 若 $p \leqslant 1/2$, 则甲迟早会在有限局后输光; 若 $p > 1/2$, 则甲最终输光的概率为 $\left(\dfrac{1-p}{p}\right)^a < 1$.

注 4.1   上述赌徒破产问题最早出现在棣莫弗 1711 年所出版的著作 *De Mesura Sortis* 中, 其中给出了一个完全不同的解法.

4.2   状态空间分解

在马尔可夫链运行和转移的过程中, 各个状态所起的作用不完全相同, 一些状态显得比另外一些状态更重要. 在这一节, 我们讨论几类特殊状态, 并给出状态空间的分解.

一、 互通类

首先, 介绍一个基本概念 —— 可到达. 假设 $\boldsymbol{X} = (X_n, n \geqslant 0)$ 是马尔可夫链, 状态空间为 $\mathcal{E}$. 任意给定 $i \neq j \in \mathcal{E}$, 如果存在 $n \geqslant 1$ 使得 $p_{ij}^{(n)} > 0$, 那么称状态 i **可到达**状态 j, 记作 $i \to j$. 以下约定

$$\begin{cases} p_{ij}^{(0)} = 1, & i = j, \\ p_{ij}^{(0)} = 0, & i \neq j. \end{cases}$$

例 4.9 (例 4.5 续) 不难看出 $2 \to 4, 5 \to 3$, 等等.

如果 $i \to j, j \to i$, 那么称状态 i 和 j **互通**, 记作 $i \leftrightarrow j$. 互通是等价关系, 即具有下列性质:

(i) **对称性**: 如果 $i \leftrightarrow j$, 那么 $j \leftrightarrow i$;

(ii) **传递性**: 如果 $i \leftrightarrow j, j \leftrightarrow k$, 那么 $i \leftrightarrow k$;

(iii) **自反性**: $i \leftrightarrow i$.

自然地, 按等价关系可以将状态空间 $\mathcal{E}$ 分成若干个 (有限或无穷) 等价类.

例 4.10 假设 $\boldsymbol{X} = (X_n, n \geqslant 0)$ 是马尔可夫链, 转移概率矩阵为

$$\boldsymbol{P} = \begin{pmatrix} \frac{1}{2} & \frac{1}{2} & 0 & 0 & 0 \\ \frac{1}{4} & \frac{3}{4} & 0 & 0 & 0 \\ 0 & 0 & 0 & 1 & 0 \\ 0 & 0 & \frac{1}{2} & 0 & \frac{1}{2} \\ 0 & 0 & 0 & 1 & 0 \end{pmatrix}.$$

该状态空间可分为两个等价类: $C_1 = \{1, 2\}, C_2 = \{3, 4, 5\}$. 注意, 该马尔可夫链从一个等价类不能到达另一个等价类. 换句话说, 如果马尔可夫链初始处于某个类, 那么它将永远待在那个类中.

例 4.11 假设 $\boldsymbol{X} = (X_n, n \geqslant 0)$ 是马尔可夫链, 转移概率矩阵为

$$\boldsymbol{P} = \begin{pmatrix} \frac{1}{2} & \frac{1}{2} & 0 & 0 & 0 \\ \frac{1}{4} & 0 & \frac{3}{4} & 0 & 0 \\ 0 & 0 & 0 & 1 & 0 \\ 0 & 0 & \frac{1}{2} & 0 & \frac{1}{2} \\ 0 & 0 & 0 & 1 & 0 \end{pmatrix}.$$

该状态空间可分为两个等价类: $C_1 = \{1, 2\}, C_2 = \{3, 4, 5\}$. 注意, 该马尔可夫链从 C_1 可以到达 C_2, 比如 $2 \to 3$; 但从 C_2 不能到达 C_1.

如果任意两个状态都是互通的, 那么称该马尔可夫链是**不可约**的.

例 4.12 (例 4.1 续) 所有状态都是互通的, 因此是不可约的.

例 4.13 反射随机游动. 假设 $\boldsymbol{X} = (X_n, n \geqslant 0)$ 是马尔可夫链, 状态空间为 $\mathcal{E} =$

$\{0,1,2,\cdots,n\}$, 转移概率矩阵为

$$\boldsymbol{P}=\begin{pmatrix} 0 & 1 & 0 & 0 & 0 & \cdots & 0 & 0 & 0 \\ q & r & p & 0 & 0 & \cdots & 0 & 0 & 0 \\ 0 & q & r & p & 0 & \cdots & 0 & 0 & 0 \\ 0 & 0 & q & r & p & \cdots & 0 & 0 & 0 \\ \vdots & \vdots & \vdots & \vdots & \vdots & & \vdots & \vdots & \vdots \\ 0 & 0 & 0 & 0 & 0 & \cdots & q & r & p \\ 0 & 0 & 0 & 0 & 0 & \cdots & 0 & 1 & 0 \end{pmatrix}.$$

状态 0 为反射状态. 换句话说, 一旦马尔可夫链处于 0 (比如, 从状态 1 转移到状态 0), 那么下一步以概率 1 返回到状态 1. 类似地, 状态 n 为反射状态.

令 $S \subset \mathcal{E}$. 如果从 S 中任何状态出发, 都无法到达 $\mathcal{E} \setminus S$ 中的状态, 那么称 S 为**闭集**. 换句话说, 如果 S 是闭集, 那么对任意 $i \in S$ 和 $j \notin S$, 都有 $i \nrightarrow j$. 显然, $\varnothing$ 和 $\mathcal{E}$ 是闭集.

例 4.14 (例 4.11 续) 从 C_1 可以到达 C_2 , 比如 $2 \to 3$. 但从 C_2 不能到达 C_1, 即 C_2 是闭集, 但 C_1 不是闭集.

例 4.15 假设 $\boldsymbol{X} = (X_n, n \geqslant 0)$ 是马尔可夫链, 状态空间 $\mathcal{E} = \{0,1,2,3,4\}$, 转移概率矩阵为

$$\boldsymbol{P}=\begin{pmatrix} 1 & 0 & 0 & 0 & 0 \\ \frac{1}{2} & 0 & \frac{1}{2} & 0 & 0 \\ 0 & \frac{1}{2} & 0 & \frac{1}{2} & 0 \\ 0 & 0 & \frac{1}{2} & 0 & \frac{1}{2} \\ 0 & 0 & 0 & 0 & 1 \end{pmatrix}.$$

等价类有 $C_1 = \{1,2,3\}$, $C_2 = \{0\}$, $C_3 = \{4\}$. 但 C_1 不是闭集, C_2, C_3 是闭集. 称 0 为**吸收状态**, 因为一旦处于该状态, 它将永远不会离开. 同样, 4 也是吸收状态.

二、 周期

假设 $i \in \mathcal{E}$, 令

$$d_i = \gcd\{n \geqslant 1 : p_{ii}^{(n)} > 0\},$$

周期性

其中 $\gcd$ 表示最大公因子, 称 d_i 为状态 i 的**周期**. 如果 $d_i = 1$, 那么称状态 i 是**非周期**的.

注 4.2　假设 $d_i = d$, 那么存在一个自然数 m, 使得对任意 $n \geqslant m$,

$$p_{ii}^{(nd)} > 0.$$

例 4.16 (例 4.12 续)　每个状态的周期为 2.

例 4.17 (例 4.15 续)

$$d_1 = d_2 = d_3 = 2, \quad d_0 = d_4 = 1.$$

从例 4.16 和例 4.17 似乎可以看出, 互通状态具有相同的周期. 事实上, 可以证明

定理 4.1　如果 $i \leftrightarrow j$, 那么 $d_i = d_j$.

证明　d_i 和 d_j 都是自然数, 只要证明 d_i 和 d_j 互相整除即可. 不失一般性, 假设 $i \neq j$. 既然 $i \leftrightarrow j$, 所以一定存在 $n, m \geqslant 1$, 使得 $p_{ij}^{(n)} > 0, p_{ji}^{(m)} > 0$. 这样,

$$p_{jj}^{(n+m)} \geqslant p_{ji}^{(m)} p_{ij}^{(n)} > 0.$$

因此

$$d_j | n + m. \tag{4.10}$$

另外, 假设 $s \geqslant 1$ 使得 $p_{ii}^{(s)} > 0$, 那么

$$p_{jj}^{(n+s+m)} \geqslant p_{ji}^{(m)} p_{ii}^{(s)} p_{ij}^{(n)} > 0.$$

因此

$$d_j | n + s + m. \tag{4.11}$$

将 (4.10) 和 (4.11) 结合起来得

$$d_j | s.$$

由于 s 是使得 $p_{ii}^{(s)} > 0$ 的任意自然数, 故

$$d_j | d_i.$$

类似地, 可以证明

$$d_i | d_j.$$

这样, $d_i = d_j$. 定理证毕.

三、 状态空间分解

给定状态 $j \in \mathcal{E}$, 令

$$T_j = \inf\{n \geqslant 1 : X_n = j\}.$$

约定 $\inf \varnothing = \infty$, 即如果不存在 $n \geqslant 1$ 使得 $X_n = j$, 那么令 $T_j = \infty$.

当 $X_0 = j$ 时, T_j 表示马尔可夫链首次回到状态 j 的时刻; 当 $X_0 = i \neq j$ 时, T_j 表示马尔可夫链首次到达状态 j 的时刻.

如果

$$P(T_j < \infty | X_0 = j) = 1,$$

那么称 j 为**常返状态**. 如果 $E(T_j | X_0 = j) < \infty$, 那么称 j 为**正常返状态**; 如果 $E(T_j | X_0 = j) = \infty$, 那么称 j 为**零常返状态**. 如果

$$P(T_j < \infty | X_0 = j) < 1,$$

那么称 j 是**瞬时状态**.

状态是否常返对马尔可夫链来说非常重要, 我们将在下一节详细讨论. 下面仅给出一个基本定理.

定理 4.2　如果 $i \leftrightarrow j$, 那么

(i) i 是瞬时状态当且仅当 j 是瞬时状态;

(ii) i 是常返状态当且仅当 j 是常返状态;

(iii) i 是正常返状态当且仅当 j 是正常返状态.

该定理表明, 常返性和瞬时性是一个 "类性质", 即同一等价类中各个元素具有相同属性. 它的证明将在下一节给出.

定理 4.3　假设 $i \in \mathcal{E}$ 是常返状态, 令 $C_i = \{j \in \mathcal{E} : i \leftrightarrow j\}$, 那么 C_i 是闭集.

证明　采用反证法. 假设 C_i 不是闭集, 那么存在 $j \in C_i$ 和 $k \notin C_i$ 使得 $j \to k$. 注意到 $k \nrightarrow j$ (否则, $k \leftrightarrow j$, 因此 $i \leftrightarrow k$, 这与 $k \notin C_i$ 矛盾), 这样 $i \to j$, $j \to k$, 但 $k \nrightarrow i$. 因此 i 不是常返状态, 矛盾.

最后, 给出状态空间的分解.

定理 4.4　$$\mathcal{E} = C_1 + C_2 + \cdots + C_M + \mathcal{N},$$

其中 C_i 表示常返状态等价类, $\mathcal{N}$ 表示所有瞬时状态全体.

注意, 不同常返状态等价类是互不相交的闭集; M 可以取 $+\infty$.

4.3　常返性与瞬时性

这一节, 我们将进一步讨论状态的常返性和瞬时性. 回忆

$$T_j = \inf\{n \geqslant 1 : X_n = j\}.$$

令

$$f_{jj}^{(n)} = P\left(T_j = n | X_0 = j\right)$$
$$= P\left(X_1 \neq j, \cdots, X_{n-1} \neq j, X_n = j | X_0 = j\right).$$

注意, $f_{jj}^{(n)}$ 表示从状态 j 出发后在 n 时刻首次返回到 j 的概率, 而 $p_{jj}^{(n)}$ 表示从状态 j 出发后在 n 时刻处于 j 的概率.

按定义, j 是常返状态当且仅当

$$\sum_{n=1}^{\infty} f_{jj}^{(n)} = 1;$$

j 是瞬时状态当且仅当

$$\sum_{n=1}^{\infty} f_{jj}^{(n)} < 1.$$

另外, 常返状态 j 的**平均返回时间**为

$$\tau_j = E\left(T_j | X_0 = j\right) = \sum_{n=1}^{\infty} n f_{jj}^{(n)}.$$

例 4.18 假设 $\boldsymbol{X} = (X_n, n \geqslant 0)$ 是马尔可夫链, 状态空间为 $\{1, 2, 3\}$, 转移概率矩阵为

$$\boldsymbol{P} = \begin{pmatrix} \frac{1}{3} & \frac{2}{3} & 0 \\ \frac{1}{2} & 0 & \frac{1}{2} \\ \frac{1}{3} & 0 & \frac{2}{3} \end{pmatrix}.$$

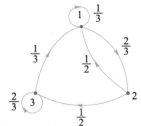

图 **4.4**

通过有向图 4.4, 容易看出所有状态互通, 具有周期 1. 下面考虑状态 1 的常返性问题. 不难得到下列概率:

$$f_{11}^{(1)} = P\left(T_1 = 1 | X_0 = 1\right) = \frac{1}{3},$$

$$f_{11}^{(2)} = P\left(T_1 = 2 | X_0 = 1\right) = \frac{2}{3} \cdot \frac{1}{2} = \frac{1}{3},$$

$$f_{11}^{(3)} = P\left(T_1 = 3 | X_0 = 1\right) = \frac{2}{3} \cdot \frac{1}{2} \cdot \frac{1}{3} = \frac{1}{9}.$$

继续下去, 当 $n \geqslant 3$ 时,

$$f_{11}^{(n)} = P\left(T_1 = n | X_0 = 1\right) = \frac{2}{3} \cdot \frac{1}{2} \cdot \left(\frac{2}{3}\right)^{n-3} \cdot \frac{1}{3} = \frac{1}{9} \cdot \left(\frac{2}{3}\right)^{n-3}.$$

因此

$$P\left(T_1 < \infty | X_0 = 1\right) = \sum_{n=1}^{\infty} f_{11}^{(n)} = f_{11}^{(1)} + f_{11}^{(2)} + \sum_{n=3}^{\infty} f_{11}^{(n)}$$

$$= \frac{1}{3} + \frac{1}{3} + \sum_{n=3}^{\infty} \frac{1}{9} \cdot \left(\frac{2}{3}\right)^{n-3} = 1.$$

这样, 状态 1 是常返的, 并且

$$\tau_1 = E\left(T_1 < \infty | X_0 = 1\right) = \sum_{n=1}^{\infty} n f_{11}^{(n)}$$

$$= 1 \cdot f_{11}^{(1)} + 2 \cdot f_{11}^{(2)} + \sum_{n=3}^{\infty} n f_{11}^{(n)}$$

$$= \frac{1}{3} + \frac{2}{3} + \frac{1}{9} \cdot \sum_{n=3}^{\infty} n \left(\frac{2}{3}\right)^{n-3}$$

$$= \frac{8}{3}.$$

1 是正常返的, 平均常返时间为 8/3. 可以类似讨论其他状态.

例 4.19 假设 $\boldsymbol{X} = (X_n, n \geqslant 0)$ 是马尔可夫链, 状态空间为 $\{1, 2, 3, 4\}$, 转移概率矩阵为

$$\boldsymbol{P} = \begin{pmatrix} \frac{1}{2} & \frac{1}{2} & 0 & 0 \\ 1 & 0 & 0 & 0 \\ 0 & \frac{1}{3} & \frac{2}{3} & 0 \\ \frac{1}{2} & 0 & \frac{1}{2} & 0 \end{pmatrix}.$$

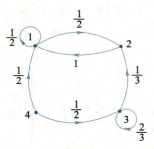

图 4.5

有向图表示如图 4.5 所示.

下面考虑各个状态的常返性问题.

(1) $\qquad f_{11}^{(1)} = \frac{1}{2}, \quad f_{11}^{(2)} = \frac{1}{2}, \quad f_{11}^{(n)} = 0, \quad n \geqslant 3,$

所以 1 是正常返状态, 平均常返时间为 $\frac{3}{2}$.

(2) $\qquad f_{22}^{(1)} = 0, \quad f_{22}^{(2)} = \frac{1}{2}, \quad f_{22}^{(n)} = \frac{1}{2^{n-1}}, \quad n \geqslant 3,$

所以 2 是正常返状态, 平均常返时间为 3.

(3) $\qquad f_{33}^{(1)} = \frac{2}{3}, \quad f_{33}^{(n)} = 0, \quad n \geqslant 2,$

所以 3 是瞬时状态.

(4) $\qquad f_{44}^{(n)} = 0, \quad n \geqslant 1,$

所以 4 是瞬时状态.

以上从定义出发, 判断各个状态的常返性和瞬时性. 但对于一些复杂的马尔可夫链, 很难计算 $f_{jj}^{(n)}$. 下面给出其他判别条件.

定理 4.5 (i) j 是常返状态当且仅当

$$\sum_{n=1}^{\infty} p_{jj}^{(n)} = \infty; \tag{4.12}$$

(ii) j 是瞬时状态当且仅当

$$\sum_{n=1}^{\infty} p_{jj}^{(n)} < \infty. \tag{4.13}$$

证明 首先, 给出 $p_{jj}^{(n)}$ 和 $f_{jj}^{(n)}$ 之间的关系:

$$\begin{aligned}
p_{jj}^{(n)} &= P\left(X_n = j | X_0 = j\right) \\
&= \sum_{k=1}^{n} P\left(T_j = k, X_n = j | X_0 = j\right) \\
&= \sum_{k=1}^{n} P\left(T_j = k | X_0 = j\right) P\left(X_n = j | T_j = k, X_0 = j\right) \\
&= \sum_{k=1}^{n} f_{jj}^{(k)} p_{jj}^{(n-k)}. \tag{4.14}
\end{aligned}$$

应用 (4.14) 得

$$\sum_{n=1}^{\infty} p_{jj}^{(n)} = \sum_{n=1}^{\infty} \sum_{k=1}^{n} f_{jj}^{(k)} p_{jj}^{(n-k)}.$$

交换求和次序得

$$\begin{aligned}
\sum_{n=1}^{\infty} p_{jj}^{(n)} &= \sum_{k=1}^{\infty} f_{jj}^{(k)} \sum_{n=k}^{\infty} p_{jj}^{(n-k)} \\
&= \sum_{k=1}^{\infty} f_{jj}^{(k)} \sum_{n=0}^{\infty} p_{jj}^{(n)} \\
&= \sum_{k=1}^{\infty} f_{jj}^{(k)} \left(1 + \sum_{n=1}^{\infty} p_{jj}^{(n)}\right). \tag{4.15}
\end{aligned}$$

假设 $\displaystyle\sum_{n=1}^{\infty} p_{jj}^{(n)} < \infty$, 从 (4.15) 可以直接得到

$$\sum_{k=1}^{\infty} f_{jj}^{(k)} = \frac{\displaystyle\sum_{n=1}^{\infty} p_{jj}^{(n)}}{1 + \displaystyle\sum_{n=1}^{\infty} p_{jj}^{(n)}} < 1.$$

假设 $\sum_{n=1}^{\infty} p_{jj}^{(n)} = \infty$, 对任意 $M \geqslant 1$,

$$\sum_{n=1}^{M} p_{jj}^{(n)} = \sum_{n=1}^{M} \sum_{k=1}^{n} f_{jj}^{(k)} p_{jj}^{(n-k)}.$$

交换求和次序得

$$\begin{aligned} \sum_{n=1}^{M} p_{jj}^{(n)} &= \sum_{k=1}^{M} f_{jj}^{(k)} \sum_{n=k}^{M} p_{jj}^{(n-k)} \\ &= \sum_{k=1}^{M} f_{jj}^{(k)} \sum_{n=0}^{M-k} p_{jj}^{(n)} \\ &\leqslant \sum_{k=1}^{M} f_{jj}^{(k)} \left(1 + \sum_{n=1}^{M} p_{jj}^{(n)} \right), \end{aligned}$$

即

$$\sum_{k=1}^{M} f_{jj}^{(k)} \geqslant \frac{\sum_{n=1}^{M} p_{jj}^{(n)}}{1 + \sum_{n=1}^{M} p_{jj}^{(n)}}.$$

两边取极限, 令 $M \to \infty$, 得 $\sum_{k=1}^{\infty} f_{jj}^{(k)} \geqslant 1$. 因此

$$\sum_{k=1}^{\infty} f_{jj}^{(k)} = 1.$$

综合上述两种情况, 可以证明定理 4.5.

　　例 4.20　(1) 直线上简单对称随机游动 (例 4.1 续). 考虑每个状态的常返性. 既然所有状态都是互通的, 仅考虑 0 状态. 对每个 $k \geqslant 1$,

$$p_{00}^{(2k)} = P\left(S_{2k} = 0 | S_0 = 0\right) = \frac{(2k)!}{(k!)^2} \cdot \frac{1}{2^{2k}}.$$

回忆棣莫弗–斯特林 (De Moivre-Stirling) 公式:

$$n! = n^n \mathrm{e}^{-n} \sqrt{2\pi n}\, [1 + o(1)], \quad n \to \infty. \tag{4.16}$$

由此得

$$p_{00}^{(2k)} = \frac{(2k)!}{(k!)^2} \cdot \frac{1}{2^{2k}} \sim \frac{1}{\sqrt{\pi}} \cdot \frac{1}{k^{1/2}}.$$

关于 k 求和:

$$\sum_{n=1}^{\infty} p_{00}^{(n)} = \sum_{k=1}^{\infty} p_{00}^{(2k)} = \infty.$$

因此, 0 是常返状态.

为计算 τ_0, 需要进一步估计 $f_{00}^{(2k)}$. 利用 5.4 补充与注记中 (5.17) 得

$$
\begin{aligned}
f_{00}^{(2k)} &= P\left(T_0 = 2k | S_0 = 0\right) \\
&= P\left(S_1 \neq 0, \cdots, S_{2k-1} \neq 0, S_{2k} = 0 | S_0 = 0\right) \\
&= \frac{1}{2k-1} \cdot \frac{(2k)!}{(k!)^2} \cdot \frac{1}{2^{2k}} \\
&\sim \frac{1}{2\sqrt{\pi}} \cdot \frac{1}{k^{3/2}}.
\end{aligned}
$$

因此

$$\tau_0 = \sum_{k=1}^{\infty} 2k f_{00}^{(2k)} = \infty,$$

即 0 是零常返状态.

(2) 平面上简单随机游动. 假设 $\{\xi_n, n \geqslant 1\}$ 是一列独立同分布随机变量,

$$P\left(\xi_1 = (1,0)\right) = P\left(\xi_1 = (0,1)\right) = \frac{1}{4},$$

$$P\left(\xi_1 = (-1,0)\right) = P\left(\xi_1 = (0,-1)\right) = \frac{1}{4}.$$

定义

$$S_0 = (0,0), \quad S_n = \sum_{i=1}^{n} \xi_i,$$

那么 $\boldsymbol{S} = (S_n, n \geqslant 0)$ 是平面格点上马尔可夫链, 如图 4.6 所示.

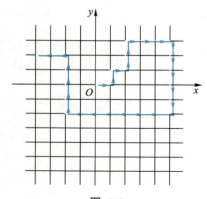

图 4.6

显然, 所有状态是互通的. 下面仅考虑 $\mathbf{0} = (0,0)$ 状态. 对任意 $m \geqslant 1$,

$$
\begin{aligned}
p_{0,0}^{(2m)} &= P(S_{2m} = \mathbf{0} | S_0 = \mathbf{0}) \\
&= \sum_{k+l=m} \frac{(2m)!}{(2k)!(2l)!} \cdot \frac{(2k)!}{(k!)^2} \cdot \frac{(2l)!}{(l!)^2} \cdot \frac{1}{4^{2m}} \\
&= \sum_{k+l=m} \frac{(2m)!}{(k!)^2(l!)^2} \cdot \frac{1}{4^{2m}} \\
&= \frac{(2m)!}{(m!)^2} \cdot \frac{1}{4^{2m}} \sum_{k+l=m} \frac{(m!)^2}{(k!)^2(l!)^2} \\
&= \frac{(2m)!}{(m!)^2} \cdot \frac{1}{4^{2m}} \cdot \frac{(2m)!}{(m!)^2} \sim \frac{1}{\pi m}.
\end{aligned}
$$

关于 m 求和得

$$
\sum_{m=1}^{\infty} p_{0,0}^{(2m)} = \infty.
$$

所以, $\mathbf{0}$ 是常返状态.

(3) 3 维格点上简单随机游动. 假设 $\{\xi_n, n \geqslant 1\}$ 是一列独立同分布随机变量,

$$
P(\xi_1 = (1,0,0)) = P(\xi_1 = (0,1,0)) = P(\xi_1 = (0,0,1)) = \frac{1}{6},
$$

$$
P(\xi_1 = (-1,0,0)) = P(\xi_1 = (0,-1,0)) = P(\xi_1 = (0,0,-1)) = \frac{1}{6}.
$$

定义

$$
S_0 = (0,0,0), \quad S_n = \sum_{i=1}^{n} \xi_i.
$$

$\boldsymbol{S} = (S_n, n \geqslant 0)$ 是 3 维格点上马尔可夫链. 显然, 所有状态是互通的. 下面仅考虑 $\mathbf{0} = (0,0,0)$ 状态. 对 $m \geqslant 1$,

$$
\begin{aligned}
p_{0,0}^{(2m)} &= P(S_{2m} = \mathbf{0}) \\
&= \sum_{j+k+l=m} \frac{(2m)!}{(2j)!(2k)!(2l)!} \cdot \frac{(2j)!}{(j!)^2} \cdot \frac{(2k)!}{(k!)^2} \cdot \frac{(2l)!}{(l!)^2} \cdot \frac{1}{6^{2m}} \\
&= \frac{(2m)!}{6^{2m}} \sum_{j+k+l=m} \frac{1}{(j!)^2(k!)^2(l!)^2}.
\end{aligned}
\tag{4.17}
$$

注意到

$$
\max_{j+k+l=m} \frac{1}{j!k!l!} \leqslant \frac{A_1}{\left[\left(\frac{m}{3}\right)!\right]^3},
$$

其中 A_1 为严格正常数.

这样, 由 (4.17) 和 (4.16) 得

$$p_{0,0}^{(2m)} \leqslant \frac{(2m)!}{6^{2m}m!} \max_{j+k+l=m} \frac{1}{j!k!l!} \sum_{j+k+l=m} \frac{m!}{j!k!l!}$$

$$\leqslant A_1 \frac{(2m)!}{6^{2m}m!} \frac{3^m}{\left[\left(\frac{m}{3}\right)!\right]^3}$$

$$\leqslant \frac{A_2}{m^{3/2}},$$

其中 A_2 为严格正常数. 所以

$$\sum_{m=1}^{\infty} p_{0,0}^{(2m)} < \infty.$$

因此, $\mathbf{0}$ 是瞬时状态.

(4) 直线上非对称随机游动. 假设 $\{\xi_n, n \geqslant 1\}$ 是一列独立随机变量,

$$P(\xi_n = 1) = p, \quad P(\xi_n = -1) = 1 - p, \quad p \neq \frac{1}{2}.$$

令

$$S_0 = 0, \quad S_n = \sum_{k=1}^{n} \xi_k, \quad n \geqslant 1,$$

那么 $\boldsymbol{S} = \{S_n, n \geqslant 0\}$ 是从 0 出发的马尔可夫链, 各个状态互通, 周期为 2. 但与 (1) 不同的是: 该马尔可夫链的每个状态都是瞬时的 (请读者自行证明).

事实上, 由大数定律知: 如果 $p > 1/2$, 那么 $S_n \to \infty$; 如果 $p < 1/2$, 那么 $S_n \to -\infty$. 这直观上说明: 随着时间推移, S_n 离任何一个状态都将越来越远, 不会 "经常性地" 返回到某一状态.

定理 4.6　(i) 如果 j 是瞬时状态, 那么

$$\lim_{n\to\infty} p_{jj}^{(n)} = 0; \tag{4.18}$$

(ii) 如果 j 是零常返状态, 那么

$$\lim_{n\to\infty} p_{jj}^{(n)} = 0; \tag{4.19}$$

(iii) 如果 j 是非周期正常返状态, 那么

$$\lim_{n\to\infty} p_{jj}^{(n)} = \frac{1}{\tau_j}; \tag{4.20}$$

(iv) 如果 j 是周期为 d_j 的正常返状态, 那么

$$\lim_{n\to\infty} p_{jj}^{(nd_j)} = \frac{d_j}{\tau_j},$$

其中 $\tau_j = E(T_j|X_0 = j) < \infty$.

证明   (4.18) 式可由 (4.13) 直接推出, 其余证明略去.

作为应用, 我们给出下列推论.

极限定理的
证明

推论 4.1   (i) 如果 j 是零常返或瞬时状态, 那么对任意状态 i,

$$\lim_{n\to\infty} p_{ij}^{(n)} = 0; \tag{4.21}$$

(ii) 如果 j 是非周期正常返状态, 那么对任意状态 i,

$$\lim_{n\to\infty} p_{ij}^{(n)} = \frac{f_{ij}}{\tau_j}, \tag{4.22}$$

其中 f_{ij} 表示从 i 出发可到达 j 的概率.

证明   注意到下列递推关系式: 对 $n \geqslant 1$, 有

$$p_{ij}^{(n)} = \sum_{k=1}^{n} f_{ij}^{(k)} p_{jj}^{(n-k)},$$

其中 $f_{ij}^{(k)} := P(T_j = k|X_0 = i)$ 表示从 i 出发恰好经过 k 步后到达 j 的概率.

对任意 $n \geqslant M \geqslant 1$,

$$\begin{aligned} p_{ij}^{(n)} &= \sum_{k=1}^{n} f_{ij}^{(k)} p_{jj}^{(n-k)} \\ &= \sum_{k=1}^{M} f_{ij}^{(k)} p_{jj}^{(n-k)} + \sum_{k=M+1}^{n} f_{ij}^{(k)} p_{jj}^{(n-k)}. \end{aligned}$$

显然,

$$\lim_{n\geqslant M\to\infty} \sum_{k=M+1}^{n} f_{ij}^{(k)} p_{jj}^{(n-k)} = 0.$$

(i) 假设 j 是瞬时状态或零常返状态, 那么由 (4.18) 和 (4.19) 得

$$\lim_{n\to\infty} \sum_{k=1}^{M} f_{ij}^{(k)} p_{jj}^{(n-k)} = \sum_{k=1}^{M} f_{ij}^{(k)} \lim_{n\to\infty} p_{jj}^{(n-k)} = 0.$$

这样 (4.21) 成立.

(ii) 假设 j 是非周期正常返状态, 那么由 (4.20) 得

$$\lim_{n\to\infty} \sum_{k=1}^{M} f_{ij}^{(k)} p_{jj}^{(n-k)} = \sum_{k=1}^{M} f_{ij}^{(k)} \lim_{n\to\infty} p_{jj}^{(n-k)} = \frac{1}{\tau_j} \sum_{k=1}^{M} f_{ij}^{(k)}.$$

令 $M \to \infty$ 得

$$\lim_{M\to\infty} \sum_{k=1}^{M} f_{ij}^{(k)} = \sum_{k=1}^{\infty} f_{ij}^{(k)} = f_{ij}.$$

证明完毕.

下面给出定理 4.2 的证明.

证明 不失一般性, 假设 $i \neq j$. 既然 $i \leftrightarrow j$, 那么一定存在 $k \geq 1$, $m \geq 1$,

$$p_{ij}^{(k)} > 0, \quad p_{ji}^{(m)} > 0.$$

另外, 对任意 $n \geq 1$,

$$p_{ii}^{(k+n+m)} \geq p_{ij}^{(k)} p_{jj}^{(n)} p_{ji}^{(m)},$$
$$p_{jj}^{(k+n+m)} \geq p_{ji}^{(m)} p_{ii}^{(n)} p_{ij}^{(k)}.$$

由此可以得出

$$\sum_{n=1}^{\infty} p_{ii}^{(k+n+m)} \geq p_{ij}^{(k)} p_{ji}^{(m)} \sum_{n=1}^{\infty} p_{jj}^{(n)},$$
$$\sum_{n=1}^{\infty} p_{jj}^{(k+n+m)} \geq p_{ji}^{(m)} p_{ij}^{(k)} \sum_{n=1}^{\infty} p_{ii}^{(n)}.$$

这样, 由定理 4.5 知 (i) 和 (ii) 成立. 另外,

$$\lim_{n\to\infty} p_{ii}^{(k+n+m)} \geq p_{ij}^{(k)} p_{ji}^{(m)} \lim_{n\to\infty} p_{jj}^{(n)},$$
$$\lim_{n\to\infty} p_{jj}^{(k+n+m)} \geq p_{ji}^{(m)} p_{ij}^{(k)} \lim_{n\to\infty} p_{ii}^{(n)}.$$

由定理 4.6 知 (iii) 成立.

定理 4.7 有限状态马尔可夫链一定存在正常返状态.

证明 采用反证法. 假设每个状态都是瞬时的或零常返的, 那么 (4.21) 成立. 另一方面, 对任意 $n \geq 1$ 和任意状态 i, j,

$$\sum_{j=1}^{N} p_{ij}^{(n)} = 1.$$

由于 $N < \infty$, 令 $n \to \infty$, 交换极限号与求和号次序得

$$1 = \lim_{n\to\infty} \sum_{j=1}^{N} p_{ij}^{(n)} = \sum_{j=1}^{N} \lim_{n\to\infty} p_{ij}^{(n)} = 0,$$

矛盾. 证明完毕.

任意给定状态 j, 令

$$M_j = \sharp\{n \geqslant 0 : X_n = j\}.$$

M_j 表示马尔可夫链运行过程中处于状态 j 的总次数.

下列定理表明, 如果 j 是常返状态, 那么马尔可夫链一定有无穷多个时刻处于状态 j; 如果 j 是瞬时状态, 那么马尔可夫链处于状态 j 的平均次数是有限的.

定理 4.8　(i) 如果 j 是常返状态, 那么

$$P(M_j = \infty | X_0 = j) = 1;$$

(ii) 如果 j 是瞬时状态, 那么

$$P(M_j < \infty | X_0 = j) = 1.$$

进而, 令

$$\rho = P(T_j < \infty | X_0 = j) = \sum_{k=1}^{\infty} f_{jj}^{(k)} < 1,$$

那么 M_j 服从参数为 $1-\rho$ 的几何分布,

$$P(M_j = n | X_0 = j) = (1-\rho)\rho^{n-1}, \quad n \geqslant 1. \tag{4.23}$$

证明　对任意 $m \geqslant 1$,

$$P(M_j \geqslant m | X_0 = j) = \sum_{k=1}^{\infty} P(T_j = k | X_0 = j) P(M_j \geqslant m | T_j = k)$$
$$= \rho P(M_j \geqslant m-1 | X_0 = j).$$

由此类推,

$$P(M_j \geqslant m | X_0 = j) = \rho^{m-1} P(M_j \geqslant 1 | X_0 = j)$$
$$= \rho^{m-1}. \tag{4.24}$$

因此

$$P(M_j = \infty | X_0 = j) = \lim_{m\to\infty} P(M_j \geqslant m | X_0 = j) = \lim_{m\to\infty} \rho^{m-1}$$
$$= \begin{cases} 1, & \rho = 1, \\ 0, & \rho < 1. \end{cases}$$

当 $\rho < 1$ 时, 从 (4.24) 可以看出, M_j 服从参数为 $1 - \rho$ 的几何分布 (4.23).

4.4 平稳马尔可夫链

一、 极限分布

假设 $\boldsymbol{X} = (X_n, n \geqslant 0)$ 是马尔可夫链, 状态空间为 $\mathcal{E} = \{1, 2, \cdots, N\}$, 转移概率矩阵为 $\boldsymbol{P}$, 初始分布为 $\boldsymbol{p}_0$. 如果存在 $\mathcal{E}$ 上一个概率分布 $\boldsymbol{\mu} = (\mu_1, \mu_2, \cdots, \mu_N)$, 使得对任意 $j \in \mathcal{E}$,

$$\lim_{n \to \infty} p_n(j) = \mu_j,$$

那么称 $\boldsymbol{\mu}$ 是该马尔可夫链的**极限分布**.

问题: 什么条件下马尔可夫链存在极限分布? 如何计算极限分布? 注意到

$$p_n(j) = \sum_{i=1}^{N} p_0(i) p_{ij}^{(n)}.$$

如果对每个 $i \in \mathcal{E}$, 存在 $\mathcal{E}$ 上一个概率分布 $\boldsymbol{\nu}_i = (\nu_{i1}, \nu_{i2}, \cdots, \nu_{iN})$, 使得

$$\lim_{n \to \infty} p_{ij}^{(n)} = \nu_{ij}, \quad j \in \mathcal{E},$$

那么由控制收敛定理得

$$\begin{aligned}
\lim_{n \to \infty} p_n(j) &= \lim_{n \to \infty} \sum_{i=1}^{N} p_0(i) p_{ij}^{(n)} \\
&= \sum_{i=1}^{N} p_0(i) \lim_{n \to \infty} p_{ij}^{(n)} \\
&= \sum_{i=1}^{N} p_0(i) \nu_{ij}.
\end{aligned}$$

令

$$\mu_j = \sum_{i=1}^{N} p_0(i) \nu_{ij}, \quad j \in \mathcal{E},$$

那么

$$\sum_{j=1}^{N} \mu_j = \sum_{i,j=1}^{N} p_0(i) \nu_{ij} = 1.$$

这样, $\boldsymbol{\mu} = (\mu_1, \mu_2, \cdots, \mu_N)$ 是该马尔可夫链的极限分布.

根据上述分析, 问题归结于计算 $\lim\limits_{n\to\infty} \boldsymbol{P}^{(n)}$. 由于

$$\boldsymbol{P}^{(n)} = \boldsymbol{P}^n,$$

只需要计算

$$\lim_{n\to\infty} \boldsymbol{P}^n.$$

例 4.21   假设某地区的天气状况可分为多云和阴天两种, 分别记为 1 和 2, 并可用马尔可夫链 $\boldsymbol{X} = (X_n, n \geqslant 0)$ 来描述, 其转移概率矩阵为

$$\boldsymbol{P} = \begin{pmatrix} \dfrac{1}{2} & \dfrac{1}{2} \\ \dfrac{1}{3} & \dfrac{2}{3} \end{pmatrix}.$$

如果已知今天是多云, 求 3 天、5 天、10 天及更长时间以后天气状况的分布规律.

解   按题意, 需要计算的是 $\boldsymbol{p}_3, \boldsymbol{p}_5, \boldsymbol{p}_{10}$ 和 $\lim\limits_{n\to\infty} \boldsymbol{p}_n$. 为此, 先计算 $\boldsymbol{P}^3, \boldsymbol{P}^5, \boldsymbol{P}^{10}$, 结果如下:

$$\boldsymbol{P}^3 = \begin{pmatrix} 0.403 & 0.597 \\ 0.398 & 0.602 \end{pmatrix},$$

$$\boldsymbol{P}^5 = \begin{pmatrix} 0.400077 & 0.599923 \\ 0.399949 & 0.600051 \end{pmatrix},$$

$$\boldsymbol{P}^{10} = \begin{pmatrix} 0.400000 & 0.600000 \\ 0.400000 & 0.600000 \end{pmatrix}.$$

从中可以看出, 10 天后天气是多云的概率近似为 0.4, 是阴天的概率近似为 0.6. 实际上, 即使今天是阴天, 10 天后天气是多云的概率仍为 0.4, 是阴天的概率仍为 0.6. 换句话说, 10 天后的天气与当前天气状况无关.

进一步计算可知

$$\lim_{n\to\infty} \boldsymbol{P}^n = \begin{pmatrix} 0.4 & 0.6 \\ 0.4 & 0.6 \end{pmatrix}.$$

特别, 长时间以后, 天气状况有一个可预报的稳定规律: 多云可能性为 40%, 阴天可能性为 60%.

例 4.22   考虑 2 状态马尔可夫链, 转移概率矩阵为

$$\boldsymbol{P} = \begin{pmatrix} 1-p & p \\ q & 1-q \end{pmatrix},$$

其中 $0 < p, q < 1$.

直接计算表明

$$\boldsymbol{P}^n = \frac{1}{p+q}\begin{pmatrix} q & p \\ q & p \end{pmatrix} + \frac{[1-(p+q)]^n}{p+q}\begin{pmatrix} p & -p \\ -q & q \end{pmatrix}.$$

由于 $0 < p + q < 2$, 故

$$\lim_{n\to\infty}\boldsymbol{P}^{(n)} = \lim_{n\to\infty}\boldsymbol{P}^n = \frac{1}{p+q}\begin{pmatrix} q & p \\ q & p \end{pmatrix}.$$

该马尔可夫链一定存在极限分布:

$$\mu_1 = \frac{q}{p+q}, \quad \mu_2 = \frac{p}{p+q}.$$

例 4.23 考虑 3 状态马尔可夫链, 转移概率矩阵为

$$\boldsymbol{P} = \begin{pmatrix} \dfrac{1}{2} & \dfrac{1}{8} & \dfrac{3}{8} \\ 1 & 0 & 0 \\ \dfrac{1}{4} & \dfrac{1}{2} & \dfrac{1}{4} \end{pmatrix},$$

求极限分布.

解 分成以下三步: 计算特征根, 计算特征向量, 写出特征分解. $\boldsymbol{P}$ 的特征多项式为

$$\det(\boldsymbol{P} - \lambda\boldsymbol{I}) = \det\begin{pmatrix} \dfrac{1}{2}-\lambda & \dfrac{1}{8} & \dfrac{3}{8} \\ 1 & -\lambda & 0 \\ \dfrac{1}{4} & \dfrac{1}{2} & \dfrac{1}{4}-\lambda \end{pmatrix}$$
$$= (1-\lambda)\left(\lambda^2 + \frac{\lambda}{4} + \frac{5}{32}\right).$$

求解得特征根

$$\lambda_1 = 1, \quad \lambda_2 = \frac{1}{8}(-1+3\mathrm{i}), \quad \lambda_3 = \frac{1}{8}(-1-3\mathrm{i}).$$

给定特征根 λ, 可以由方程

$$\boldsymbol{P}\boldsymbol{r} = \lambda\boldsymbol{r}$$

计算特征向量. 具体求解得

$$\boldsymbol{r}_1 = (1,\ 1,\ 1)',$$
$$\boldsymbol{r}_2 = (-7-9\mathrm{i},\ -16+24\mathrm{i},\ 26)',$$
$$\boldsymbol{r}_3 = (-7+9\mathrm{i},\ -16-24\mathrm{i},\ 26)'.$$

这样, 下列特征分解成立:

$$P = C \begin{pmatrix} 1 & 0 & 0 \\ 0 & \dfrac{-1+3i}{8} & 0 \\ 0 & 0 & \dfrac{-1-3i}{8} \end{pmatrix} C^{-1}, \tag{4.25}$$

其中

$$C = \begin{pmatrix} 1 & -7-9i & -7+9i \\ 1 & -16+24i & -16-24i \\ 1 & 26 & 26 \end{pmatrix},$$

$$C^{-1} = \frac{1}{780} \begin{pmatrix} 416 & 156 & 208 \\ -8+14i & -3-11i & 11-3i \\ -8-14i & -3-11i & 11-3i \end{pmatrix}.$$

有了分解 (4.25), 容易看出

$$P^n = C \begin{pmatrix} 1 & 0 & 0 \\ 0 & \left(\dfrac{-1+3i}{8}\right)^n & 0 \\ 0 & 0 & \left(\dfrac{-1-3i}{8}\right)^n \end{pmatrix} C^{-1}.$$

进一步取极限得

$$\lim_{n\to\infty} P^n = C \begin{pmatrix} 1 & 0 & 0 \\ 0 & 0 & 0 \\ 0 & 0 & 0 \end{pmatrix} C^{-1} = \begin{pmatrix} \dfrac{8}{15} & \dfrac{1}{5} & \dfrac{4}{15} \\ \dfrac{8}{15} & \dfrac{1}{5} & \dfrac{4}{15} \\ \dfrac{8}{15} & \dfrac{1}{5} & \dfrac{4}{15} \end{pmatrix}.$$

因此极限分布为 $\boldsymbol{\mu} = \left(\dfrac{8}{15}, \dfrac{1}{5}, \dfrac{4}{15}\right)$.

注意, 并不是所有马尔可夫链都一定有极限分布.

例 4.24 考虑 3 状态马尔可夫链, 转移概率矩阵为

$$P = \begin{pmatrix} 0 & 1 & 0 \\ 0 & 0 & 1 \\ 1 & 0 & 0 \end{pmatrix}.$$

一些简单计算表明: 对 $n \geqslant 0$,

$$\boldsymbol{P}^{3n+1} = \boldsymbol{P}, \quad \boldsymbol{P}^{3n+2} = \boldsymbol{P}^2, \quad \boldsymbol{P}^{3(n+1)} = \boldsymbol{P}^3.$$

因此极限分布不存在.

例 4.25 考虑 4 状态马尔可夫链, 转移概率矩阵为

$$\boldsymbol{P} = \begin{pmatrix} 0.4 & 0.6 & 0 & 0 \\ 0.6 & 0.4 & 0 & 0 \\ 0 & 0 & 0.5 & 0.5 \\ 0 & 0 & 0.5 & 0.5 \end{pmatrix}.$$

注意, 这不是不可约马尔可夫链. 通过计算得

$$\lim_{n \to \infty} \boldsymbol{P}^n = \begin{pmatrix} 0.5 & 0.5 & 0 & 0 \\ 0.5 & 0.5 & 0 & 0 \\ 0 & 0 & 0.5 & 0.5 \\ 0 & 0 & 0.5 & 0.5 \end{pmatrix}.$$

与例 4.21 — 4.23 不同, 该马尔可夫链的极限分布依赖于初始分布. 事实上, 对任意 $0 \leqslant \alpha \leqslant 1$, 从初始分布 $(\alpha, 1-\alpha, 0, 0)$ 出发的马尔可夫链有极限分布 $(0.5, 0.5, 0, 0)$, 从初始分布 $(0, 0, \alpha, 1-\alpha)$ 出发的马尔可夫链有极限分布 $(0, 0, 0.5, 0.5)$. 另外, 如果初始分布为 $(0.375, 0.375, 0.125, 0.125)$, 那么极限分布为 $(0.375, 0.375, 0.125, 0.125)$.

二、 平稳分布

假设 $\boldsymbol{X} = (X_n, n \geqslant 0)$ 是马尔可夫链, 初始分布为 $\boldsymbol{p}_0$, 转移概率矩阵为 $\boldsymbol{P}$. 按第二章定义, $\boldsymbol{X}$ 是强平稳过程当且仅当对任意 $n \geqslant 0$ 和 $m \geqslant 1$,

$$(X_m, X_{m+1}, \cdots, X_{m+n}) \stackrel{d}{=} (X_0, X_1, \cdots, X_n). \tag{4.26}$$

由于转移概率不依赖于时间, 故 (4.26) 成立当且仅当

$$\boldsymbol{p}_0 = \boldsymbol{p}_1 = \boldsymbol{p}_2 = \cdots,$$

等价地,

$$\boldsymbol{p}_0 = \boldsymbol{p}_0 \boldsymbol{P}. \tag{4.27}$$

一般情况下, 初始分布 $\boldsymbol{p}_0$ 和转移概率矩阵 $\boldsymbol{P}$ 不一定满足 (4.27). 如果在 $\mathcal{E}$ 上存在概率分布 $\boldsymbol{\pi} = (\pi_1, \pi_2, \cdots, \pi_N)$ 使得

$$\boldsymbol{\pi} \boldsymbol{P} = \boldsymbol{\pi},$$

就称 $\boldsymbol{\pi}$ 为该马尔可夫链的**平稳分布**.

如果确实存在平稳分布 $\boldsymbol{\pi}$, 取 $\boldsymbol{\pi}$ 作为初始分布, 便可得到平稳马尔可夫链. 为确定平稳分布, 需要求解下列具有约束条件的线性方程组:

$$\begin{cases} \sum_{i=1}^{N} \pi_i p_{ij} = \pi_j, \ j = 1, 2, \cdots, N, \\ \sum_{i=1}^{N} \pi_i = 1, \\ \pi_i \geqslant 0. \end{cases}$$

例 4.26 (例 4.23 续) 求解方程组

$$\begin{cases} \dfrac{1}{2}\pi_1 + \pi_2 + \dfrac{1}{4}\pi_3 = \pi_1, \\ \dfrac{1}{8}\pi_1 + \dfrac{1}{2}\pi_3 = \pi_2, \\ \dfrac{3}{8}\pi_1 + \dfrac{1}{4}\pi_3 = \pi_3, \\ \pi_1 + \pi_2 + \pi_3 = 1, \end{cases}$$

得

$$\pi_1 = \frac{8}{15}, \quad \pi_2 = \frac{1}{5}, \quad \pi_3 = \frac{4}{15}.$$

注意, 对于该马尔可夫链, 平稳分布和极限分布相等.

例 4.27 (例 4.25 续) 求解方程组

$$\begin{cases} 0.4\pi_1 + 0.6\pi_2 = \pi_1, \\ 0.6\pi_1 + 0.4\pi_2 = \pi_2, \\ 0.5\pi_3 + 0.5\pi_4 = \pi_3, \\ 0.5\pi_3 + 0.5\pi_4 = \pi_4, \\ \pi_1 + \pi_2 + \pi_3 + \pi_4 = 1, \end{cases}$$

得平稳分布为

$$\pi_1 = \pi_2 = \alpha, \quad \pi_3 = \pi_4 = \frac{1}{2} - \alpha,$$

其中 $0 \leqslant \alpha \leqslant 1/2$.

注意, 该马尔可夫链的平稳分布并不唯一.

例 4.28 假设 $X = (X_n, n \geqslant 0)$ 是马尔可夫链, 状态空间 $\mathcal{E} = \{1, 2, 3, \cdots\}$, 转移概率矩阵为

$$
\boldsymbol{P} = \begin{pmatrix}
\frac{1}{2} & \frac{1}{2} & 0 & 0 & \cdots \\
\frac{3}{4} & 0 & \frac{1}{4} & 0 & \cdots \\
0 & \frac{7}{8} & 0 & \frac{1}{8} & \cdots \\
\vdots & \vdots & \vdots & \vdots &
\end{pmatrix}.
$$

为计算平稳分布, 求解方程组

$$
\begin{cases}
\dfrac{1}{2}\pi_1 + \dfrac{3}{4}\pi_2 = \pi_1, \\
\dfrac{1}{2}\pi_1 + \dfrac{7}{8}\pi_3 = \pi_2, \\
\dfrac{1}{4}\pi_2 + \dfrac{15}{16}\pi_4 = \pi_3, \\
\cdots\cdots\cdots\cdots
\end{cases}
$$

由此得到

$$
\begin{cases}
\pi_2 = \dfrac{2}{3}\pi_1, \\
\pi_3 = \dfrac{4}{21}\pi_1, \\
\pi_4 = \dfrac{8}{15 \cdot 21}\pi_1, \\
\cdots\cdots\cdots\cdots
\end{cases}
$$

将其代入

$$
\pi_1 + \pi_2 + \pi_3 + \cdots = 1,
$$

得

$$
\pi_1 = \left[\sum_{k=1}^{\infty} \frac{2^{k-1}}{1 \cdot 3 \cdot 7 \cdot \cdots \cdot (2^k - 1)} \right]^{-1}.
$$

其他可以类似得到.

定理 4.9 假设 $X = (X_n, n \geqslant 0)$ 是非周期不可约马尔可夫链, 转移概率矩阵为 $\boldsymbol{P}$, 那么该马尔可夫链存在平稳分布当且仅当每个状态都是正常返的, 并且

$$
\pi_j = \frac{1}{\tau_j}, \quad j \in \mathcal{E}, \tag{4.28}
$$

其中 $\tau_j = ET_j$ 为状态 j 的平均常返时间.

　　证明　既然该马尔可夫链是非周期的, 那么由 (4.21) 和 (4.22) 知: 极限 $\lim\limits_{n\to\infty}p_{ij}^{(n)}$ 存在. 另外, 该马尔可夫链是不可约的, 对任意常返状态 $j, f_{ij}=1$. 因此, 有

$$\lim_{n\to\infty}p_{ij}^{(n)}=\frac{1}{\tau_j}, \quad \text{对任意 } i,j\in\mathcal{E}, \tag{4.29}$$

其中如果 j 是瞬时或零常返状态, 那么 $\tau_j=\infty$.

$f_{ij}=1$的证明

　　假设该马尔可夫链存在平稳分布, 令 $\boldsymbol{\pi}=(\pi_1,\pi_2,\cdots,\pi_N)$. 那么对任意时刻 $n\geqslant 1$ 和 $j\in\mathcal{E}$,

$$\pi_j=\sum_{i=1}^{N}\pi_i p_{ij}^{(n)}.$$

令 $n\to\infty$, 交换极限号与求和号次序 (可参见本章补充与注记第三部分) 得

$$\pi_j=\lim_{n\to\infty}\sum_{i=1}^{N}\pi_i p_{ij}^{(n)}=\sum_{i=1}^{N}\pi_i\lim_{n\to\infty}p_{ij}^{(n)}$$
$$=\frac{1}{\tau_j}\sum_{i=1}^{N}\pi_i=\frac{1}{\tau_j}.$$

另一方面,

$$\pi_1+\pi_2+\cdots+\pi_N=1,$$

因此一定存在状态 j 使得 $\pi_j>0$, 即 $\tau_j<\infty, j$ 是正常返状态. 根据不可约性, 所有状态都是正常返的.

　　反过来, 假设该马尔可夫链是正常返的, 平均常返时间 $\tau_j<\infty, j=1,2,\cdots,N$. 首先, 由 (4.29) 和法图引理知

$$\sum_{j=1}^{N}\frac{1}{\tau_j}=\sum_{j=1}^{N}\lim_{n\to\infty}p_{ij}^{(n)}\leqslant\lim_{n\to\infty}\sum_{j=1}^{N}p_{ij}^{(n)}=1.$$

另外, 对任意 $i,j\in\mathcal{E}$ 和 $n\geqslant 1$,

$$p_{ij}^{(n+1)}=\sum_{k=1}^{N}p_{ik}^{(n)}p_{kj}.$$

取极限并用法图引理,

$$\frac{1}{\tau_j}=\lim_{n\to\infty}\sum_{k=1}^{N}p_{ik}^{(n)}p_{kj}\geqslant\sum_{k=1}^{N}\lim_{n\to\infty}p_{ik}^{(n)}p_{kj}=\sum_{k=1}^{N}\frac{1}{\tau_k}p_{kj}.$$

下面证明

$$\frac{1}{\tau_j} = \sum_{k=1}^{N} \frac{1}{\tau_k} p_{kj}, \quad j \in \mathcal{E}. \tag{4.30}$$

采用反证法. 假设存在 j_0 使得

$$\frac{1}{\tau_{j_0}} > \sum_{k=1}^{N} \frac{1}{\tau_k} p_{kj_0},$$

那么

$$\sum_{j=1}^{N} \frac{1}{\tau_j} > \sum_{j=1}^{N} \sum_{k=1}^{N} \frac{1}{\tau_k} p_{kj} = \sum_{k=1}^{N} \frac{1}{\tau_k} \sum_{j=1}^{N} p_{kj} = \sum_{k=1}^{N} \frac{1}{\tau_k},$$

矛盾.

往下证明

$$\sum_{j=1}^{N} \frac{1}{\tau_j} = 1. \tag{4.31}$$

为此, 重复使用 (4.30) 得

$$\frac{1}{\tau_j} = \sum_{k=1}^{N} \frac{1}{\tau_k} p_{kj}^{(n)}, \quad n \geqslant 1.$$

令 $n \to \infty$, 将极限号与求和号交换得

$$\frac{1}{\tau_j} = \sum_{k=1}^{N} \frac{1}{\tau_k} \cdot \frac{1}{\tau_j}.$$

所以, (4.31) 成立. 令 $\pi_j = 1/\tau_j$, $j = 1, 2, \cdots, N$, 那么 $\boldsymbol{\pi} = (\pi_1, \pi_2, \cdots, \pi_N)$ 是平稳分布. 证毕.

例 4.29 (例 4.23 续) 容易验证该马尔可夫链为不可约非周期的, 由定理 4.9 和例 4.26 知, 状态 1, 2, 3 的平均常返时间分别为

$$\tau_1 = \frac{15}{8}, \quad \tau_2 = 5, \quad \tau_3 = \frac{15}{4}.$$

以上我们分别介绍了极限分布和平稳分布. 一般情况下, 极限分布与平稳分布之间并没有必然联系. 下面仅对一些常见情况做些说明. 首先给出定理 4.9 的一个推论.

推论 4.2 假设 $\boldsymbol{X} = (X_n, n \geqslant 0)$ 是非周期不可约马尔可夫链, 转移概率矩阵为 $\boldsymbol{P}$. 那么该马尔可夫链存在极限分布当且仅当存在平稳分布, 并且两者相等.

注 4.3   对于周期马尔可夫链, 上述推论不一定成立.

例 4.30 (例 4.24 续) 该马尔可夫链的周期为 3, 没有极限分布. 但平稳分布存在且唯一, 即

$$\pi_1 = \pi_2 = \pi_3 = \frac{1}{3}.$$

注 4.4   不可约零常返或瞬时马尔可夫链没有平稳分布.

例 4.31 (例 4.1 续) 当 $p = q = \frac{1}{2}$ 时, $S = (S_n, n \geqslant 0)$ 为零常返的; 当 $p \neq q$ 时, $S = (S_n, n \geqslant 0)$ 为瞬时的. 一些计算表明方程组

$$\begin{cases} \boldsymbol{\pi P} = \boldsymbol{\pi}, \\ \displaystyle\sum_{j=-\infty}^{\infty} \pi_j = 1 \end{cases}$$

无解, 即直线上简单随机游动没有平稳分布.

三、 应用

例 4.32 市场预测. 某地区有 1600 户居民使用甲、乙、丙三个公司的产品. 据调查, 8 月份, 购买甲、乙、丙三个公司产品的居民户数分别为 480, 320, 800. 9 月份再次调查发现:

 • 原购买甲产品的 480 户居民中有 48 户转买乙产品, 有 96 户转买丙产品, 余下客户继续使用甲产品;

 • 原购买乙产品的 320 户居民中有 32 户转买甲产品, 有 64 户转买丙产品, 余下客户继续使用乙产品;

 • 原购买丙产品的 800 户居民中有 64 户转买甲产品, 有 32 户转买乙产品, 余下客户继续使用丙产品.

购买产品的居民户数转移矩阵为

$$\begin{pmatrix} 336 & 48 & 96 \\ 32 & 224 & 64 \\ 64 & 32 & 704 \end{pmatrix}.$$

用 1,2,3 分别代表甲、乙、丙公司生产的产品. 令 $\boldsymbol{X} = (X_n, n \geqslant 0)$ 表示 1600 户居民使用该类产品的状况, 并用频率估计概率, 那么

$$P(X_0 = 1) = \frac{480}{1600}, \quad P(X_0 = 2) = \frac{320}{1600}, \quad P(X_0 = 3) = \frac{800}{1600},$$

即初始分布为 $\boldsymbol{p}_0 = (0.3, 0.2, 0.5)$, 转移概率矩阵为

$$\boldsymbol{P} = \begin{pmatrix} 0.7 & 0.1 & 0.2 \\ 0.1 & 0.7 & 0.2 \\ 0.08 & 0.04 & 0.88 \end{pmatrix}.$$

这样, 9 月份市场占有率为

$$\boldsymbol{p}_1 = (p_1(1), p_1(2), p_1(3)) = \boldsymbol{p}_0 \boldsymbol{P}$$
$$= (0.3, 0.2, 0.5) \begin{pmatrix} 0.7 & 0.1 & 0.2 \\ 0.1 & 0.7 & 0.2 \\ 0.08 & 0.04 & 0.88 \end{pmatrix}$$
$$= (0.27, 0.19, 0.54).$$

12 月份市场占有率为

$$\boldsymbol{p}_4 = (p_4(1), p_4(2), p_4(3)) = \boldsymbol{p}_0 \boldsymbol{P}^4$$
$$= (0.3, 0.2, 0.5) \begin{pmatrix} 0.7 & 0.1 & 0.2 \\ 0.1 & 0.7 & 0.2 \\ 0.08 & 0.04 & 0.88 \end{pmatrix}^4$$
$$= (0.2319, 0.1698, 0.5983).$$

n 个月后, 市场占有率为

$$\boldsymbol{p}_n = (p_n(1), p_n(2), p_n(3)) = \boldsymbol{p}_0 \boldsymbol{P}^n$$
$$= (0.3, 0.2, 0.5) \begin{pmatrix} 0.7 & 0.1 & 0.2 \\ 0.1 & 0.7 & 0.2 \\ 0.08 & 0.04 & 0.88 \end{pmatrix}^n.$$

若如此长期下去, 市场需求将趋于稳定. 解方程组

$$\begin{cases} \boldsymbol{\pi} = \boldsymbol{\pi} P, \\ \pi_1 + \pi_2 + \pi_3 = 1, \end{cases}$$

得平稳分布

$$\pi_1 = 0.219, \quad \pi_2 = 0.156, \quad \pi_3 = 0.625.$$

即甲、乙、丙三个公司产品的市场长期占有率分别为 $21.9\%, 15.6\%, 62.5\%$.

例 4.33   拖拉机维修. 某农用拖拉机站每季度对拖拉机进行一次检查和维修. 根据零件磨损程度和运行率, 拖拉机可分成 5 种状态: $\mathcal{E} = \{1, 2, 3, 4, 5\}$. 已知当拖拉机分别处于状态 1, 2, 3, 4, 5 时, 过去的一个季度拖拉机站可获利润分别为 5000 元, 4000 元, 3000 元, 2000 元, 0 元.   为了提高经济效益, 可以规定拖拉机处于状态 5, 或处于状态 5,4 或处于状态 5,4,3 时要进行修理.   平均修理费用如下: 处于状态 3 时, 修理费用为 300 元; 处于状态 4 时, 修理费用为 500 元; 处于状态 5 时, 修理费用为 1000 元. 假定每次修理之后, 拖拉机可以恢复到状态 1.

根据过去资料, 拖拉机磨损状态转移概率矩阵为 (处于状态 5 时进行修理)

$$\boldsymbol{P} = \begin{pmatrix} 0 & 0.6 & 0.2 & 0.1 & 0.1 \\ 0 & 0.3 & 0.4 & 0.2 & 0.1 \\ 0 & 0 & 0.4 & 0.4 & 0.2 \\ 0 & 0 & 0 & 0.5 & 0.5 \\ 1 & 0 & 0 & 0 & 0 \end{pmatrix}. \tag{4.32}$$

(1) 求运行若干季度后, 拖拉机处于各个状态的平稳分布;

(2) 求拖拉机站每季度的平均利润;

(3) 如何确定拖拉机的修理方案, 才能使拖拉机站每季度的平均修理费用最少?

解   下面考虑 3 种不同修理方案.

(i) 假定拖拉机处于状态 5 时进行修理, 其他状态继续运行. 在这种方案下, 转移概率矩阵为 (4.32). 求解方程组

$$\begin{cases} \boldsymbol{\pi} \boldsymbol{P} = \boldsymbol{\pi}, \\ \pi_1 + \pi_2 + \pi_3 + \pi_4 + \pi_5 = 1, \\ \pi_1, \pi_2, \pi_3, \pi_4, \pi_5 \geqslant 0, \end{cases}$$

得平稳分布

$$\boldsymbol{\pi} = (0.199, 0.170, 0.180, 0.252, 0.199).$$

如果按照上述修理方案, 长期运行下去, 逐渐趋于平稳, 拖拉机站每季度的平均利润为

$$5000 \times 0.199 + 4000 \times 0.170 + 3000 \times 0.180 + 2000 \times 0.252 = 2719 \text{ (元)},$$

每季度的平均修理费用为

$$1000 \times 0.199 = 199 \text{ (元)}.$$

(ii) 假定拖拉机处于状态 5, 4 时进行修理, 其他状态继续运行. 在这种方案下, 转

移概率矩阵为

$$\boldsymbol{P} = \begin{pmatrix} 0 & 0.6 & 0.2 & 0.1 & 0.1 \\ 0 & 0.3 & 0.4 & 0.2 & 0.1 \\ 0 & 0 & 0.4 & 0.4 & 0.2 \\ 1 & 0 & 0 & 0 & 0 \\ 1 & 0 & 0 & 0 & 0 \end{pmatrix}.$$

可以计算其平稳分布为

$$\boldsymbol{\pi} = (0.266, 0.228, 0.241, 0.168, 0.097).$$

拖拉机站每季度的平均利润为

$$5000 \times 0.266 + 4000 \times 0.228 + 3000 \times 0.241 + 2000 \times 0.168 = 3301 \text{ (元)},$$

每季度的平均修理费用为

$$1000 \times 0.097 + 500 \times 0.168 = 181 \text{ (元)}.$$

(iii) 假定拖拉机处于状态 5, 4, 3 时才进行修理, 其他状态继续运行. 在这种方案下, 转移概率矩阵为

$$\boldsymbol{P} = \begin{pmatrix} 0 & 0.6 & 0.2 & 0.1 & 0.1 \\ 0 & 0.3 & 0.4 & 0.2 & 0.1 \\ 1 & 0 & 0 & 0 & 0 \\ 1 & 0 & 0 & 0 & 0 \\ 1 & 0 & 0 & 0 & 0 \end{pmatrix}.$$

可以计算其平稳分布为

$$\boldsymbol{\pi} = (0.350, 0.300, 0.190, 0.095, 0.065).$$

拖拉机站每季度的平均利润为

$$5000 \times 0.350 + 4000 \times 0.300 + 3000 \times 0.190 + 2000 \times 0.095 = 3710 \text{ (元)},$$

每季度的平均修理费用为

$$1000 \times 0.065 + 500 \times 0.095 + 300 \times 0.19 = 169.5 \text{ (元)}.$$

综合上述讨论, 采用方案 (iii) 时拖拉机站每季度的平均利润最多, 平均修理费用最少.

例 4.34 (例 4.3 续) 假设每天的销售量为独立同分布随机变量, 服从参数为 $\frac{1}{2}$ 的几何分布, 即

$$P(\xi = k) = \frac{1}{2^{k+1}}, \quad k \geqslant 0.$$

假定仓库贮存量上限 $S = 3$, s 可能为 $0, 1, 2$. 在这三种方案下, 转移概率矩阵分别为

$$\boldsymbol{P} = \begin{pmatrix} \frac{1}{8} & \frac{1}{8} & \frac{1}{4} & \frac{1}{2} \\ \frac{1}{2} & \frac{1}{2} & 0 & 0 \\ \frac{1}{4} & \frac{1}{4} & \frac{1}{2} & 0 \\ \frac{1}{8} & \frac{1}{8} & \frac{1}{4} & \frac{1}{2} \end{pmatrix}, \quad s = 0,$$

$$\boldsymbol{P} = \begin{pmatrix} \frac{1}{8} & \frac{1}{8} & \frac{1}{4} & \frac{1}{2} \\ \frac{1}{8} & \frac{1}{8} & \frac{1}{4} & \frac{1}{2} \\ \frac{1}{4} & \frac{1}{4} & \frac{1}{2} & 0 \\ \frac{1}{8} & \frac{1}{8} & \frac{1}{4} & \frac{1}{2} \end{pmatrix}, \quad s = 1,$$

$$\boldsymbol{P} = \begin{pmatrix} \frac{1}{8} & \frac{1}{8} & \frac{1}{4} & \frac{1}{2} \\ \frac{1}{8} & \frac{1}{8} & \frac{1}{4} & \frac{1}{2} \\ \frac{1}{8} & \frac{1}{8} & \frac{1}{4} & \frac{1}{2} \\ \frac{1}{8} & \frac{1}{8} & \frac{1}{4} & \frac{1}{2} \end{pmatrix}, \quad s = 2.$$

通过求解方程组

$$\begin{cases} \boldsymbol{\pi P} = \boldsymbol{\pi}, \\ \pi_1 + \pi_2 + \pi_3 + \pi_4 = 1, \end{cases}$$

分别得到平稳分布为

$$\boldsymbol{\pi} = \left(\frac{1}{4}, \frac{1}{4}, \frac{1}{4}, \frac{1}{4} \right), \quad s = 0,$$

$$\boldsymbol{\pi} = \left(\frac{1}{6}, \frac{1}{6}, \frac{1}{3}, \frac{1}{3} \right), \quad s = 1,$$

$$\boldsymbol{\pi} = \left(\frac{1}{8}, \frac{1}{8}, \frac{1}{4}, \frac{1}{2} \right), \quad s = 2.$$

假设每次增加货物的成本费为 a 元, 每销售一个单位货物获取利润 b 元. 由于 ξ 服从几何分布, 有可能需求量很大, 但仓库货物量不足, 不能满足需求, 导致获利受损.

给定 $X_n = i$, 第 $n+1$ 天的销售量为 ξ_{n+1}. 如果 $i \leqslant s$, 那么增加货物到 S, 实际不足部分为 $(\xi_{n+1} - S)^+$; 如果 $s < i \leqslant S$, 那么不增加货物, 实际不足部分为 $(\xi_{n+1} - i)^+$. 注意到

$$u_i := E(\xi_{n+1} - i)^+ = \sum_{k=i}^{\infty} (k-i) P(\xi_{n+1} = k)$$

$$= \sum_{k=i}^{\infty} (k-i) 2^{-(k+1)} = 2^{-i}.$$

长期来看, 因货物供应不足造成的利润损失为

$$u(s) = b \sum_{i=0}^{S} \pi_i u_i = b \left(\sum_{i=0}^{s} \pi_i u_S + \sum_{i=s+1}^{S} \pi_i u_i \right).$$

当 $s = 0, 1, 2$ 时, $u(s)$ 分别为

$$u(0) = \frac{b}{4}, \quad u(1) = \frac{b}{6}, \quad u(2) = \frac{b}{8}.$$

长期来看, 增加货物所导致的成本费为

$$r(s) = a \sum_{i=0}^{s} \pi_i.$$

当 $s = 0, 1, 2$ 时, $r(s)$ 分别为

$$r(0) = \frac{a}{4}, \quad r(1) = \frac{a}{3}, \quad r(2) = \frac{a}{2}.$$

该大型超市究竟采用何种方案, 应该综合考虑: 需要降低增加货物的成本, 同时减少因货物不足造成的利润损失, 即优化两者之和:

$$\min_{s=0,1,2} \left(r(s) + u(s) \right).$$

比如, 如果 $b = 1$, 那么

$$s = \begin{cases} 2, & a \leqslant \frac{1}{4}, \\ 1, & \frac{1}{4} < a \leqslant 1, \\ 0, & a > 1. \end{cases}$$

4.5   可逆马尔可夫链

假设 $X = (X_n, n \geqslant 0)$ 是不可约马尔可夫链, 转移概率矩阵为 P, 初始分布为 p_0. 该马尔可夫链在 0 时刻以概率 $p_0(i)$ 从状态 i 出发, 随时间在各个状态之间进行转移; 下一时刻处于何种状态只与当前时刻状态有关, 而与过去所经历的状态无关. 这里, 时间顺序关系非常明确, 0 时刻是初始时刻; 如果 n 时刻是当前时刻, 那么 $n+1, n+2, \cdots$ 代表将来, $n-1, n-2, \cdots, 0$ 代表过去. 转移概率 p_{ij} 定义为

$$p_{ij} = P(X_{n+1} = j | X_n = i).$$

如果某人 "开时光倒车" 或像 "回放电影" 那样, 从无穷远处开始, 逆向而行, 便得到时间逆向随机过程 $X^* = (\cdots, X_{n+1}, X_n, X_{n-1}, \cdots, X_1, X_0)$.

利用条件概率和马尔可夫性质,

$$
\begin{aligned}
P(X_n = j | X_{n+1} = i, X_{n+2} = i_{n+2}, \cdots) &= \frac{P(X_n = j, X_{n+1} = i, X_{n+2} = i_{n+2}, \cdots)}{P(X_{n+1} = i, X_{n+2} = i_{n+2}, \cdots)} \\
&= \frac{p_n(j) p_{ji} p_{ii_{n+2}} \cdots}{p_{n+1}(i) p_{ii_{n+2}} \cdots} \\
&= \frac{p_n(j)}{p_{n+1}(i)} p_{ji} \\
&= P(X_n = j | X_{n+1} = i).
\end{aligned}
$$

因此, X^* 是一个状态空间为 $\mathcal{E}$ 的马尔可夫链.

当初始分布为平稳分布 $\boldsymbol{\pi}$ 时, 有

$$\frac{p_n(j)}{p_{n+1}(i)} p_{ji} = \frac{\pi_j}{\pi_i} p_{ji}.$$

这说明 X^* 仍然是一个齐次平稳马尔可夫链, 转移概率矩阵为

$$\boldsymbol{P}^* = \left(p_{ij}^*\right)_{N \times N},$$

其中

$$p_{ij}^* = \frac{\pi_j}{\pi_i} p_{ji}. \tag{4.33}$$

如果对任意 $m \geqslant 0$ 和 $M \geqslant m$,

$$(X_M, X_{M-1}, \cdots, X_{M-m}) \stackrel{d}{=} (X_0, X_1, \cdots, X_m), \tag{4.34}$$

就称 X 是可逆马尔可夫链.

问题: 什么样的马尔可夫链是可逆的? 显然, 如果 $\boldsymbol{X} = (X_n, n \geq 0)$ 是可逆马尔可夫链, 那么

$$X_M \overset{d}{=} X_0, \quad \forall M \geq 1,$$

所以该马尔可夫链一定是平稳的.

定理 4.10   假设平稳分布 $\boldsymbol{\pi}$ 存在, 选择 $\boldsymbol{\pi}$ 作为初始分布 $\boldsymbol{p}_0$. $\boldsymbol{X}$ 是可逆的当且仅当

$$(X_1, X_0) \overset{d}{=} (X_0, X_1), \tag{4.35}$$

即

$$\pi_i p_{ij} = \pi_j p_{ji}, \quad i, j \in \mathcal{E}. \tag{4.36}$$

证明   如果 $\boldsymbol{X}$ 是可逆的, 在 (4.34) 中取 $M = m = 1$ 得 (4.35) 成立.

反过来, 假设 (4.36) 成立. 对任意 $M \geq m \geq 0, i_0, i_1, \cdots, i_m \in \mathcal{E}$,

$$P(X_M = i_0, X_{M-1} = i_1, \cdots, X_{M-m} = i_m)$$
$$= P(X_{M-m} = i_m, X_{M-m+1} = i_{m-1}, \cdots, X_{M-1} = i_1, X_M = i_0)$$
$$= \pi_{i_m} p_{i_m i_{m-1}} p_{i_{m-1} i_{m-2}} \cdots p_{i_1 i_0}$$
$$= p_{i_{m-1} i_m} \pi_{i_{m-1}} p_{i_{m-1} i_{m-2}} \cdots p_{i_1 i_0}$$
$$= p_{i_{m-1} i_m} p_{i_{m-2} i_{m-1}} \pi_{i_{m-2}} \cdots p_{i_1 i_0}$$
$$= \cdots$$
$$= p_{i_{m-1} i_m} p_{i_{m-2} i_{m-1}} \cdots p_{i_0 i_1} \pi_{i_0}$$
$$= \pi_{i_0} p_{i_0 i_1} \cdots p_{i_{M-2} i_{M-1}} p_{i_{M-1} i_M}$$
$$= P(X_0 = i_0, X_1 = i_1, \cdots, X_M = i_M).$$

所以 $\boldsymbol{X}$ 是可逆的. 证毕.

注 4.5   根据 (4.36) 和 (4.33), 如果 $\boldsymbol{X}$ 是可逆马尔可夫链, 那么 $\boldsymbol{P}^* = \boldsymbol{P}$, 因此 $\boldsymbol{X}^*$ 与 $\boldsymbol{X}$ 代表同一个随机过程 (在有限维分布相等的意义下).

例 4.35   考虑 2 状态马尔可夫链, 转移概率矩阵为

$$\boldsymbol{P} = \begin{pmatrix} 0 & 1 \\ 0.5 & 0.5 \end{pmatrix}.$$

简单计算得平稳分布

$$\boldsymbol{\pi} = \left(\frac{1}{3}, \frac{2}{3} \right).$$

进而, 不难验证条件

$$\pi_1 p_{12} = \pi_2 p_{21}.$$

所以, 该马尔可夫链是可逆的.

例 4.36 考虑 3 状态马尔可夫链, 转移概率矩阵为

$$\boldsymbol{P} = \begin{pmatrix} 0 & 0.6 & 0.4 \\ 0.1 & 0.8 & 0.1 \\ 0.5 & 0 & 0.5 \end{pmatrix}.$$

通过计算得平稳分布

$$\boldsymbol{\pi} = \left(\frac{5}{27}, \frac{15}{27}, \frac{7}{27} \right).$$

注意到

$$\pi_1 p_{12} \neq \pi_2 p_{21},$$

所以该马尔可夫链是不可逆的.

在上述两个例子中, 都是先通过转移概率矩阵 $\boldsymbol{P}$ 计算平稳分布, 然后再验证条件 (4.36). 人们自然会问: 能否直接利用转移概率矩阵 $\boldsymbol{P}$ 来判断马尔可夫链是否可逆呢? 以下是柯尔莫哥洛夫准则.

定理 4.11 假设 $\boldsymbol{X} = (X_n, n \geqslant 0)$ 是不可约平稳马尔可夫链, 转移概率矩阵 为 $\boldsymbol{P}$. 该马尔可夫链是可逆的当且仅当对任意闭路径 $i_0, i_1, \cdots, i_{m-1}, i_m = i_0$ (图 4.7):

$$p_{i_0 i_1} p_{i_1 i_2} \cdots p_{i_{m-1} i_0} = p_{i_0 i_{m-1}} \cdots p_{i_2 i_1} p_{i_1 i_0}. \tag{4.37}$$

证明 假设 $\boldsymbol{X}$ 是平稳可逆的, 那么对任意 $i, j \in \mathcal{E}$,

$$\pi_i p_{ij} = \pi_j p_{ji},$$

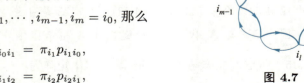

其中 $\boldsymbol{\pi} = (\pi_1, \pi_2, \cdots, \pi_N)$ 为平稳分布.

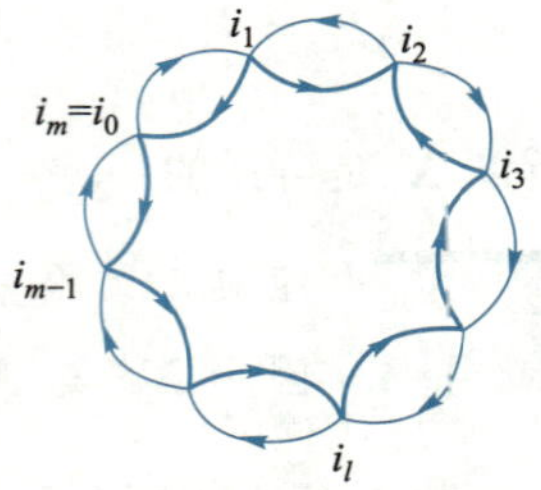

任给一条闭路径 $i_0, i_1, \cdots, i_{m-1}, i_m = i_0$, 那么

$$\pi_{i_0} p_{i_0 i_1} = \pi_{i_1} p_{i_1 i_0},$$

$$\pi_{i_1} p_{i_1 i_2} = \pi_{i_2} p_{i_2 i_1},$$

$$\cdots$$

$$\pi_{i_{m-1}} p_{i_{m-1} i_0} = \pi_{i_0} p_{i_0 i_{m-1}}.$$

图 4.7

左、右两边分别相乘, 抵消 $\pi_{i_0}\pi_{i_1}\cdots\pi_{i_{m-1}}$ 得 (4.37).

反过来, 假设 (4.37) 成立. 任意固定一个状态 j_0, 对任意状态 j, 一定存在一条路径 $j, j_n, j_{n-1}, \cdots, j_1, j_0$, 使得

$$p_{jj_n}p_{j_nj_{n-1}}\cdots p_{j_1j_0} > 0.$$

定义

$$\pi_j = \frac{1}{Z} \cdot \frac{p_{j_0j_1}p_{j_1j_2}\cdots p_{j_nj}}{p_{jj_n}p_{j_nj_{n-1}}\cdots p_{j_1j_0}}, \tag{4.38}$$

其中 Z 是规范化常数.

下面证明: $\boldsymbol{\pi} = (\pi_1, \pi_2, \cdots, \pi_N)$ 是平稳分布, 并且满足方程 (4.36). 事实上, 由 (4.37) 知, (4.38) 所定义的 π_j 与路径选择无关. 另外, 任意给定状态 k, 如果 $p_{jk} = p_{kj} = 0$, 那么 $\pi_k p_{kj} = \pi_j p_{jk}$ 显然成立; 如果 $p_{kj} > 0$ ($p_{jk} > 0$ 类似可证), 那么

$$\pi_k = \frac{1}{Z} \cdot \frac{p_{j_0j_1}p_{j_1j_2}\cdots p_{j_nj}p_{jk}}{p_{kj}p_{jj_n}p_{j_nj_{n-1}}\cdots p_{j_1j_0}}.$$

因此

$$\pi_k p_{kj} = \pi_j p_{jk}.$$

证毕.

例 4.37 2 状态不可约平稳马尔可夫链一定是可逆的.

例 4.38 (例 4.36 续) 选择下列闭路径:

$$1 \curvearrowright 2 \curvearrowright 3 \curvearrowright 1,$$

其转移概率的乘积为

$$p_{12}p_{23}p_{31} = 0.6 \times 0.1 \times 0.5 = 0.03. \tag{4.39}$$

上述路径的逆路径为

$$1 \curvearrowright 3 \curvearrowright 2 \curvearrowright 1,$$

其转移概率的乘积为

$$p_{13}p_{32}p_{21} = 0.4 \times 0 \times 0.1 = 0. \tag{4.40}$$

既然 (4.39) 和 (4.40) 不相等, 由柯尔莫哥洛夫准则知该马尔可夫链不是可逆的.

4.6　连续时间马尔可夫链

一、Q–矩阵

假设 $\boldsymbol{X} = (X(t), t \geqslant 0)$ 是连续时间随机过程, 状态空间为 $\mathcal{E} = \{1, 2, \cdots, N\}$. 如果对任意 $0 \leqslant s < t$,

$$P(X(t) = j | X(s) = i, X(u) = i_u, u < s) = P(X(t) = j | X(s) = i), \qquad (4.41)$$

其中 $i, j, i_u \in \mathcal{E}$, 那么称 $\boldsymbol{X}$ 为**连续时间马尔可夫链**.

> **注 4.6**　(4.41) 可等价地写成: 对任意 $t_0 < t_1 < \cdots < t_n < t_{n+1}$,
>
> $$P(X(t_{n+1}) = j | X(t_n) = i, X(t_{n-1}) = i_{n-1}, \cdots, X(t_0) = i_0)$$
> $$= P(X(t_{n+1}) = j | X(t_n) = i),$$
>
> 其中 $i, j, i_{n-1}, \cdots, i_0 \in \mathcal{E}$.

令

$$p_{ij}(s; t) = P(X(t) = j | X(s) = i),$$

称 $p_{ij}(s; t)$ 为从 s 时刻处于状态 i 到 t 时刻处于状态 j 的转移概率. 如果 $p_{ij}(s; t)$ 仅依赖于时间差 $t - s$, 就称 $\boldsymbol{X}$ 是**时间齐次马尔可夫链**.

以下仅考虑时间齐次马尔可夫链, 并简记

$$p_{ij}(t) = P(X(t) = j | X(0) = i), \quad \boldsymbol{P}(t) = (p_{ij}(t))_{N \times N}.$$

对 $t \geqslant 0$, 令

$$p_t(i) = P(X(t) = i), \quad i = 1, 2, \cdots, N,$$
$$\boldsymbol{p}_t = (p_t(1), p_t(2), \cdots, p_t(N)).$$

如同离散时间马尔可夫链一样, 连续时间马尔可夫链的分布由初始分布 $\boldsymbol{p}_0$ 和转移概率矩阵族 $\{\boldsymbol{P}(t), t \geqslant 0\}$ 所唯一确定. 特别,

$$\boldsymbol{p}_t = \boldsymbol{p}_0 \boldsymbol{P}(t), \quad t > 0.$$

回忆 (4.5), 任意 m–步转移概率矩阵 $\boldsymbol{P}^{(m)}$ 都可由一步转移概率矩阵 $\boldsymbol{P}$ 得到. 人们自然会问: 一族转移概率矩阵 $\{\boldsymbol{P}(t), t \geqslant 0\}$ 是否可由一个矩阵所生成? 为回答该问题, 需要做如下假设.

(H1) 连续性: 假设 $p_{ij}(t)$ 关于 $t > 0$ 是连续函数, 并且

$$\lim_{t \to 0} p_{ij}(t) = \begin{cases} 1, & i = j, \\ 0, & i \neq j. \end{cases} \tag{4.42}$$

注 4.7　当随机过程 $\boldsymbol{X}$ 具有右连续样本路径时, (H1) 成立. 有时称满足 (4.42) 的转移概率矩阵族 $\{\boldsymbol{P}(t), t \geqslant 0\}$ 是**标准**的.

定理 4.12　如果 (H1) 成立, 那么

(i) 对任意 $i \in \mathcal{E}$,

$$q_{ii} = \lim_{t \to 0} \frac{p_{ii}(t) - 1}{t} \tag{4.43}$$

存在, 可能为 $-\infty$;

(ii) 对任意 $i \neq j \in \mathcal{E}$,

$$q_{ij} = \lim_{t \to 0} \frac{p_{ij}(t)}{t} \tag{4.44}$$

存在且有限; 进而

$$\sum_{j \neq i} q_{ij} \leqslant -q_{ii}, \quad i = 1, 2, \cdots, N.$$

证明略.

除 (H1) 之外, 进一步作如下假设.

(H2) 守恒性:

$$\sum_{j \neq i} q_{ij} = -q_{ii} < \infty, \quad i = 1, 2, \cdots, N.$$

在 (H2) 下, (4.43) 和 (4.44) 可等价地写成

$$\begin{cases} P\left(X(t) = i | X(0) = i\right) = 1 + q_{ii}t + o(t), \\ P\left(X(t) = j | X(0) = i\right) = q_{ij}t + o(t), j \neq i. \end{cases}$$

定义下列 $\boldsymbol{Q}$–矩阵:

$$\boldsymbol{Q} = (q_{ij})_{N \times N},$$

其中

$$\begin{cases} q_{ij} \geqslant 0, i \neq j, \\ \sum_{j=1}^{N} q_{ij} = 0, i = 1, 2, \cdots, N, \end{cases}$$

称 $\boldsymbol{Q}$ 为**转移速率矩阵**. 它在连续时间马尔可夫链的研究中起着非常重要的作用.

定理 4.13   在 (H1) 和 (H2) 下, 有

(i) 柯尔莫哥洛夫向后方程

$$\boldsymbol{P}'(t) = \boldsymbol{Q}\boldsymbol{P}(t);$$

(ii) 柯尔莫哥洛夫向前方程

$$\boldsymbol{P}'(t) = \boldsymbol{P}(t)\boldsymbol{Q};$$

(iii)
$$\boldsymbol{P}(t) = \mathrm{e}^{t\boldsymbol{Q}} = \boldsymbol{I} + \sum_{n=1}^{\infty} \frac{t^n \boldsymbol{Q}^n}{n!}, \tag{4.45}$$

其中 $\boldsymbol{I}$ 为单位矩阵.

证明略.

注 4.8   定理 4.13 中所谓 "向前" 和 "向后" 取决于对增量 $\boldsymbol{P}(t+\Delta t) - \boldsymbol{P}(t)$ 的分析. 如果先从 0 到 t 再到 $t + \Delta t$, 那么所得到的方程称为 "向前方程"; 如果先从 0 到 Δt 再到 $t + \Delta t$, 那么所得到的方程称为 "向后方程".

注 4.9   任给 $\boldsymbol{Q}$–矩阵 $\boldsymbol{Q}$, $\mathrm{e}^{t\boldsymbol{Q}}$ 确为转移概率矩阵.

例 4.39   泊松过程. 假设 $\boldsymbol{N} = (N(t), t \geqslant 0)$ 是参数为 λ 的泊松过程, 那么 $\mathcal{E} = \mathbb{Z}_+$, 并且

$$\boldsymbol{p}_0 = (1, 0, 0, \cdots),$$

$$p_{ij}(t) = P(N(t+s) = j | N(s) = i)$$
$$= P(N(t) = j - i)$$
$$= \frac{(\lambda t)^{j-i}}{(j-i)!}\mathrm{e}^{-\lambda t}, \quad j \geqslant i.$$

不难验证, $\boldsymbol{Q}$–矩阵为

$$\boldsymbol{Q} = \begin{pmatrix} -\lambda & \lambda & 0 & \cdots & 0 \\ 0 & -\lambda & \lambda & \cdots & 0 \\ 0 & 0 & -\lambda & \cdots & 0 \\ \vdots & \vdots & \vdots & & \vdots \end{pmatrix}.$$

泊松过程是最简单的连续时间马尔可夫链.

例 4.40 纯生过程. 假设 $\boldsymbol{X} = (X(t), t \geqslant 0)$ 是时间齐次马尔可夫链, 状态空间为 $\mathcal{E} = \mathbb{Z}_+$, 初始值 $X(0) = 0$. 其 $\boldsymbol{Q}$–矩阵定义如下:

$$\boldsymbol{Q} = \begin{pmatrix} -q_0 & q_0 & 0 & \cdots & 0 \\ 0 & -q_1 & q_1 & \cdots & 0 \\ 0 & 0 & -q_2 & \cdots & 0 \\ \vdots & \vdots & \vdots & & \vdots \end{pmatrix},$$

其中 $q_i > 0$, $i = 0, 1, 2, \cdots$.

该马尔可夫链是泊松过程的推广, $X(t)$ 表示 $(0, t]$ 内出生的个数; t 时刻的出生率依赖于当时总体大小.

例 4.41 生灭过程. 假设 $\boldsymbol{X} = (X(t), t \geqslant 0)$ 是时间齐次马尔可夫链, 状态空间为 $\mathcal{E} = \mathbb{Z}_+$, 初始值 $X(0) = 0$. 其 $\boldsymbol{Q}$–矩阵定义如下:

$$\boldsymbol{Q} = \begin{pmatrix} -\lambda_0 & \lambda_0 & 0 & 0 & \cdots & 0 \\ \mu_1 & -(\lambda_1 + \mu_1) & \lambda_1 & 0 & \cdots & 0 \\ 0 & \mu_2 & -(\lambda_2 + \mu_2) & \lambda_2 & \cdots & 0 \\ 0 & 0 & \mu_3 & -(\lambda_3 + \mu_3) & \cdots & 0 \\ \vdots & \vdots & \vdots & \vdots & & \vdots \end{pmatrix},$$

其中 $\lambda_i, \mu_{i+1} > 0$, $i = 0, 1, 2, \cdots$.

该马尔可夫链是纯生过程的推广, λ_i 是出生率, μ_i 是死亡率.

例 4.42 假设 $\boldsymbol{X} = (X(t), t \geqslant 0)$ 是时间齐次马尔可夫链, 状态空间为 $\mathcal{E} = \{0, 1\}$, 其 $\boldsymbol{Q}$–矩阵定义如下:

$$\boldsymbol{Q} = \begin{pmatrix} -\alpha & \alpha \\ \beta & -\beta \end{pmatrix},$$

其中 $\alpha, \beta > 0$.

该马尔可夫链的转移概率可由 (4.45) 计算得出:

$$p_{00}(t) = \frac{\beta}{\alpha + \beta} + \frac{\alpha}{\alpha + \beta} \mathrm{e}^{-t(\alpha + \beta)}, \quad p_{01}(t) = \frac{\alpha}{\alpha + \beta} \left[1 - \mathrm{e}^{-t(\alpha + \beta)} \right],$$

$$p_{10}(t) = \frac{\beta}{\alpha + \beta} \left[1 - \mathrm{e}^{-t(\alpha + \beta)} \right], \quad p_{11}(t) = \frac{\alpha}{\alpha + \beta} + \frac{\beta}{\alpha + \beta} \mathrm{e}^{-t(\alpha + \beta)}.$$

任意给定 $i \in \mathcal{E}$, 定义

$$\gamma_i = \inf\{t > 0 : X(t) \neq i\}.$$

如果 $X(0) = i$, 那么 γ_i 表示 $\boldsymbol{X}$ 首次实现转移的时刻, 也可看作 $\boldsymbol{X}$ 在状态 i 处的停留时间.

定理 4.14　在 (H1) 和 (H2) 下, 有

$$P\left(\gamma_i > t | X(0) = i\right) = \mathrm{e}^{-\alpha_i t}, \quad t > 0,$$

其中

$$\alpha_i = -q_{ii} = \sum_{j \neq i} q_{ij}.$$

证明　令

$$G_i(t) = P\left(\gamma_i > t | X(0) = i\right), \quad t > 0.$$

由条件概率公式和马尔可夫性质 (4.41) 得

$$\begin{aligned}
G_i(t+s) &= P\left(\gamma_i > t+s | X(0) = i\right) \\
&= P\left(\gamma_i > t+s, \gamma_i > t | X(0) = i\right) \\
&= P\left(\gamma_i > t+s | \gamma_i > t, X(0) = i\right) P\left(\gamma_i > t | X(0) = i\right) \\
&= P\left(\gamma_i > t+s | X(u) = i, u \leqslant t\right) P\left(\gamma_i > t | X(0) = i\right) \\
&= G_i(s)G_i(t).
\end{aligned}$$

既然 X 具有右连续样本路径, 所以 $G_i(t)$ 为连续函数. 从而一定存在 $\alpha_i > 0$, 使得

$$G_i(t) = \mathrm{e}^{-\alpha_i t}, \quad t > 0.$$

证毕.

例 4.43 (例 4.39 续)　对每个 $i \geqslant 0$, $\alpha_i = \lambda$, 其中 λ 为泊松过程的参数.

例 4.44 (例 4.40 续)　对每个 $i \geqslant 0$, $\alpha_i = q_i$.

例 4.45 (例 4.41 续)　对每个 $i \geqslant 0$, $\alpha_i = \mu_i + \lambda_i$.

二、平稳分布

假设 $\mathcal{E}$ 上存在概率分布 $\boldsymbol{\pi}$, 使得

$$\boldsymbol{\pi} \boldsymbol{P}(t) = \boldsymbol{\pi}, \quad t > 0, \tag{4.46}$$

那么通过选择 $\boldsymbol{p}_0 = \boldsymbol{\pi}$, X 便成为平稳马尔可夫链. 称满足 (4.46) 的概率分布 $\boldsymbol{\pi}$ 为 X 的平稳分布.

定理 4.15　如果某概率分布 $\boldsymbol{\pi}$ 满足方程

$$\boldsymbol{\pi} \boldsymbol{Q} = \boldsymbol{0}, \tag{4.47}$$

那么 $\boldsymbol{\pi}$ 为 X 的平稳分布.

证明　注意, $\boldsymbol{P}(t) = e^{t\boldsymbol{Q}}$, 那么

$$\boldsymbol{\pi}(\boldsymbol{P}(t) - \boldsymbol{I}) = \boldsymbol{\pi}\sum_{k=1}^{\infty}\frac{1}{k!}\boldsymbol{Q}^k t^k = \sum_{k=1}^{\infty}\frac{1}{k!}\boldsymbol{\pi}\boldsymbol{Q}^k t^k = \boldsymbol{0}.$$

因此对任意 $t > 0$,

$$\boldsymbol{\pi}\boldsymbol{P}(t) = \boldsymbol{\pi}.$$

即 $\boldsymbol{\pi}$ 为马尔可夫链的平稳分布.

例 4.46　假设 $\boldsymbol{X}$ 是 3 状态马尔可夫链, $\boldsymbol{Q}$-矩阵为

$$\boldsymbol{Q} = \begin{pmatrix} -2 & 1 & 1 \\ 1 & -1 & 0 \\ 2 & 1 & -3 \end{pmatrix}.$$

代入方程 (4.47) 求解得平稳分布

$$\boldsymbol{\pi} = \left(\frac{3}{8}, \frac{1}{2}, \frac{1}{8}\right).$$

例 4.47 (例 4.39 续)　泊松过程没有平稳分布.

例 4.48 (例 4.40 续)　纯生过程没有平稳分布.

例 4.49 (例 4.41 续)　将 (4.47) 详细写成

收敛于平稳
分布的速度

$$\begin{cases} \lambda_0\pi_0 = \mu_1\pi_1, \\ \lambda_{k-1}\pi_{k-1} - (\lambda_k + \mu_k)\pi_k + \mu_{k+1}\pi_{k+1} = 0, \ k \geqslant 1, \end{cases}$$

解得

$$\pi_k = \frac{\lambda_0\lambda_1\cdots\lambda_{k-1}}{\mu_1\mu_2\cdots\mu_k}\pi_0, \quad k \geqslant 1. \tag{4.48}$$

假设

$$C = \sum_{k=1}^{\infty}\frac{\lambda_0\lambda_1\cdots\lambda_{k-1}}{\mu_1\mu_2\cdots\mu_k} < \infty,$$

将 (4.48) 代入

$$\sum_{k=0}^{\infty}\pi_k = 1,$$

得

$$\pi_0 = \frac{1}{1+C}, \quad \pi_k = \frac{1}{1+C}\cdot\frac{\lambda_0\lambda_1\cdots\lambda_{k-1}}{\mu_1\mu_2\cdots\mu_k}, \quad k \geqslant 1.$$

三、 可逆马尔可夫链

如果对任意 $0 \leqslant t_1 < t_2 < \cdots < t_n$ 和 $T \geqslant t_n$, 都有

$$(X(t_0), X(t_1), \cdots, X(t_n)) \overset{d}{=} (X(T - t_0), X(T - t_1), \cdots, X(T - t_n)),$$

那么称 X 为**可逆马尔可夫链**.

> **定理 4.16**   假设初始分布为 $\boldsymbol{\pi}$, 那么 X 是可逆的当且仅当

$$\pi_i q_{ij} = \pi_j q_{ji}, \quad i, j \in \mathcal{E}. \tag{4.49}$$

证明 X 可逆当且仅当对任意 $t > 0$,

$$\pi_i p_{ij}(t) = \pi_j p_{ji}(t), \quad i, j \in \mathcal{E}. \tag{4.50}$$

假设 (4.50) 成立, 那么由定理 4.12 可得 (4.49) 成立.

反过来, 假设 (4.49) 成立, 下面验证 (4.50). 仅考虑 $i \neq j$ 情形. 由 (4.45) 得

$$p_{ij}(t) = \sum_{n=1}^{\infty} \frac{t^n}{n!} (\boldsymbol{Q}^n)_{ij}.$$

因此只需证明, 对每一个 $n \geqslant 1$,

$$\pi_i (\boldsymbol{Q}^n)_{ij} = \pi_j (\boldsymbol{Q}^n)_{ji}.$$

注意到

$$(\boldsymbol{Q}^n)_{ij} = \sum_{i_1, i_2, \cdots, i_{n-1}=1}^{N} q_{ii_1} q_{i_1 i_2} \cdots q_{i_{n-1} j}.$$

利用 (4.49) 得

$$\begin{aligned} \pi_i (\boldsymbol{Q}^n)_{ij} &= \sum_{i_1, i_2, \cdots, i_{n-1}=1}^{N} \pi_i q_{ii_1} q_{i_1 i_2} \cdots q_{i_{n-1} j} \\ &= \sum_{i_1, i_2, \cdots, i_{n-1}=1}^{N} q_{i_1 i} \pi_{i_1} q_{i_1 i_2} \cdots q_{i_{n-1} j} \\ &= \cdots \\ &= \sum_{i_1, i_2, \cdots, i_{n-1}=1}^{N} q_{i_1 i} q_{i_2 i_1} \cdots q_{j i_{n-1}} \pi_j \\ &= \pi_j (\boldsymbol{Q}^n)_{ji}. \end{aligned}$$

证毕.

例 4.50 (例 4.46 续)   由于

$$\pi_1 q_{12} \neq \pi_2 q_{21},$$

故该马尔可夫链不是可逆的.

例 4.51 (例 4.49 续) 当 $C < \infty$ 时, 该马尔可夫链是可逆的.

例 4.52 如图 4.8 所示, 假设猫不动, 老鼠从 2 号格子出发, 在迷宫中作随机游动: 如果老鼠当前时刻待在 i $(i \neq 3, 7)$ 号格子, 那么下一时刻老鼠等可能地移到相邻的格子 (即有通道与 i 号格子相连的格子), 一旦老鼠到达 7 号格子, 就被猫吃掉; 一旦到达 3 号格子, 老鼠就吃掉奶酪. 计算老鼠在吃掉奶酪之前被猫吃掉的概率.

解 一旦老鼠进入 3 号或 7 号格子, 就永远停在那里. 用 X_n 表示 n 时刻老鼠所在的位置, 则 $(X_n, n \geqslant 0)$ 是马尔可夫链, 状态空间为 $\{1, 2, \cdots, 9\}$, 其中 3 和 7 是两个吸收状态.

所求概率为从 2 出发, 最终被 7 吸收的概率:

$$q_i = P(T_7 < T_3 | X_0 = i).$$

显然, $q_7 = 1$, $q_3 = 0$.

利用对称性,

$$q_1 = q_5 = q_9 = \frac{1}{2}.$$

利用马尔可夫性质和全概率公式,

$$q_2 = \frac{1}{3} q_1 + \frac{1}{3} q_5 + \frac{1}{3} q_3 = \frac{1}{3}.$$

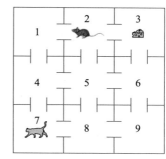

图 4.8

例 4.53 以 X_n 表示 n 时刻某股票的价格. 假设 $(X_n, n \geqslant 0)$ 是马尔可夫链, 状态空间为 $\{1, 2, 3, 4, 5\}$, 转移概率矩阵为

$$\boldsymbol{P} = \begin{pmatrix} \frac{1}{2} & \frac{1}{2} & 0 & 0 & 0 \\ \frac{1}{3} & \frac{1}{3} & \frac{1}{3} & 0 & 0 \\ 0 & \frac{1}{4} & \frac{1}{4} & \frac{1}{2} & 0 \\ 0 & 0 & \frac{1}{2} & \frac{1}{4} & \frac{1}{4} \\ 0 & 0 & \frac{1}{8} & \frac{1}{2} & \frac{3}{8} \end{pmatrix}. \tag{4.51}$$

已知 $P(X_0 = 2) = P(X_0 = 3) = 1/2$, 计算

(1) 股票价格在涨到 4 前不曾跌到 1 的概率;

(2) 股票价格到达 4 的平均时间.

解 (1) 所求概率为 $P(T_4 < T_1)$.

令 $q_i = P(T_4 < T_1 | X_0 = i)$, 则 $q_1 = 0$, $q_4 = 1$.

另外, 注意到

$$q_2 = \frac{1}{3} q_1 + \frac{1}{3} q_2 + \frac{1}{3} q_3,$$

$$q_3 = \frac{1}{4} q_2 + \frac{1}{4} q_3 + \frac{1}{2} q_4,$$

这样

$$q_2 = \frac{2}{5}, \quad q_3 = \frac{4}{5}, \quad q_4 = 1.$$

因此

$$P(T_4 < T_1) = q_2 P(X_0 = 2) + q_3 P(X_0 = 3) = \frac{1}{2} \times \frac{2}{5} + \frac{1}{2} \times \frac{4}{5} = \frac{3}{5}.$$

(2) 股票价格到达 4 的平均时间为 ET_4.

令 $\tau_i = E(T_4|X_0 = i)$, 那么

马尔可夫
链蒙特卡
罗方法

$$\tau_1 = 1 + \frac{1}{2}\tau_1 + \frac{1}{2}\tau_2,$$

$$\tau_2 = 1 + \frac{1}{3}\tau_1 + \frac{1}{3}\tau_2 + \frac{1}{3}\tau_3,$$

$$\tau_3 = 1 + \frac{1}{4}\tau_2 + \frac{1}{4}\tau_3 + \frac{1}{2}\tau_4,$$

$$\tau_4 = 0,$$

这样

$$\tau_1 = \frac{23}{2}, \quad \tau_2 = \frac{19}{2}, \quad \tau_3 = \frac{9}{2}.$$

因此

$$ET_4 = \tau_2 P(X_0 = 2) + \tau_3 P(X_0 = 3) = \frac{19}{2} \times \frac{1}{2} + \frac{9}{2} \times \frac{1}{2} = 7.$$

4.7 补充与注记

一、马尔可夫 (Andrei Andreyevich Markov)

马尔可夫 1856 年 6 月 14 日出生于俄国梁赞, 1922 年 7 月 20 日在俄国圣彼得堡去世. 马尔可夫童年时代身体虚弱, 直到 10 岁才能借助拐杖行走. 中学期间, 数学成绩突出, 但其他科目相当糟糕. 中学时代, 马尔可夫撰写了第一篇论文, 讨论线性微分方程的积分. 尽管结果不是新的, 但是得到当时两位著名大学教授科尔金 (Korkin) 和佐洛塔廖夫 (Zolotarev) 的赏识. 1874 年马尔可夫进入圣彼得堡大学 (St. Petersburg State University) 物理与数学学院, 当时

切比雪夫担任数学系主任. 1878 年马尔可夫大学毕业, 并获得学院颁发的金质奖章. 两年后获得硕士学位, 论文题目为 *On the binary quadratic forms with positive determinant*. 该学位论文受到切比雪夫的高度赞赏, 认为代表了圣彼得堡甚至整个俄国在数论领域的最杰出成就之一.

硕士毕业后, 马尔可夫在圣彼得堡大学任教, 并于 1884 年完成论文 *On certain applications of continued fractions*, 通过答辩后取得博士学位, 1886 年任该校教授. 1896 年他当选圣彼得堡科学院院士, 1905 年退休, 但很长一段时间继续教书.

马尔可夫早期主要研究数论、分析、连分数、逼近论和级数收敛等, 1900 年以后开始应用连分数研究概率论, 很好地延续了由他的导师切比雪夫所开创的研究方向. 他最为著名的工作是有关相依随机变量序列的研究, 他创立了一个全新的概率论分支 —— 马尔可夫过程.

二、　钟开莱 (Kai Lai Chung)

钟开莱 1917 年 9 月 19 日出生于上海, 2009 年 6 月 2 日在菲律宾罗哈斯去世. 钟开莱祖籍浙江杭州, 1936 年考入清华大学物理系; 1940 年毕业于西南联合大学数学系, 并留校任教. 在这期间, 他跟随华罗庚学习数论, 接着跟随许宝騄学习概率论.

1944 年钟开莱获得第六届庚子赔款公费留美奖学金, 并于 1945 年底赴美国留学. 1945 年 12 月抵达普林斯顿大学 (Princeton University), 1947 年在图基 (Tukey) 和克拉默 (Cramér) 指导下获得博士学位, 论文为 *On the maximum partial sum of sequences of independent random variables*.

20 世纪 50 年代, 钟开莱先后在芝加哥大学 (University of Chicago)、哥伦比亚大学、康奈尔大学 (Cornell University) 和雪城大学 (Syracuse University) 任教. 1961 年转到斯坦福大学 (Stanford University), 一直到退休. 钟开莱被看作是二战以后最杰出的概率学家之一, 为马尔可夫链一般数学理论奠定了框架, 并在布朗运动、概率位势理论、薛定谔 (Schrödinger) 方程等领域做出了重要贡献. 他著有多本概率论教材, 影响着一代代学生. 1981 年联合发起了随机过程研讨会 (Seminar on Stochastic Processes), 它现已成为美国颇受欢迎的全国性概率年会, 主题包括马尔可夫过程、布朗运动和概率论.

三、　极限号与求和号交换

在有关马尔可夫链的讨论中, 总会遇到计算数列极限和级数求和的分析问题, 如

$$\lim_{n \to \infty} \sum_{k=1}^{\infty} a_{nk} = \sum_{k=1}^{\infty} \lim_{n \to \infty} a_{nk}, \tag{4.52}$$

其中 $\{a_{nk}, n, k \geqslant 1\}$ 是双指标数列.

一般地, 求极限与级数求和并不能交换.

例 4.54 令 $a_{nk} = \dfrac{1}{nk}$, $n, k \geqslant 1$, (4.52) 不成立.

下列控制收敛定理提供了一个充分条件.

定理 4.17   假设 $\{a_{nk}, n, k \geqslant 1\}$ 是双指标数列, 对每个 $k \geqslant 1$, $\lim\limits_{n \to \infty} a_{nk} = a_k$. 如果存在 $\{b_k, k \geqslant 1\}$, 使得

$$|a_{nk}| \leqslant b_k, \quad n, k \geqslant 1,$$

并且

$$\sum_{k=1}^{\infty} b_k < \infty,$$

那么

$$\lim_{n \to \infty} \sum_{k=1}^{\infty} a_{nk} = \sum_{k=1}^{\infty} a_k.$$

另一个常见的问题: 二重级数求和次序可以交换吗? 即

$$\sum_{n=1}^{\infty} \sum_{k=1}^{\infty} a_{nk} = \sum_{k=1}^{\infty} \sum_{n=1}^{\infty} a_{nk}, \tag{4.53}$$

其中 $\{a_{nk}, n, k \geqslant 1\}$ 是双指标数列. 一般地, (4.53) 并不成立.

例 4.55   令 $a_{nk} = \dfrac{(-1)^{nk}}{n \cdot 2^k}$, $n, k \geqslant 1$, (4.53) 不成立.

下列富比尼 (Fubini) 定理提供了一个充分条件.

定理 4.18   假设 $\{a_{nk}, n, k \geqslant 1\}$ 是双指标数列, 如果下列条件之一成立:

(i) 对所有 $n, k \geqslant 1$, $a_{nk} \geqslant 0$;

(ii) $\sum\limits_{n=1}^{\infty} \sum\limits_{k=1}^{\infty} |a_{nk}| < \infty$;

(iii) $\sum\limits_{k=1}^{\infty} \sum\limits_{n=1}^{\infty} |a_{nk}| < \infty$,

那么 (4.53) 成立.

除上述两个定理外, 下列结果也时常用到.

定理 4.19   令 $\{a_k, k \geqslant 0\}$ 是一列实数, 满足

$$\sum_{k=1}^{\infty} |a_k| < \infty, \quad \sum_{k=1}^{\infty} a_k = a.$$

假设 $\{b_k, k \geqslant 0\}$ 是一列实数, 满足 $\lim\limits_{k \to \infty} b_k = b$, 那么

$$\lim_{n \to \infty} \sum_{k=1}^{n} a_k b_{n-k} = ab.$$

最后, 给出无穷乘积发散的充分必要条件, 仅供读者参考.

定理 4.20 令 $\{a_k, k \geqslant 1\}$ 是一列实数, 满足 $0 \leqslant a_k < 1$, 那么

$$\prod_{k=1}^{\infty}(1 - a_k) = 0 \quad \text{当且仅当} \quad \sum_{k=1}^{\infty} a_k = \infty.$$

四、 电网

假设 (V, G) 是有限连通图, 其中 V 为顶点集, G 为边集. 现在固定两个顶点 $a, b \in V$, 在其中间安装一个 1 伏特电压器, b 为地极; 并在每条边上放置一个电阻器, 这样便形成一个电网, 如图 4.9 所示. 记边 xy 的电阻为 r_{xy}, 电容为 c_{xy}, 顶点 x 的电压为 v_x. 那么根据欧姆 (Ohm) 定律, 从顶点 x 通过电阻器流入顶点 y 的电流为

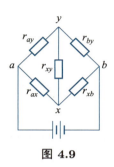

图 4.9

$$i_{xy} = \frac{v_x - v_y}{r_{xy}}.$$

另外, 基尔霍夫 (Kirchhoff) 定律表明: 输入和输出电流相等, 即对每一个 $x \in V$,

$$\sum_{y: y \sim x} \frac{v_x - v_y}{r_{xy}} = 0. \tag{4.54}$$

注意 $c_{xy} = \dfrac{1}{r_{xy}}$, 令

$$c_x = \sum_{y: y \sim x} c_{xy},$$

那么 (4.54) 可写成

$$v_x = \sum_{y: y \sim x} \frac{c_{xy}}{c_x} v_y, \tag{4.55}$$

其中 $v_a = 0$, $v_b = 1$.

如何求解方程 (4.55) 呢? 电压 v_x 是否有概率解释? 为回答这些问题, 下面将上述电网转化成马尔可夫链. 令 $\mathcal{E} = V$, 定义

$$p_{xy} = \begin{cases} \dfrac{c_{xy}}{c_x}, & (x, y) \in G, \\[2mm] 0, & (x, y) \notin G. \end{cases}$$

由于 $p_{xy} \geqslant 0$, 并且 $\sum\limits_{y:y \sim x} p_{xy} = 1$, 故 p_{xy} 可以看作从 x 到 y 的转移概率. 事实上, 一定

存在一个马尔可夫链 $\boldsymbol{X} = (X_n, n \geqslant 0)$, 具有状态空间 $\mathcal{E}$, 转移概率矩阵

$$\boldsymbol{P} = (p_{xy})_{x,y \in V},$$

如图 4.10 所示.

  下面考虑该马尔可夫链首次到达 a 和 b 的时刻. 令

$$T_a = \inf\{n \geqslant 0 : X_n = a\},$$
$$T_b = \inf\{n \geqslant 0 : X_n = b\},$$

并定义

$$q_x = P\left(T_b < T_a | X_0 = x\right), \quad x \in V.$$

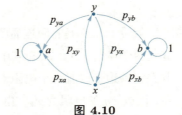

图 4.10

q_x 表示马尔可夫链 $\boldsymbol{X}$ 从 x 出发在到达 a 之前到达 b 的概率. 显然, $q_a = 0$, $q_b = 1$. 进而, 利用一步分析法可得

$$q_x = \sum_{y:y \sim x} p_{xy} q_y. \tag{4.56}$$

通过比较 (4.55) 和 (4.56) 可以看出: v_x 和 q_x 满足相同的递推关系和边界条件. 因此, 根据解的唯一性得

$$v_x = q_x, \quad x \in V.$$

这样, 顶点 x 处的电压等于马尔可夫链从 x 出发在到达 a 之前到达 b 的概率.

  关于电流 i_{xy}, 我们有下列类似的概率解释. 假设 $X_0 = a$, 令 n_x 表示马尔可夫链 $\boldsymbol{X}$ 在到达状态 b 之前处于状态 x 的平均次数. 显然 $n_b = 0$. 另外, 任意给定一个状态 $x \neq a$, 有

$$n_x = \sum_{y:y \sim x} n_y p_{yx}. \tag{4.57}$$

由于 $c_x p_{xy} = c_y p_{yx}$, 故 (4.57) 可写成

$$\frac{n_x}{c_x} = \sum_{y:y \sim x} p_{xy} \frac{n_y}{c_y}.$$

与 (4.55) 进行比较可以看出, 递推关系式完全一样, 唯一差别在于边界条件. 这样, 如果在 a 和 b 之间安装一个大小 $\dfrac{n_a}{c_a}$(伏特) 的电压器, 选取 b 作为地极, 记顶点 x 处的电压为 v_x, 那么由解的唯一性得

$$v_x = \frac{n_x}{c_x}, \quad x \in V.$$

因此, 从 x 流入 y 的电流 i_{xy} 满足下列关系:

$$i_{xy} = \frac{v_x - v_y}{r_{xy}}$$

$$= \left(\frac{n_x}{c_x} - \frac{n_y}{c_y} \right) c_{xy}$$

$$= n_x p_{xy} - n_y p_{yx}.$$

注意, $n_x p_{xy}$ 等于从 x 转移到 y 的平均次数, $n_y p_{yx}$ 等于从 y 转移到 x 的平均次数. 特别, 下式成立:

$$\sum_{y:y \sim a} i_{ay} = \sum_{y:y \sim a} (n_a p_{ay} - n_y p_{ya}) = 1.$$

这样, 电流 i_{xy} 可以看作是马尔可夫链 $\boldsymbol{X}$ 在状态 x 和 y 之间发生转移的平均 "净" 次数.

习题四

1. 假设 $\{X_n, n \geqslant 0\}$ 是一列独立离散随机变量, 状态空间为 $\mathcal{E}$, 证明: $\boldsymbol{X} = (X_n, n \geqslant 0)$ 是马尔可夫链. 问: 在什么条件下, 该马尔可夫链是齐次的?

2. (例 4.1 续) 令 $\boldsymbol{S} = (S_n, n \geqslant 0)$ 是直线上简单随机游动, $S_0 = 0$.

(1) 令 $X_n = |S_n|$, 证明 $\boldsymbol{X} = (X_n, n \geqslant 0)$ 是马尔可夫链, 并求转移概率;

(2) 令 $M_n = \max\{S_k : 0 \leqslant k \leqslant n\}$, $Y_n = M_n - S_n$, 证明 $\boldsymbol{Y} = \{Y_n, n \geqslant 0\}$ 是马尔可夫链, 并求转移概率.

3. 假设 $\boldsymbol{X} = (X_n, n \geqslant 0)$ 是马尔可夫链, 状态空间为 $\mathcal{E}$. 令 $h : \mathcal{E} \mapsto \mathcal{E}'$ 是 1–1 对应, $Y_n = h(X_n)$, 证明: $\boldsymbol{Y} = (Y_n, n \geqslant 0)$ 是马尔可夫链.

4. 令 $\boldsymbol{P}$ 是某马尔可夫链的转移概率矩阵, 假设存在自然数 r, 使得 $\boldsymbol{P}^r$ 的每个元素都严格大于 0, 证明: 对于所有自然数 $n \geqslant r$, $\boldsymbol{P}^n$ 的每个元素都严格大于 0.

5. 假设 $\boldsymbol{X} = (X_n, n \geqslant 0)$ 是马尔可夫链, 状态空间为 $\mathcal{E} = \{1, 2, 3\}$, 转移概率矩阵为

$$\boldsymbol{P} = \begin{pmatrix} 0.1 & 0.2 & 0.7 \\ 0.9 & 0.1 & 0 \\ 0.1 & 0.8 & 0.1 \end{pmatrix},$$

初始分布为 $\boldsymbol{p}_0 = (0.3, 0.4, 0.3)$, 求 $P(X_0 = 1, X_1 = 2, X_2 = 3)$.

6. 假设 $\boldsymbol{X} = (X_n, n \geqslant 0)$ 是马尔可夫链, 状态空间为 $\mathcal{E} = \{1, 2, 3\}$, 转移概率矩阵为

$$\boldsymbol{P} = \begin{pmatrix} 0.7 & 0.2 & 0.1 \\ 0 & 0.6 & 0.4 \\ 0.5 & 0 & 0.5 \end{pmatrix},$$

求 $P(X_2 = 2, X_3 = 2 | X_1 = 1)$ 和 $P(X_1 = 2, X_2 = 2 | X_0 = 1)$.

7. 假设 $\boldsymbol{X} = (X_n, n \geqslant 0)$ 是马尔可夫链, 状态空间为 $\mathcal{E} = \{1, 2, 3\}$, 转移概率矩阵为

$$\boldsymbol{P} = \begin{pmatrix} 0.3 & 0.2 & 0.5 \\ 0.5 & 0.1 & 0.4 \\ 0.5 & 0.2 & 0.3 \end{pmatrix},$$

初始分布为 $\boldsymbol{p}_0 = (0.5, 0.5, 0)$, 求 $P(X_0 = 2, X_1 = 2, X_2 = 1)$ 和 $P(X_1 = 2, X_2 = 2, X_3 = 1)$.

8. 假设 $\{\xi_n, n \geqslant 1\}$ 是一列独立同分布随机变量, 分布为

$$\begin{pmatrix} 0 & 1 & 2 & 3 \\ 0.1 & 0.3 & 0.2 & 0.4 \end{pmatrix}.$$

令 $X_0 = 0$, $X_n = \max\{\xi_1, \xi_2, \cdots, \xi_n\}$, 证明: $\boldsymbol{X} = (X_n, n \geqslant 0)$ 是马尔可夫链, 并确定其转移概率矩阵.

9. 假设 $\boldsymbol{X} = (X_n, n \geqslant 0)$ 是马尔可夫链, 状态空间为 $\mathcal{E} = \{1, 2, 3\}$, 转移概率矩阵为

$$\boldsymbol{P} = \begin{pmatrix} 0 & \frac{1}{2} & \frac{1}{2} \\ \frac{1}{2} & 0 & \frac{1}{2} \\ \frac{1}{2} & \frac{1}{2} & 0 \end{pmatrix},$$

求 $P(X_n = 1 | X_0 = 1)$, 其中 $n = 0, 1, 2, 3, 4$.

10. 假设 $\boldsymbol{X} = (X_n, n \geqslant 0)$ 是马尔可夫链, 状态空间为 $\mathcal{E} = \{1, 2, 3\}$, 转移概率矩阵为

$$\boldsymbol{P} = \begin{pmatrix} 0.7 & 0.2 & 0.1 \\ 0.3 & 0.5 & 0.2 \\ 0 & 0 & 1 \end{pmatrix}.$$

令 $T = \min\{n \geqslant 0 : X_n = 3\}$ 表示该马尔可夫链首次到达状态 3 的时刻, 求 $P(X_3 = 1 | X_0 = 1, T > 3)$.

11. 令 $\boldsymbol{X} = \{X_n, n \geqslant 0\}$ 是马尔可夫链, 状态空间为 $\mathcal{E} = \{1, 2, 3\}$, 转移概率矩阵为

$$\boldsymbol{P} = \begin{pmatrix} 0.3 & 0.2 & 0.5 \\ 0.5 & 0.1 & 0.4 \\ 0 & 0 & 1 \end{pmatrix}.$$

马尔可夫链首中时

假设该马尔可夫链从状态 1 出发, 最终到达状态 3, 求该马尔可夫链最终是从状态 2 转移到状态 3 的概率 (提示: 令 $T = \min\{n \geqslant 0 : X_n = 3\}$, 并考虑

$$q_i = P(X_{T-1} = 2 | X_0 = i), \quad i = 1, 2.$$

运用一步分析法, 建立递推方程组).

12. 假设 $\boldsymbol{X} = \{X_n, n \geqslant 0\}$ 是不可约有限状态马尔可夫链, 其状态空间为非负整数 $0, 1, 2, \cdots, N$.

(1) 从状态 i 出发, 该马尔可夫链能到达状态 j 的概率是多少?

(2) 令 q_i 表示该马尔可夫链从状态 i 出发的条件下, 在到达状态 0 之前到达状态 N 的概率, 写出 $q_i, i = 1, 2, \cdots, N$ 所满足的方程组;

(3) 如果 $\sum\limits_{j=0}^{N} j p_{ij} = i, i = 1, 2, \cdots, N-1$, 证明: $q_i = \dfrac{i}{N}$ 是 (2) 中所给出方程组的解.

13. 令 $\boldsymbol{P} = (p_{ij})_{N \times N}$, 如果 $0 \leqslant p_{ij} \leqslant 1$ 并且 $\sum\limits_{j} p_{ij} = 1$, 那么称 $\boldsymbol{P}$ 为随机矩阵. 证明: 2×2 随机矩阵是某马尔可夫链的二步转移概率矩阵当且仅当 $p_{11} + p_{22} \geqslant 1$.

14. 假设 $\boldsymbol{X} = \{X_n, n \geqslant 0\}$ 是马尔可夫链, 状态空间为 $\{1, 2, 3, 4\}$, 转移概率矩阵为

(1)

$$\boldsymbol{P} = \begin{pmatrix} 0 & 0 & 1 & 0 \\ 1 & 0 & 0 & 0 \\ \dfrac{1}{2} & \dfrac{1}{2} & 0 & 0 \\ \dfrac{1}{3} & \dfrac{1}{3} & \dfrac{1}{3} & 0 \end{pmatrix};$$

(2)

$$\boldsymbol{P} = \begin{pmatrix} 0 & 1 & 0 & 0 \\ 0 & 0 & 0 & 1 \\ 0 & 1 & 0 & 0 \\ \dfrac{1}{3} & 0 & \dfrac{2}{3} & 0 \end{pmatrix}.$$

求该马尔可夫链各个状态的周期.

15. 令 $\boldsymbol{P} = (p_{ij})$ 是一个不可约马尔可夫链的转移概率矩阵, 且 $\boldsymbol{P}^2 = \boldsymbol{P}$, 证明: 对任意 i, j, 满足 $p_{ij} = p_{jj}$, 并且该马尔可夫链是非周期的.

16. 假设 $X = \{X_n, n \geqslant 0\}$ 是马尔可夫链, 状态空间为 $\mathcal{E} = \{1,2,3\}$, 转移概率矩阵为

$$P = \begin{pmatrix} 0 & \frac{1}{2} & \frac{1}{2} \\ \frac{1}{2} & 0 & \frac{1}{2} \\ 0 & 0 & 1 \end{pmatrix}.$$

(1) 求 P^k, 其中 $k \geqslant 1$;

(2) 讨论各个状态的常返性和瞬时性.

17. 假设 $X = \{X_n, n \geqslant 0\}$ 是不可约马尔可夫链, 证明:

(1) 对每一个非周期状态 j, 当 $n \to \infty$ 时, $p_{jj}^{(n)} \to \dfrac{1}{\tau_j}$;

(2) 对任何状态 $i \neq j$, 当 $n \to \infty$ 时, $p_{ij}^{(n)} \to \dfrac{f_{ij}}{\tau_j}$.

18. 假设 $X = \{X_n, n \geqslant 0\}$ 是马尔可夫链, 状态空间为 $\mathcal{E} = \{1,2,3\}$, 转移概率矩阵为

$$P = \begin{pmatrix} a & b & c \\ 0 & 0 & 1 \\ 0 & 1 & 0 \end{pmatrix},$$

其中 $0 < a < 1$, $a+b+c = 1$, 讨论各个状态的常返性和瞬时性.

19. (例 4.4 续) (1) 假设 $p = 0.60$, $a = 16$, $b = 20$, 求甲最终赢的概率;

(2) 假设 $p = 0.60$, $a = 4$, $b = 20$, 求甲最终赢的概率.

20. 假设 $X = \{X_n, n \geqslant 0\}$ 是马尔可夫链, 状态空间为 $\{1,2,3,4,5,6\}$, 转移概率矩阵为

(1)

$$P = \begin{pmatrix} \frac{1}{3} & \frac{2}{3} & 0 & 0 & 0 & 0 \\ \frac{2}{3} & \frac{1}{3} & 0 & 0 & 0 & 0 \\ 0 & 0 & \frac{1}{4} & \frac{3}{4} & 0 & 0 \\ 0 & 0 & \frac{1}{5} & \frac{4}{5} & 0 & 0 \\ \frac{1}{4} & 0 & \frac{1}{4} & 0 & \frac{1}{4} & \frac{1}{4} \\ \frac{1}{6} & \frac{1}{6} & \frac{1}{6} & \frac{1}{6} & \frac{1}{6} & \frac{1}{6} \end{pmatrix};$$

(2)

$$
\boldsymbol{P} = \begin{pmatrix} 1 & 0 & 0 & 0 & 0 & 0 \\ 0 & \dfrac{3}{4} & \dfrac{1}{4} & 0 & 0 & 0 \\ 0 & \dfrac{1}{8} & \dfrac{7}{8} & 0 & 0 & 0 \\ \dfrac{1}{4} & \dfrac{1}{4} & 0 & \dfrac{1}{8} & \dfrac{3}{8} & 0 \\ \dfrac{1}{3} & 0 & \dfrac{1}{6} & \dfrac{1}{6} & \dfrac{1}{3} & 0 \\ 0 & 0 & 0 & 0 & 0 & 1 \end{pmatrix}.
$$

求 $\lim\limits_{n\to\infty} p_{6i}^{(n)}$, $i=1,2,3,4,5,6$.

21. 假设 $\boldsymbol{X}=\{X_n, n\geqslant 0\}$ 是有限状态马尔可夫链, 证明: 若某状态 i 有周期 d_i, 则存在一个依赖于 i 的整数 N, 使得对于所有的 $n\geqslant N$, $p_{ii}^{(nd_i)}>0$ 成立.

22. 假定任意一天的天气取决于前两天的天气状况: 如果昨天和前天都是晴天, 那么明天是晴天的概率是 0.8; 如果今天是晴天但昨天是多云, 那么明天是晴天的概率是 0.6; 如果今天是多云但昨天是晴天, 那么明天是晴天的概率是 0.4; 如果今天和昨天都是多云, 那么明天是晴天的概率是 0.1. 若每一天只有晴天和多云两种状态, 试将这个天气模型转化为一个马尔可夫链, 并求其平稳分布. 从长远来看, 晴天的概率有多大?

23. 假设 $\boldsymbol{X}=\{X_n, n\geqslant 0\}$ 是马尔可夫链, 状态空间为 $\mathcal{E}=\{1,2,3\}$, 转移概率矩阵为

$$
\boldsymbol{P} = \begin{pmatrix} 0 & \dfrac{5}{9} & \dfrac{4}{9} \\ \dfrac{5}{6} & 0 & \dfrac{1}{6} \\ \dfrac{4}{5} & \dfrac{1}{5} & 0 \end{pmatrix}.
$$

(1) 求平稳分布 $\boldsymbol{\pi}$;

(2) 假设初始分布为平稳分布 $\boldsymbol{\pi}$, 写出逆向马尔可夫链的转移概率矩阵 $\boldsymbol{P}^*$.

24. 假设 $\boldsymbol{X}=(X(t), t\geqslant 0)$ 是连续时间马尔可夫链, $\boldsymbol{Q}$-矩阵为

$$
\boldsymbol{Q} = \begin{pmatrix} -4 & 4 & 0 & 0 \\ 3 & -6 & 3 & 0 \\ 0 & 2 & -4 & 2 \\ 0 & 0 & 1 & -1 \end{pmatrix}.
$$

运用 MATLAB 函数 expm(Q) 计算 $\boldsymbol{P}(t)$, 其中 $t=0.0001, 0.01, 1, 2, 5, 10, 100$.

25. 某地天气状况可用 3 状态马尔可夫链描述: 1 代表晴天, 2 代表多云, 3 代表雨天, 且转移概率矩阵为

$$\boldsymbol{P} = \begin{pmatrix} 0.7 & 0.2 & 0.1 \\ 0.3 & 0.5 & 0.2 \\ 0.2 & 0.6 & 0.2 \end{pmatrix}.$$

(1) 求晴天之后连续两天多云的概率;

(2) 如果今天是雨天, 后天是晴天的概率是多少?

(3) 平均意义下, 连续下雨多长时间?

26. 假设 $\boldsymbol{X} = \{X_n, n \geqslant 0\}$ 是马尔可夫链, 状态空间为 $\mathcal{E} = \{1, 2, 3\}$, 转移概率矩阵为

$$\boldsymbol{P} = \begin{pmatrix} \dfrac{1}{3} & \dfrac{1}{3} & \dfrac{1}{3} \\[2mm] \dfrac{1}{4} & \dfrac{1}{2} & \dfrac{1}{4} \\[2mm] \dfrac{1}{6} & \dfrac{1}{3} & \dfrac{1}{2} \end{pmatrix}.$$

(1) 求平稳分布 $\boldsymbol{\pi}$;

(2) 确定各个状态平均常返时间.

27. 假设 $\boldsymbol{X} = \{X_n, n \geqslant 1\}$ 是非周期不可约马尔可夫链, 状态空间为 S. 若对一切 $j \in S$, 其一步转移概率矩阵满足条件 $\sum\limits_{i \in S} p_{ij} = 1$.

(1) 证明: 对一切 $j \in S$, $\sum\limits_{i \in S} p_{ij}^{(n)} = 1$;

(2) 若状态空间 $S = \{1, 2, \cdots, m\}$, 计算各状态的平均返回时间.

28. 下列转移概率矩阵所代表的马尔可夫链中, 哪一个是可逆的:

$$\boldsymbol{P}_1 = \begin{pmatrix} 0.25 & 0.25 & 0.25 & 0.25 \\ 0.25 & 0.5 & 0.25 & 0 \\ 0.5 & 0 & 0.25 & 0.25 \\ 0.10 & 0.20 & 0.30 & 0.40 \end{pmatrix}, \quad \boldsymbol{P}_2 = \begin{pmatrix} 0 & \dfrac{3}{4} & \dfrac{1}{4} & 0 \\[2mm] \dfrac{1}{3} & 0 & \dfrac{4}{9} & \dfrac{2}{9} \\[2mm] \dfrac{1}{10} & \dfrac{4}{10} & 0 & \dfrac{5}{10} \\[2mm] 0 & \dfrac{2}{7} & \dfrac{5}{7} & 0 \end{pmatrix},$$

$$\boldsymbol{P}_3 = \begin{pmatrix} 0.1 & 0 & 0 & 0.9 & 0 & 0 \\ 0 & 0 & 0 & 0 & 1 & 0 \\ 0 & 0 & 0 & 0 & 1 & 0 \\ 0.4 & 0 & 0 & 0 & 0.2 & 0.4 \\ 0 & 0.5 & 0.3 & 0.2 & 0 & 0 \\ 0 & 0 & 0 & 1 & 0 & 0 \end{pmatrix}, \quad \boldsymbol{P}_4 = \begin{pmatrix} 0.5 & 0.1 & 0.4 \\ 0.2 & 0.4 & 0.4 \\ 0.3 & 0.2 & 0.5 \end{pmatrix}.$$

29. 假设 $\boldsymbol{X} = (X(t), t \geqslant 0)$ 是连续时间马尔可夫链, $\boldsymbol{Q}$-矩阵为

$$\boldsymbol{Q} = \begin{pmatrix} -1 & 1 & 0 & 0 & 0 & 0 \\ 0 & -2 & 2 & 0 & 0 & 0 \\ 0 & 0 & -3 & 3 & 0 & 0 \\ 0 & 0 & 0 & -4 & 4 & 0 \\ 0 & 0 & 0 & 0 & -5 & 5 \\ 6 & 0 & 0 & 0 & 0 & -6 \end{pmatrix}.$$

通过解方程 $\boldsymbol{\pi Q} = \boldsymbol{0}$ 来计算平稳分布.

30. 考虑一个正则的 $2r+1$ 边形, 顶点为 $V_1, V_2, \cdots, V_{2r+1}$. 假设在每个顶点 V_k 处分布有非负质量 w_k^1, 满足 $w_1^1 + w_2^1 + \cdots + w_{2r+1}^1 = 1$. 按照如下方式重新分配质量:

$$w_k^2 = \frac{1}{2}(w_{k-1}^1 + w_{k+1}^1),$$

这样重复 n 次, 证明:

$$\lim_{n \to \infty} w_k^n = \frac{1}{2r+1}.$$

31. 令 $1 = b_0 \geqslant b_1 \geqslant b_2 \geqslant \cdots$ 是一个确定的单调减少数列. $\boldsymbol{P} = (p_{ij})$ 是马尔可夫链的转移概率矩阵:

$$p_{ij} = \begin{cases} \dfrac{b_j}{b_i}(\beta_i - \beta_{i+1}), & j \leqslant i, \\[2mm] \dfrac{\beta_{i+1}}{\beta_i}, & j = i+1, \\[2mm] 0, & \text{其他}, \end{cases}$$

其中 $\beta_n = \dfrac{b_n}{b_0 + b_1 + b_2 + \cdots + b_n}$. 证明:

(1) $\boldsymbol{P}_{00}^n = \dfrac{1}{\sigma_n}$, $\quad \sigma_n = b_0 + b_1 + b_2 + \cdots + b_n$;

(2) 该马尔可夫链是瞬时的当且仅当 $\displaystyle\sum_{n=1}^{\infty} \frac{1}{\sigma_n} < \infty$.

32. 假设 $X = (X(t), t \geqslant 0)$ 是连续时间马尔可夫链, 状态空间为 $\{0,1\}$. 假设状态 0 的等待时间服从参数为 $\lambda > 0$ 的指数分布, 状态 1 的等待时间服从参数为 $\mu > 0$ 的指数分布, 求 0 时刻从状态 0 出发在 t 时刻又回到状态 0 的概率 $P_{00}(t)$.

习题四部分
习题参考答案

第五章

高尔顿-沃森分支过程

高尔顿–沃森 (Galton-Watson) 分支过程是一类特殊的马尔可夫链, 用于描述种群繁衍、粒子裂变等过程. 本章首先介绍高尔顿–沃森分支过程的基本模型和性质; 然后运用生成函数工具讨论该过程最终生存或灭绝的概率.

5.1　模型简介

一、模型

令 ξ 是一个非负整数值随机变量, 其分布如下:

$$P(\xi = k) = p_k, \quad k \geqslant 0, \tag{5.1}$$

其中 $p_0 < 1$.

考虑某物种自然繁殖过程. 不妨假定从一个祖先开始, 如果有多个祖先, 可以并行讨论. 该祖先繁殖后代, 后代个数为随机变量, 记为 Z_1. Z_1 为第一代个体个数, 其分布与随机变量 ξ 相同.

第一代 Z_1 个个体独立繁殖各自的后代, 并且与祖先繁殖后代的能力一样. 也就是说, 每个个体繁殖后代的个数为随机变量, 与 ξ 同分布. 令 $\{\xi_{1j}, j \geqslant 1\}$ 为一列独立同分布随机变量, 与 ξ 同分布且与 Z_1 相互独立. 记第二代个体总数为 Z_2, 那么

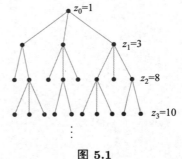

$$Z_2 = \sum_{j=1}^{Z_1} \xi_{1j}. \tag{5.2}$$

图 5.1

如此递推 (图 5.1), 令 Z_n 为第 n 代个体总数, 并假设 $\{\xi_{nj}, j \geqslant 1\}$ 为一列独立同分布随机变量, 与 ξ 同分布且与 $\{\xi_{ij}; 1 \leqslant i < n\}$ 相互独立. Z_n 个个体独立繁殖各自的后代, 产生第 $n+1$ 代. 记第 $n+1$ 代个体总数为 Z_{n+1}, 那么

$$Z_{n+1} = \sum_{j=1}^{Z_n} \xi_{nj} \tag{5.3}$$

这样, 自然得到一列随机变量 $Z_0, Z_1, Z_2, \cdots$, 它们取非负整数值, 其中 $Z_0 = 1$, Z_r 满足递推关系式 (5.3).

定理 5.1　$\boldsymbol{Z} = (Z_n, n \geqslant 0)$ 是马尔可夫链, 状态空间为 $\mathbb{Z}_+$, 转移概率

$$p_{ij} = P\left(\sum_{l=1}^{i} \xi_l = j\right), \quad i, j \geqslant 0,$$

其中 $\xi_1, \xi_2, \cdots$ 是一列独立同分布随机变量, 分布由 (5.1) 确定.

    例 5.1   假设 $0 < p < 1$, ξ 是几何随机变量, 即

$$P(\xi = k) = p(1-p)^k, \quad k \geqslant 0. \tag{5.4}$$

注意, (5.4) 与第一章习题一第 10 题的 (1.16) 的定义稍有差别. $\boldsymbol{Z}$ 的转移概率为

$$p_{ij} = P\left(\sum_{l=1}^{i} \xi_l = j\right) = \binom{j+i-1}{i-1} p^i (1-p)^j.$$

    注 5.1   一般情况下, 由于涉及 i 个独立同分布随机变量的和, 很难计算出转移概率 p_{ij}.

二、 数字特征和概率分布

    定理 5.2   假设 ξ 的分布由 (5.1) 确定, 并且 $E\xi = \mu$, $\mathrm{Var}(\xi) = \sigma^2$. 那么对每个 $n \geqslant 1$,

    (i)
$$EZ_n = \mu^n; \tag{5.5}$$

    (ii)
$$\mathrm{Var}(Z_n) = \sigma^2 \mu^{n-1}(1 + \mu + \cdots + \mu^{n-1}). \tag{5.6}$$

    证明   (i) 由定义,

$$EZ_1 = E\xi = \mu.$$

对每个 $n \geqslant 1$, 利用全期望公式,

$$\begin{aligned}
EZ_{n+1} &= E\sum_{j=1}^{Z_n} \xi_{nj} \\
&= \sum_{N=0}^{\infty} E\left(\sum_{j=1}^{Z_n} \xi_{nj} \bigg| Z_n = N\right) P(Z_n = N) \\
&= \sum_{N=0}^{\infty} E\sum_{j=1}^{N} \xi_{nj} P(Z_n = N) \\
&= \mu \sum_{N=0}^{\infty} NP(Z_n = N) = \mu E Z_n.
\end{aligned}$$

由此递推, (5.5) 得证.

    (ii) 由定义,

$$\mathrm{Var}(Z_1) = \mathrm{Var}(\xi) = \sigma^2. \tag{5.7}$$

对每个 $n \geqslant 1$, 利用全期望公式,

$$
\begin{aligned}
EZ_{n+1}^2 &= E\left(\sum_{j=1}^{Z_n} \xi_{nj}\right)^2 \\
&= \sum_{N=0}^{\infty} E\left[\left(\sum_{j=1}^{Z_n} \xi_{nj}\right)^2 \bigg| Z_n = N\right] P(Z_n = N) \\
&= \sum_{N=0}^{\infty} E\left(\sum_{j=1}^{N} \xi_{nj}\right)^2 P(Z_n = N) \\
&= \sum_{N=0}^{\infty} \left(N\sigma^2 + N^2\mu^2\right) P(Z_n = N) \\
&= \sigma^2 EZ_n + \mu^2 EZ_n^2.
\end{aligned}
$$

因此, 方差满足下列递推关系:

$$
\mathrm{Var}(Z_{n+1}) = \sigma^2 \mu^n + \mu^2 \mathrm{Var}(Z_n).
$$

利用初始条件 (5.7) 得 (5.6).

注 5.2   定理 5.2 的直观意义很明显. 当 $\mu > 1$, 即祖先繁殖后代平均多于 1 个时, 它的后代以几何级数增长; 当 $\mu < 1$, 即祖先繁殖后代平均少于 1 个时, 它的后代以几何级数衰减; 当 $\mu = 1$, 即祖先繁殖后代平均恰好为 1 个时, 任何一代平均个数为 1.

关于 Z_{n+1} 的概率分布, 利用全概率公式得

$$
\begin{aligned}
P(Z_{n+1} = k) &= \sum_{N=0}^{\infty} P\left(\sum_{j=1}^{Z_n} \xi_{nj} = k \bigg| Z_n = N\right) P(Z_n = N) \\
&= \sum_{N=0}^{\infty} P\left(\sum_{j=1}^{N} \xi_{nj} = k\right) P(Z_n = N).
\end{aligned}
$$

但是, 除个别情况外, 独立和的分布并不容易计算, 所以很难给出 $P(Z_{n+1} = k)$ 的详细公式.

例 5.2   假设 ξ 的分布如下:

$$
p_0 = 0.2, \quad p_1 = 0.3, \quad p_2 = 0.2, \quad p_3 = 0.2, \quad p_4 = 0.1,
$$

求 Z_2 的概率分布.

解 Z_2 可取 $0, 1, 2, \cdots, 16$. 利用全概率公式得

$$P(Z_2 = 0) = p_0 + p_0 p_1 + p_0^2 p_2 + p_0^3 p_3 + p_0^4 p_4 = 0.26976,$$

$$P(Z_2 = 1) = p_1^2 + 2 p_0 p_1 p_2 + 3 p_0^2 p_1 p_3 + 4 p_0^3 p_1 p_4 = 0.12216.$$

其余可类似计算, 留给读者.

5.2 生成函数

正如特征函数一样, 生成函数是概率论中研究随机变量分布理论的一个有力工具. 假设 ξ 是非负整数值随机变量, 其分布由 (5.1) 给定. 定义

$$\phi(s) = E s^\xi = \sum_{k=0}^{\infty} p_k s^k, \quad 0 \leqslant s \leqslant 1. \tag{5.8}$$

既然 $\sum\limits_{k=0}^{\infty} p_k = 1$, 那么 $\phi(s)$ 在 $[0,1]$ 上收敛, 称 $\phi(s)$ 为随机变量 ξ 的**生成函数**. 如果令 $s = \mathrm{e}^{-t}$, 其中 $t \geqslant 0$, 那么 $\phi(s) = E \mathrm{e}^{-t\xi}$.

例 5.3 假设 $0 < p < 1$, ξ 是几何随机变量, 参见 (5.4), 那么

$$\phi(s) = \sum_{k=0}^{\infty} s^k p (1-p)^k = \frac{p}{1 - (1-p)s}.$$

例 5.4 假设 ξ 是泊松随机变量, 均值为 μ, 那么

$$\phi(s) = \sum_{k=0}^{\infty} s^k \frac{\mu^k}{k!} \mathrm{e}^{-\mu} = \mathrm{e}^{\mu(s-1)}.$$

生成函数具有许多良好性质, 如

(i) $\phi(1) = 1$, $0 \leqslant \phi(s) \leqslant 1$;

(ii) $\phi(s)$ 在 $[0,1]$ 上一致连续;

(iii) 如果 $E\xi^k < \infty$, 那么 $\phi(s)$ 在 $[0,1]$ 上 k 次可微, 特别, 当 $E\xi^2 < \infty$ 时,

$$\phi'(1) = E\xi, \quad \phi''(1) = E\xi^2 - E\xi;$$

(iv) $\phi(s)$ 在 $s = 0$ 处无穷次可微, 并且

$$p_k = \frac{\phi^{(k)}(0)}{k!}, \quad \forall k \geqslant 0,$$

其中约定 $\phi^{(0)}(0) = \phi(0)$;

(v) 假设 ξ, η 为两个独立非负整数值随机变量, 那么 $\xi + \eta$ 的生成函数等于各自生成函数的乘积, 即

$$\phi_{\xi+\eta}(s) = \phi_\xi(s)\phi_\eta(s).$$

该性质可以推广到任意有限个独立随机变量和.

下面讨论高尔顿–沃森分支过程 $\boldsymbol{Z} = (Z_n, n \geqslant 0)$ 的生成函数. 记 ξ 的生成函数为 $\phi(s)$, Z_n 的生成函数为 $\phi_n(s)$. 既然 Z_1 与 ξ 同分布, 那么

$$\phi_1(s) = \phi(s).$$

由 (5.2), 并利用全期望公式得

$$\begin{aligned}
\phi_2(s) &= Es^{Z_2} \\
&= Es^{\sum\limits_{j=1}^{Z_1} \xi_{1j}} \\
&= \sum_{N=0}^{\infty} E\left(s^{\sum\limits_{j=1}^{N} \xi_{1j}} \Big| Z_1 = N\right) P(Z_1 = N) \\
&= \sum_{N=0}^{\infty} Es^{\sum\limits_{j=1}^{N} \xi_{1j}} P(Z_1 = N) \\
&= \sum_{N=0}^{\infty} (\phi(s))^N P(Z_1 = N) \\
&= \phi(\phi(s)).
\end{aligned}$$

依次递推, 对任意 $n \geqslant 1$,

$$\phi_n(s) = \phi_{n-1}(\phi(s)) = \phi(\phi_{n-1}(s)). \tag{5.9}$$

例 5.5 (例 5.3 续) 令 $p = \dfrac{1}{2}$, 那么

$$\phi_1(s) = \frac{1}{2-s},$$
$$\phi_n(s) = \frac{n - (n-1)s}{n+1 - ns}.$$

将 $\phi_n(s)$ 写成幂级数形式:

$$\phi_n(s) = \frac{n}{n+1} \sum_{k=0}^{\infty} \left(\frac{n}{n+1}\right)^k s^k - \frac{n-1}{n+1} \sum_{k=0}^{\infty} \left(\frac{n}{n+1}\right)^k s^{k+1}.$$

由此可以看出

$$P(Z_n = 0) = \frac{n}{n+1},$$

$$P(Z_n = k) = \frac{n^{k-1}}{(n+1)^{k+1}}, \quad k \geqslant 1. \tag{5.10}$$

例 5.6 假设 ξ 取值 $0, 1, 2$, 概率分别为 $\frac{1}{4}, \frac{1}{2}, \frac{1}{4}$, 那么

$$\phi(s) = \frac{1}{4} + \frac{s}{2} + \frac{s^2}{4}.$$

因此

$$\phi_2(s) = \frac{25}{64} + \frac{5s}{16} + \frac{7s^2}{32} + \frac{s^3}{16} + \frac{s^4}{64}.$$

由此可得

$$P(Z_2 = 0) = \frac{25}{64}, \quad P(Z_2 = 1) = \frac{5}{16}, \quad P(Z_2 = 2) = \frac{7}{32},$$

$$P(Z_2 = 3) = \frac{1}{16}, \quad P(Z_2 = 4) = \frac{1}{64}.$$

注 5.3 在例 5.6 中, 利用生成函数计算了 Z_2 的分布. 事实上, 可以利用全概率公式直接计算如下:

$$P(Z_2 = 0) = \sum_{i=0}^{2} P(Z_2 = 0 | Z_1 = i) P(Z_1 = i)$$

$$= \frac{1}{4} + \frac{1}{8} + \frac{1}{4^3} = \frac{25}{64},$$

$$P(Z_2 = 1) = \sum_{i=1}^{2} P(Z_2 = 1 | Z_1 = i) P(Z_1 = i)$$

$$= \frac{1}{4} + \frac{1}{16} = \frac{5}{16},$$

$$P(Z_2 = 2) = \sum_{i=1}^{2} P(Z_2 = 2 | Z_1 = i) P(Z_1 = i)$$

$$= \frac{1}{8} + \frac{3}{32} = \frac{7}{32},$$

$$P(Z_2 = 3) = P(Z_2 = 3 | Z_1 = 2) P(Z_1 = 2)$$

$$= \frac{1}{16},$$

$$P(Z_2 = 4) = P(Z_2 = 4 | Z_1 = 2) P(Z_1 = 2)$$

$$= \frac{1}{64}.$$

但是, 当 n 很大时, 无论利用生成函数还是全概率公式, 都很难给出 Z_n 的详细分布.

5.3   生存与灭绝概率

在高尔顿–沃森分支过程理论和应用研究中, 一个基本问题: 该物种是否一直生存下去? 最终灭绝的概率是多少? 定义

$$\alpha_n = P(Z_n = 0), \quad n \geqslant 1.$$

显然, $\{\alpha_n, n \geqslant 1\}$ 是单调不减非负有界数列, 因此极限存在, 记为 τ, 即

$$\tau = \lim_{n \to \infty} \alpha_n,$$

称 τ 为**灭绝概率**. 一般地, $0 \leqslant \tau \leqslant 1$. 下面将详细说明, τ 什么时候为 1, 什么时候严格小于 1.

很明显, 当 $\mu = E\xi < 1$ 时, 由马尔可夫不等式和定理 5.2,

$$P(Z_n > 0) = P(Z_n \geqslant 1) \leqslant EZ_n = \mu^n.$$

这样

$$\lim_{n \to \infty} P(Z_n > 0) = \lim_{n \to \infty} \mu^n = 0.$$

因此

$$\tau = 1.$$

正如大家可能注意到的那样, 当 $\mu \geqslant 1$ 时, 上述讨论 (应用马尔可夫不等式) 不再成立. 为此, 利用 5.2 节中所介绍的生成函数. 由 (5.9),

$$\alpha_n = \phi_n(0) = \phi(\phi_{n-1}(0)) = \phi(\alpha_{n-1}).$$

令 $n \to \infty$, 并利用 ϕ 的连续性得

$$\tau = \phi(\tau).$$

换句话说, 最终灭绝概率 τ 满足方程

$$s = \phi(s). \tag{5.11}$$

既然 $\phi(1) = 1$, 那么 $s = 1$ 总是方程 (5.11) 的解. 这样, 如果方程只有一个解, 那么一定是 1, 因此灭绝概率 $\tau = 1$.

例 5.7 (例 5.5 续) 令 $p = \dfrac{1}{2}$, 由 (5.10) 得

$$\tau = 1.$$

事实上, $\tau = 1$ 恰好是方程

$$s = \frac{1}{2 - s}$$

的唯一解.

例 5.8 (例 5.6 续) 解方程

$$s = \frac{1}{4} + \frac{s}{2} + \frac{s^2}{4},$$

得唯一解 $s = 1$. 因此, 按上述讨论知, 该分支过程的灭绝概率 $\tau = 1$.

有时, 方程 (5.11) 可能有多个解. 在例 5.3 中, 如果 $p \neq \frac{1}{2}$, 方程变为

$$s = \frac{p}{1 - (1-p)s}.$$

解方程得

$$s = \frac{p}{1-p} \quad \text{或} \quad s = 1.$$

在这两个解中, 究竟哪一个是灭绝概率呢? 不妨假设 $p_0 > 0$. 否则, 该物种的每个个体都会至少繁殖一个后代, 不会灭绝, 即 $\tau = 0$.

> **定理 5.3** 假设 $p_0 > 0$.
>
> (i) 如果 $\mu \leqslant 1$, 那么 $\tau = 1$;
>
> (ii) 如果 $\mu > 1$, 那么 τ 为方程 (5.11) 的最小正解, 且 $0 < \tau < 1$.

证明 注意到, $\phi(0) = p_0 > 0$, $\phi(s)$ 在 $[0,1]$ 上为严格增加凸函数; 另外, $\phi'(1) = \mu$.

如果 $\mu < 1$, 那么 $\tau = 1$ (已证).

如果 $\mu = 1$, 那么曲线 $y = \phi(s)$ 在 $s = 1$ 点处的切线为 $y = s$. 因此曲线 $y = \phi(s)$ 完全位于直线 $y = s$ 之上 (图 5.2(a)), 方程 (5.11) 只有唯一解 $s = 1$, 即 $\tau = 1$.

如果 $\mu > 1$, 那么曲线 $y = \phi(s)$ 在 $s = 1$ 点处的切线斜率大于 1. 因此曲线 $y = \phi(s)$ 必须从直线 $y = s$ 下方穿过直线 $y = s$ (图 5.2(b)), 方程 (5.11) 存在两个解, 其中一个严格大于 0 小于 1.

证明完毕.

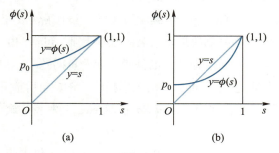

图 5.2

例 5.9 (例 5.8 续) 当 $p < \frac{1}{2}$ 时, $\tau = \frac{p}{1-p}$; 当 $p > \frac{1}{2}$ 时, $\tau = 1$.

例 5.10 某粒子裂变, ξ 表示裂变所产生的粒子个数, 其分布为 $p_0 = \frac{1}{4}$, $p_2 = \frac{3}{4}$. 那么

$$\phi(s) = \frac{1}{4} + \frac{3}{4}s^2.$$

令
$$\tau = \phi(\tau),$$
解得 $\tau = \dfrac{1}{3}$, $\tau = 1$. 因此, 该粒子消亡的概率为 $\dfrac{1}{3}$.

事实上, 从 $\alpha_n = \phi(\alpha_{n-1})$ 容易递推得到

$$\alpha_1 = 0.2500, \quad \alpha_2 = 0.2969,$$

$$\alpha_3 = 0.3161, \quad \alpha_4 = 0.3249,$$

$$\alpha_5 = 0.3292, \quad \alpha_6 = 0.3313,$$

$$\alpha_7 = 0.3323, \quad \alpha_8 = 0.3328,$$

$$\alpha_9 = 0.3331, \quad \alpha_{10} = 0.3332.$$

5.4　补充与注记

一、　高尔顿 (Francis Galton)

高尔顿 1822 年 2 月 16 日出生于英国伯明翰斯帕克布洛, 1911 年 1 月 17 日在英国萨里去世. 高尔顿的母亲是医生 Erasmus Darwin 的女儿. Erasmus Darwin 著有 *Laws of Organic Life*, 提出进化思想, Charles Darwin 是他的孙子. 高尔顿的父亲出生于银行世家, 从事银行业.

起初, 高尔顿的父母希望他学习医学. 1839 年高尔顿去伦敦国王学院 (King's College) 学习一年, 随后 1840 年外出短暂旅行. 1840 年秋, 他去剑桥三一学院 (Trinity College) 继续学习医学. 但他很快改变主意, 学习数学, 导师霍普金斯 (Hopkins) 是当时剑桥最负盛名的数学老师. 可惜, 由于健康原因, 他被迫中断学习, 未能获得学位. 此时, 他父亲的健康出现严重问题, 于 1844 年去世. 父亲去世后, 高尔顿继承了大量遗产, 不再为生活工作担忧, 1845 年后他开始前往非洲各地旅行探险. 1853 年他回到英国, 在 *Tropical South Africa* 上发表了旅行报告, 并著有 *The Art of Travel*.

Charles Darwin 的著作 *Origins of the Species* 于 1859 年出版, 该书对高尔顿的研究兴趣产生了一定的影响.

高尔顿对统计学的发展贡献巨大. 在种族差异和不同人群智力发展的研究中, 高尔顿首次采用问卷和抽样调查的方法. 1875 年, 他进行了一项豌豆种子试验, 采用 7 种不同直径的种子, 每种 100 粒, 画出二维图, 显示出原来种子直径和下一代种子直径. 他意识到, 从平均意义上来说, 后代种子直径大小与父辈直径大小相反. 也就是说, 大种子后

代的平均直径比父辈直径小; 小种子后代的平均直径比父辈直径大. 起初, 高尔顿称这种现象为逆袭 (reversion), 后来改称回归 (regression). 1884—1885 年, "国际卫生博览会" 在英国举办, 高尔顿专门建立了一个实验室测量人体指标, 如身高、体重、力量等, 亲自设计仪器进行测量. 会议结束以后, 该实验室继续保留, 后来成为由统计学家皮尔逊 (Karl Pearson) 在伦敦大学学院创办的实验室前身. 通过该项试验, 高尔顿进一步发展了回归思想, 提出相关系数的概念来反映两个指标之间的相关程度. 1889 年, 高尔顿出版了 *Natural Inheritance*, 详细概括了他在相关系数和回归方面所做的工作以及发现的技巧. 该书对皮尔逊影响深刻.

　　高尔顿的另一贡献是指纹识别的分析和使用. 通过对收集的大量指纹图像的分析, 他认为指纹形状随着年龄增长保持不变, 并分成三种, 作为个人身份的唯一识别标记. 1892 年、1893 年和 1895 年, 高尔顿先后出版了 *Finger Prints, Blurred Finger Prints* 和 *Finger Print Discoveries*, 所提出的身份识别系统被伦敦警察总长采用, 并于 1901 年开始用于苏格兰法庭, 作为刑事罪犯侦破的依据. 随后, 指纹很快用于世界各地刑事案件的侦破工作.

　　高尔顿 1909 年被授予 "勋爵" 称号.

二、　沃森 (Henry William Watson)

　　沃森 1827 年 2 月 25 日出生于英国伦敦马里波恩, 1903 年 1 月 11 日在英国伯克斯韦尔去世. 沃森家境一般, 其父亲曾在英国皇家海军服役. 沃森早期在伦敦国王学院学习, 1846 年获得奖学金进入剑桥三一学院, 1850 年因荣誉学位课程考试第二名毕业, 并获得 "Smith" 奖. 1851 年, 沃森加入剑桥三一学院, 在 1851—1853 年担任数学导师. 从 1857 年起, 沃森在伦敦国王学院任教, 并担任哈罗学院 (Harrow School) 数学教师. 1865 年, 沃森担任伯克斯韦尔教区的教区长, 直至退休. 在这期间, 他有着大量空余时间从事数学和科学研究, 著有 *The Elements of Plane and Solid Geometry* (1871), *A Treatise on the Kinetic Theory of Gases* (1876). 后来, Watson 继续出版了两卷本 *The Mathematical Theory of Eletricity and Magnetism* (第一卷 1885 年, 第二卷 1889 年). 除这些著作外, 他还撰写论文介绍有关求解偏微分方程的拉格朗日方法和蒙日 (Monge) 方法.

　　在维多利亚时代, 不少人关心贵族姓氏逐渐减少, 甚至面临消失的现象. 高尔顿提出了家庭姓氏灭绝问题, 给出了精确数学形式, 并于 1873 年刊登在 *Educational Times* 上. 高尔顿对所收到的唯一一个解答并不感到满意, 因此请教沃森, 说服他考虑该问题. 后来, 高尔顿和沃森一起于 1874 年发表了一篇文章, 题为 *On the probability of extinction of families*, 其中包含了 "临界性定理", 这也成为现代分支过程的基础. 他们的工作独立于早前由法国统计学家别奈梅 (Bienaymé) 所做的工作.

沃森爱好登山, 是 Apline 俱乐部最早成员之一; 他也是伯明翰哲学学会 (Birmingham Philosophical Society) 的创始人, 并于 1880—1881 年担任该学会会长.

三、 生成函数应用于简单随机游动

假设 $\{\xi_n, n \geqslant 1\}$ 是一列独立同分布随机变量, $P(\xi_n = \pm 1) = \dfrac{1}{2}$. 定义 $S_0 = 0$, 并且对每个 $n \geqslant 1$,

$$S_n = \sum_{k=1}^{n} \xi_k,$$

那么 $\boldsymbol{S} = (S_n, n \geqslant 0)$ 构成直线上简单对称随机游动. 容易计算

$$P(S_{2k} = 0) = \binom{2k}{k} \frac{1}{2^{2k}}, \quad k \geqslant 0.$$

令 $T_0 = \min\{n \geqslant 1 : S_n = 0\}$, 即 T_0 表示简单随机游动首次返回 0 的时刻. 显然,

$$\{T_0 = 2k\} = \{S_1 \neq 0, S_2 \neq 0, \cdots, S_{2k-1} \neq 0, S_{2k} = 0\}.$$

问题: 概率 $P(T_0 = 2k)$ 是多少呢? 令

$$a_{2k} = \sharp\{S_1 > 0, S_2 > 0, \cdots, S_{2k-1} > 0, S_{2k} = 0\}.$$

显然,

$$P(T_0 = 2k) = \frac{2a_{2k}}{2^{2k}}. \tag{5.12}$$

下面利用生成函数的方法来计算 a_{2k}. 首先, 不难看出 a_{2k} 满足递推关系 (图 5.3):

$$a_2 = 1, \quad a_{2k} = \sum_{l=1}^{k-1} a_{2l} a_{2(k-l)}, \quad k \geqslant 2. \tag{5.13}$$

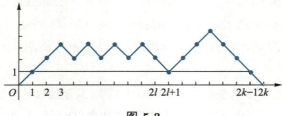

图 5.3

定义生成函数

$$G(s) = \sum_{k=1}^{\infty} a_{2k} s^k, \quad 0 \leqslant s \leqslant 1. \tag{5.14}$$

由 (5.12) 知, $G\left(\dfrac{1}{4}\right) = \dfrac{1}{2}$. 因此对所有 $s \leqslant \dfrac{1}{4}$, 有 $G(s) < \infty$ 成立. 将 (5.13) 代入 (5.14) 得

$$
\begin{aligned}
G(s) &= \sum_{k=1}^{\infty} a_{2k} s^k \\
&= s + \sum_{k=2}^{\infty} \sum_{l=1}^{k-1} a_{2l} a_{2(k-l)} s^k \\
&= s + \sum_{l=1}^{\infty} a_{2l} s^l \sum_{k=l+1}^{\infty} a_{2(k-l)} s^{k-l} \\
&= s + [G(s)]^2.
\end{aligned}
$$

求解方程得

$$
G(s) = \frac{1}{2} \pm \frac{1}{2}(1 - 4s)^{1/2}.
$$

由于 $G(0) = 0$, 故

$$
\begin{aligned}
G(s) &= \frac{1}{2} - \frac{1}{2}(1 - 4s)^{1/2} \\
&= \sum_{k=1}^{\infty} \frac{1}{k} \binom{2k-2}{k-1} s^k.
\end{aligned} \tag{5.15}
$$

比较 (5.14) 和 (5.15) 得

$$
a_{2k} = \frac{1}{k} \binom{2k-2}{k-1}. \tag{5.16}
$$

所以, 由 (5.12) 和 (5.16) 得

$$
\begin{aligned}
P(T_0 = 2k) &= \frac{2}{k} \binom{2k-2}{k-1} \frac{1}{2^{2k}} \\
&= \frac{1}{2k-1} \binom{2k}{k} \frac{1}{2^{2k}}.
\end{aligned} \tag{5.17}
$$

四、 连续时间分支过程

某高能粒子经过一段时间后发生裂变, 产生若干个新粒子, 而粒子本身裂变后立即消失. 新粒子具有与原粒子相同的特性, 同样经过一段时间后发生裂变并产生新粒子. 所有粒子之间相互独立, 并且每个粒子产生新粒子的数量与该粒子本身寿命相互独立. 假设所有粒子的寿命是独立同分布随机变量, 服从参数为 α 的指数分布; 每个粒子因裂变所产生的新粒子个数是独立同分布随机变量, 分布为 $p_k = P(\eta = k)$, $k = 0, 1, 2, \cdots$, 其中 $0 < p_0 < 1$, $p_1 = 0$.

现在从一个粒子开始, 观察上述裂变过程, 并时时记录所存在的粒子总数. 令 $Z(0) = 1$, $Z(t)$ 表示 t 时刻所存在的粒子总数, 那么 $\boldsymbol{Z} = (Z(t), t \geqslant 0)$ 是连续时间取非负整数值的马尔可夫链, 称其为**连续时间分支过程**.

Z 的 Q-矩阵可以计算如下. 假设 t 时刻存在的粒子总数为 k $(k \geqslant 1)$, 即 $Z(t) = k$. 令 $\xi_1, \xi_2, \cdots, \xi_k$ 表示这些粒子的寿命, 它们相互独立且均服从参数为 α 的指数分布. 定义 $\tau = \min\limits_{1 \leqslant i \leqslant k} \{\xi_i\}$, 那么 τ 仍然是指数随机变量, 参数为 $k\alpha$. 显然, 经过 τ 时刻之后, 将有一个粒子发生裂变产生新粒子并随即消失. 假设该粒子产生 j $(\geqslant 0)$ 个粒子, 那么在 $t + \tau$ 时刻存在的粒子总数为 $k + j - 1$. 由于每个粒子产生 j 个新粒子的概率为 p_j, 故

$$P\big(Z(t + \Delta t) = k + j - 1 | Z(t) = k\big) = k\alpha p_j \Delta t + o(\Delta t).$$

由此得 Q-矩阵:

$$\begin{cases} q_{kl} = k\alpha p_{l-k+1}, \ l \geqslant k - 1, \ l \neq k, \\ q_{kk} = -k\alpha. \end{cases} \tag{5.18}$$

任意给定 $k, l \geqslant 0$, 记 $p_{kl}(t) = P\big(Z(t) = l | Z(0) = k\big)$. 那么 $p_{kl}(t)$ 关于 t 连续可微, 并且根据柯尔莫哥洛夫向前方程 (定理 4.13),

$$\frac{\mathrm{d}}{\mathrm{d}t} p_{kl}(t) = \sum_{j=0}^{l+1} p_{kj}(t) q_{jl}. \tag{5.19}$$

关于分支过程 Z, 人们自然会问: 粒子总数是如何随时间而变化的? 假设 $a := E\eta < \infty$, 下面计算 $EZ(t)$. 令 $m_k(t) = E(Z(t)|Z(0) = k)$, 那么

$$m_k(t) = \sum_{l=0}^{\infty} l p_{kl}(t).$$

两边求导数, 并利用 (5.19) 和 (5.18) 得

$$\begin{aligned} \frac{\mathrm{d}}{\mathrm{d}t} m_k(t) &= \sum_{l=0}^{\infty} l \frac{\mathrm{d}}{\mathrm{d}t} p_{kl}(t) \\ &= \sum_{l=0}^{\infty} l \sum_{j=1}^{l+1} p_{kj}(t) q_{jl} \\ &= \alpha \sum_{j=1}^{\infty} j p_{kj}(t) \left(\sum_{l=j-1}^{\infty} l p_{l-j+1} - j \right). \end{aligned} \tag{5.20}$$

注意到

$$\sum_{l=j-1}^{\infty} l p_{l-j+1} = \sum_{l=0}^{\infty} (l + j - 1) p_l = a + j - 1,$$

代入 (5.20) 得微分方程

$$\frac{\mathrm{d}}{\mathrm{d}t} m_k(t) = (a - 1)\alpha m_k(t). \tag{5.21}$$

由于 $m_k(0) = k$, 求解 (5.21) 得 $m_k(t) = k\mathrm{e}^{(a-1)\alpha t}$.

特别, 如果从一个粒子开始, 那么 $EZ(t) = \mathrm{e}^{(a-1)\alpha t}$, 即粒子总数随时间指数增长 $(a > 1)$ 或衰减 $(a < 1)$.

习题五

以下 ξ 总表示祖先繁殖后代的个数, 分布为 $p_k = P(\xi = k)$, $k \geqslant 0$.

1. 假设 $p_0 = \dfrac{1}{2}$, $p_2 = \dfrac{1}{2}$, 求 EZ_n 和 $\mathrm{Var}(Z_n)$.

2. 假设 $p_0 = a$, $p_1 = b$, $p_2 = c$, 其中 $a, b, c > 0$, $a + b + c = 1$, 试用 a, b 表示 EZ_n 和 $\mathrm{Var}(Z_n)$.

3. 假设 $p_0 = p_1 = \dfrac{1}{2}$, 求第 n 代灭绝的概率 α_n.

4. 假设 ξ 服从参数为 $\lambda > 0$ 的泊松分布, 求 EZ_n 和 $\mathrm{Var}(Z_n)$.

5. 令 $W = \displaystyle\sum_{n=0}^{\infty} Z_n$ 表示该物种所有个体的总和 (包括祖先在内). 假设 $E\xi = \mu$, 求 EW.

6. 假设 $p_0 = q$, $p_1 = p$, 其中 $p + q = 1$, $0 < p < 1$.

(1) 写出 $\phi_n(s)$;

(2) 求 $P(Z_n = 0)$;

(3) 如果 0 代 (祖先) 有 k 个个体, 各自独立繁殖后代, 求第 n 代灭绝的概率.

7. 令 $\phi(s)$ 为 ξ 的生成函数, 即 $\phi(s) = Es^{\xi}$. 假设 η 是另一个随机变量, 分布为

$$P(\eta = k) = P(\xi = k | \xi > 0), \quad k = 1, 2, \cdots,$$

试用 ϕ 表示 η 的生成函数.

8. 令 ξ 的生成函数满足 $\phi(s) = as^2 + bs + c$, 其中 $a, b, c > 0$, 并且 $a + b + c = 1$. 假设最终灭绝概率 τ 满足 $0 < \tau < 1$, 证明: $\tau = \dfrac{c}{a}$.

9. 令 $\phi(s) = 1 - p(1-s)^{\beta}$, 其中 $0 < p, \beta < 1$ 为常数, 证明 $\phi(s)$ 确实为生成函数, 并计算 $\phi_n(s)$.

10. 假设 $E\xi = \mu$, $\mathrm{Var}(\xi) = \sigma^2 > 0$. 令 $\boldsymbol{Z} = (Z_n, n \geqslant 0)$ 是分支过程, 证明:

$$E(Z_n Z_m) = \mu^{n-m} E Z_m^2, \quad m \leqslant n.$$

11. 假设 ξ 的生成函数为 $\phi(s) = (2-s)^{-1}$. 令 $W_n = \displaystyle\sum_{k=0}^{n} Z_k$ 表示前 $n+1$ 代的后代总数 (包括祖先在内), 证明:

$$EW_1 = 2,$$

$$E(2W_2 - W_3) = 2.$$

12. 令 ξ 服从参数为 p 的几何分布, $p_k = p(1-p)^k$, $k \geqslant 0$, 其中 $0 < p < 1$. 考虑分支过程 $\boldsymbol{Z} = (Z_n, n \geqslant 0)$, 令 $T = \min\{n : Z_n = 0\}$ 表示灭绝时刻.

(1) 求 $P(T = n)$;

(2) p 取什么值时, $ET < \infty$?

13. 令 ξ 的生成函数为

$$\phi(s) = \frac{1 - (b + c)}{1 - c} + \frac{bs}{1 - cs}, \quad 0 < c < b + c < 1,$$

其中 $\dfrac{1 - b - c}{c(1 - c)} > 1$. 假设 0 代只有一个个体, 即 $Z_0 = 1$, 求

$$\lim_{n \to \infty} P(Z_n = k | Z_n > 0), \quad k = 1, 2, \cdots.$$

14. 令 $p_0 = \dfrac{1}{3}, p_1 = \dfrac{1}{6}, p_2 = \dfrac{1}{2}$. 假设 0 代从 3 个独立平行的祖先开始, 仍然用 Z_n 表示第 n 代后代的个数.

(1) 求 EZ_{30};

(2) 求最终灭绝的概率 $\lim_{n \to \infty} P(Z_n = 0)$;

(3) 求 $P(Z_6 = 2 | Z_5 = 2)$.

15. 0 时刻有一个红细胞, 在第 1 分钟末这个红细胞死亡, 产生后代及相应的概率为

$$\begin{cases} P(2 \text{ 个红细胞}) = \dfrac{1}{4}, \\[2mm] P(1 \text{ 个红细胞}, 1 \text{ 个白细胞}) = \dfrac{2}{3}, \\[2mm] P(2 \text{ 个白细胞}) = \dfrac{1}{12}. \end{cases}$$

每个红细胞都只存活一分钟, 产生后代的方式和第一个红细胞一样, 每个白细胞也只存活一分钟, 但它不产生后代. 假定细胞之间相互独立.

(1) 求直到第 $n + \dfrac{1}{2}$ 分钟都没有白细胞产生的概率;

(2) 求最终灭绝的概率.

习题五部分
习题参考答案

第六章

鞅

鞅是一类重要的随机过程, 理论丰富, 应用广泛. 本章介绍鞅的基本概念和例子, 引入停时, 给出停时定理及其应用.

6.1   条件期望

本节定义随机变量关于子 σ–域的条件期望, 并给出一些基本性质.

一、 数学期望

首先, 给出随机变量数学期望的一个等价定义. 假设 $(\Omega, \mathcal{A}, P)$ 是概率空间, X 是随机变量, 具有分布函数 $F_X(x)$. X 的数学期望可以定义如下.

(i) 假设 X 是示性随机变量, 即 $X = \mathbf{1}_A$, 其中 $A \in \mathcal{A}$, 定义

$$EX = P(A).$$

(ii) 假设 X 是初等随机变量, 即存在有限个常数 $a_1, a_2, \cdots, a_m$, 以及互不相交事件 $A_1, A_2, \cdots, A_m$, 使得 $\Omega = \sum_{k=1}^{m} A_k$, 并且

$$X = \sum_{k=1}^{m} a_k \mathbf{1}_{A_k}. \tag{6.1}$$

定义

$$EX = \sum_{k=1}^{m} a_k P(A_k). \tag{6.2}$$

注意, (6.2) 所定义的 EX 与 X 的表示方式 (6.1) 无关.

(iii) 假设 X 是非负随机变量, 那么存在一列单调不减非负初等随机变量 X_n, 使得

$$X_n \to X \text{ a.s.}$$

定义

$$EX = \lim_{n \to \infty} EX_n. \tag{6.3}$$

注意, EX_n 单调不减, 因此 (6.3) 式极限存在, 可能为 ∞.

(iv) 假设 X 是一般随机变量, 令 $X^+ = \max(X, 0)$, $X^- = -\min(X, 0)$. 显然,

$$X = X^+ - X^-, \quad |X| = X^+ + X^-.$$

如果 EX^+ 和 EX^- 中至少有一个为有限值, 定义

$$EX = EX^+ - EX^-,$$

称 EX 存在. 如果 EX^+ 和 EX^- 均为有限值, 那么 EX 存在且有限.

(v) 假设 X 是随机变量, $A \in \mathcal{A}$, 定义

$$\int_A X \mathrm{d}P = EX\mathbf{1}_A.$$

下面定理通常称为**积分变换公式**, 它表明上述定义和第一章所介绍的定义是等价的.

定理 6.1

$$EX = \int_{-\infty}^{\infty} x \mathrm{d}F_X(x).$$

上述等式表示: 一边存在意味着另一边也存在, 并且两边相等.

二、 条件期望

下面引入条件期望的定义. 给定事件 B, $P(B) > 0$. 对任意事件 A,

$$P(A|B) = \frac{P(AB)}{P(B)}.$$

容易验证, $P(\cdot|B) : \mathcal{A} \mapsto [0,1]$ 满足概率的公理化假设, $(\Omega, \mathcal{A}, P(\cdot|B))$ 为概率空间.

给定随机变量 X, 假设 $E|X| < \infty$, 可以定义 X 关于 $P(\cdot|B)$ 的**条件期望** $E(X|B)$. 事实上,

$$E(X|B) = \frac{1}{P(B)} EX\mathbf{1}_B = \frac{1}{P(B)} \int_B X \mathrm{d}P.$$

假设 $\{B_m, m \geqslant 1\}$ 是一列互不相交的事件, $P(B_m) > 0$, 并且 $\Omega = \sum\limits_{m=1}^{\infty} B_m$. 令

$$\mathcal{C} = \sigma\{B_m, m \geqslant 1\},$$

即 $\mathcal{C}$ 是由 $\{B_m, m \geqslant 1\}$ 所生成的最小 σ–域. 定义 X 关于 σ–域 $\mathcal{C}$ 的条件期望为

$$E(X|\mathcal{C}) = \sum_{m=1}^{\infty} E(X|B_m)\mathbf{1}_{B_m}.$$

换句话说, $E(X|\mathcal{C})$ 是关于 σ–域 $\mathcal{C}$ 可测的随机变量, 满足

$$E(X|\mathcal{C})(\omega) = E(X|B_m), \quad \omega \in B_m.$$

一般地, 假设 $\mathcal{C} \subset \mathcal{A}$ 是任意子 σ–域, 定义 $E(X|\mathcal{C})$ 是关于 $\mathcal{C}$ 可测的随机变量, 并且满足一族方程

$$\int_A E(X|\mathcal{C})\mathrm{d}P = \int_A X \mathrm{d}P, \quad A \in \mathcal{C}. \tag{6.4}$$

注 6.1   根据拉东–尼科迪姆 (Radon-Nikodým) 定理, 满足 (6.4) 的 $E(X|\mathcal{C})$ 一定存在, 并且几乎处处唯一.

例 6.1   令 X, Y 是随机变量, 并且具有有限数学期望.

(i) 假设 $\mathcal{C} = \{\varnothing, \Omega\}$, 那么

$$E(X|\mathcal{C}) = EX \text{ a.s.};$$

(ii) 假设 $\mathcal{C} = \mathcal{A}$, 那么

$$E(X|\mathcal{C}) = X \text{ a.s.}$$

假设 X 是随机变量, 令

$$\sigma(X) = \sigma\{X^{-1}(B), B \in \mathcal{B}\},$$

称之为由 X 所生成的 σ–域.

如果 $\sigma(X)$ 和 $\mathcal{C}$ 相互独立, 即任意两个事件 $A \in \sigma(X)$ 和 $B \in \mathcal{C}$ 相互独立, 那么称 X 和 $\mathcal{C}$ **相互独立**.

例 6.2   假设 X 和 $\mathcal{C}$ 相互独立, 并且 $E|X| < \infty$, 那么

$$E(X|\mathcal{C}) = EX \text{ a.s.}$$

上述所定义的条件期望具有下列性质.

定理 6.2   令 X 是随机变量, $E|X| < \infty$.

(i) 假设 a, b 是常数, 那么

$$E(aX + bY|\mathcal{C}) = aE(X|\mathcal{C}) + bE(Y|\mathcal{C}) \text{ a.s.};$$

(ii) 假设 $Y \in \mathcal{C}$, 那么

$$E(XY|\mathcal{C}) = YE(X|\mathcal{C}) \text{ a.s.};$$

(iii) 假设 $\mathcal{C}_1 \subset \mathcal{C}_2$ 是 $\mathcal{A}$ 的两个子 σ–域, 那么

$$E(E(X|\mathcal{C}_2)|\mathcal{C}_1) = E(E(X|\mathcal{C}_1)|\mathcal{C}_2) = E(X|\mathcal{C}_1) \text{ a.s.}, \tag{6.5}$$

特别, 对任意子 σ–域 $\mathcal{C}$,

$$E(E(X|\mathcal{C})) = EX; \tag{6.6}$$

(iv) 假设 $\phi : \mathbb{R} \mapsto \mathbb{R}$ 是凸函数, $E|\phi(X)| < \infty$, 那么

$$\phi(E(X|\mathcal{C})) \leqslant E(\phi(X)|\mathcal{C}) \text{ a.s.},$$

特别,

$$|E(X|\mathcal{C})| \leqslant E(|X||\mathcal{C}) \text{ a.s.}$$

有时称 (6.6) 为**全期望公式**. 定理 6.2 的证明留给读者.

三、 条件概率

令 $(\Omega, \mathcal{A}, P)$ 是概率空间, $\mathcal{C} \subset \mathcal{A}$ 是子 σ–域. 对每个 $A \in \mathcal{A}$, 定义

$$P(A|\mathcal{C}) = E(\mathbf{1}_A|\mathcal{C}). \tag{6.7}$$

称 $P(A|\mathcal{C})$ 为 A 在给定 $\mathcal{C}$ 下的**条件概率**. 正如下列定理所表明的, 条件概率确实具有概率的基本性质.

定理 6.3   (i) $P(\Omega|\mathcal{C}) = 1$ a.s.;

(ii) 对每个 $A \in \mathcal{A}$, $0 \leqslant P(A|\mathcal{C}) \leqslant 1$ a.s.;

(iii) 如果 $\{A_n, n \geqslant 1\}$ 是 $\mathcal{A}$ 中一列互不相交事件, 那么

$$P\left(\sum_{n=1}^{\infty} A_n \Big| \mathcal{C}\right) = \sum_{n=1}^{\infty} P(A_n|\mathcal{C}) \text{ a.s.}$$

例 6.3   考虑直线上简单对称随机游动 $\boldsymbol{S} = \{S_0, S_1, S_2, \cdots\}$. 令 $\mathcal{C} = \sigma\{S_4\}$, 即由 S_4 所生成的最小 σ–域, 求 $P(S_5 > 0|\mathcal{C})$.

解   注意到 S_4 所有可能的取值为 $-4, -2, 0, 2, 4$. 分别记

$$C_0 = \{S_4 = 0\}, \quad C_2 = \{S_4 = 2\}, \quad C_4 = \{S_4 = 4\},$$

$$C_{-4} = \{S_4 = -4\}, \quad C_{-2} = \{S_4 = -2\},$$

那么

$$P(C_{-4}) = P(C_4) = \frac{1}{16}, \quad P(C_{-2}) = P(C_2) = \frac{1}{4}, \quad P(C_0) = \frac{3}{8},$$

并且 $\mathcal{C} = \sigma\{C_{-4}, C_{-2}, C_0, C_2, C_4\}$. 因此对每个事件 A,

$$P(A|\mathcal{C}) = P(A|C_{-4})\mathbf{1}_{C_{-4}} + P(A|C_{-2})\mathbf{1}_{C_{-2}} + P(A|C_0)\mathbf{1}_{C_0} +$$

$$P(A|C_2)\mathbf{1}_{C_2} + P(A|C_4)\mathbf{1}_{C_4}.$$

特别, 令 $A = \{S_5 > 0\}$, 并注意到

$$\begin{cases} P(A|C_{-4}) = P(A|C_{-2}) = 0, \\ P(A|C_0) = P(S_5 = 1|S_4 = 0) = \dfrac{1}{2}, \\ P(A|C_2) = P(A|C_4) = 1, \end{cases}$$

得

$$P(A|\mathcal{C}) = \frac{1}{2}\mathbf{1}_{C_0} + \mathbf{1}_{C_2} + \mathbf{1}_{C_4} \text{ a.s.}$$

例 6.4   令 X 是 $[-1, 2]$ 上的均匀随机变量, $\mathcal{C} = \sigma(|X|)$, 求 $P(X > 0|\mathcal{C})$.

解 记 $A = \{X > 0\}$. 容易看出下列条件概率成立:

$$P(X > 0\,|\,|X| \leqslant 1) = \frac{1}{2}, \quad P(X > 0\,|\,|X| > 1) = 1.$$

对一个 $B \in \mathcal{C}$, 令

$$B_1 = B \cap \{|X| > 1\}, \quad B_2 = B \cap \{|X| \leqslant 1\}.$$

显然, $B_1 \subset A$, 所以 $P(B_1) = P(AB_1)$. 另外, 一定存在对称的博雷尔可测集 $D \subset [-1, 1]$, 使得 $B_2 = \{X \in D\}$, 从而

$$
\begin{aligned}
P(AB_2) &= P(X > 0, X \in D) \\
&= P(X > 0 | X \in D)P(X \in D) \\
&= \frac{1}{2} P(X \in D).
\end{aligned}
$$

令

$$Y = \mathbf{1}_{(|X|>1)} + \frac{1}{2}\mathbf{1}_{(|X|\leqslant 1)},$$

那么

$$EY\mathbf{1}_B = P(B_1) + \frac{1}{2}P(B_2) = P(AB_1) + P(AB_2) = P(AB).$$

既然 Y 是关于 $\mathcal{C}$ 可测的函数, 那么

$$P(X > 0 | \mathcal{C}) = Y \text{ a.s.}$$

注 6.2 对每一个事件 $A \in \mathcal{A}$, 按 (6.7) 所定义的 $P(A|\mathcal{C})$ 几乎处处唯一确定. 所除去的零概率事件 $\Omega_0(A)$ 依赖于 A, 不同的 A 所确定的 $\Omega_0(A)$ 不同. 除非 $\mathcal{C}$ 由可数多个互不相交事件生成, 否则, $\{\Omega_0(A), A \in \mathcal{A}\}$ 的并可能不是零概率事件. 这样, 可能在一个非零概率事件上, $P(\cdot|\mathcal{C}) : \mathcal{A} \mapsto [0,1]$ 不能很好定义. 为此需要引入新的概念——正则条件概率, 这里不再赘述.

6.2 离散时间鞅

本节给出离散时间鞅的定义和基本性质.

一、 鞅

假设 $\{X_n, n \geqslant 0\}$ 是一列随机变量, $\{\mathcal{A}_n, n \geqslant 0\}$ 是 $\mathcal{A}$ 的一列单调不减子 σ-域. 如果满足

(i) 对每一个 $n \geqslant 0$, $X_n \in \mathcal{A}_n$;

(ii) 对每一个 $n \geqslant 0$, $E|X_n| < \infty$;

(iii) 对每一个 $n \geqslant 1$,

$$E(X_n | \mathcal{A}_{n-1}) = X_{n-1} \text{ a.s.},$$

那么称 $(X_n, \mathcal{A}_n, n \geqslant 0)$ 是**鞅**.

类似地, 如果对每一个 $n \geqslant 1$,

$$E(X_n | \mathcal{A}_{n-1}) \geqslant X_{n-1} \text{ a.s.},$$

那么称 $(X_n, \mathcal{A}_n, n \geqslant 0)$ 是**下鞅**; 如果对每一个 $n \geqslant 1$,

$$E(X_n | \mathcal{A}_{n-1}) \leqslant X_{n-1} \text{ a.s.},$$

那么称 $(X_n, \mathcal{A}_n, n \geqslant 0)$ 是**上鞅**.

当 $\mathcal{A}_n = \sigma\{X_0, X_1, \cdots, X_n\}$ 时, 简称 $\boldsymbol{X} = (X_n, n \geqslant 0)$ 是鞅 (下鞅、上鞅). 由 (6.5) 知, 对一列单调不减子 σ-域, 如果 $(X_n, \mathcal{A}_n, n \geqslant 0)$ 是鞅, 那么 $(X_n, n \geqslant 0)$ 是鞅.

下面给出鞅的基本性质.

定理 6.4 假设 $(X_n, \mathcal{A}_n, n \geqslant 0)$ 是鞅, 那么

(i) $EX_n = EX_0$, $n \geqslant 0$;

(ii) $E(X_{n+m} | \mathcal{A}_{n-1}) = X_{n-1}$ a.s., $n \geqslant 1$, $m \geqslant 0$;

(iii) 如果 $\phi : \mathbb{R} \mapsto \mathbb{R}$ 是凸函数, 那么 $(\phi(X_n), \mathcal{A}_n, n \geqslant 0)$ 是下鞅.

证明留给读者.

注 6.3 $\phi(x) = x^2$, $\phi(x) = |x|$, $\phi(x) = \max(0, x)$, $\phi(x) = \mathrm{e}^x$ 是一些最常见的凸函数.

例 6.5 假设 $\{\xi_n, n \geqslant 1\}$ 是一列独立随机变量, $E\xi_n = 0$. 定义

$$X_0 = 0, \quad X_n = \sum_{k=1}^{n} \xi_k, \quad n \geqslant 1.$$

令 $\mathcal{A}_0 = \{\varnothing, \Omega\}$, $\mathcal{A}_n = \sigma\{\xi_1, \xi_2, \cdots, \xi_n\}$, 那么 $(X_n, \mathcal{A}_n, n \geqslant 0)$ 是鞅.

例 6.6 假设 $\{\xi_n, n \geqslant 1\}$ 是一列独立同分布随机变量,

$$P(\xi_1 = 1) = p, \quad P(\xi_1 = 0) = 1 - p, \quad 0 < p < 1.$$

定义

$$X_0 = 1, \quad X_n = \prod_{k=1}^{n} \frac{\xi_k}{p}, \quad n \geqslant 1.$$

令 $\mathcal{A}_0 = \{\varnothing, \Omega\}$, $\mathcal{A}_n = \sigma\{\xi_1, \xi_2, \cdots, \xi_n\}$, 那么 $(X_n, \mathcal{A}_n, n \geqslant 0)$ 是鞅.

例 6.7 假设 ξ 是非负整数值随机变量, $E\xi = \mu < \infty$. 令 $\{\xi_{ni}, i \geqslant 1, n \geqslant 1\}$ 是独立随机变量组列, 与 ξ 同分布. 考虑下列分支过程:

$$Z_0 = 1, \quad Z_n = \sum_{i=1}^{Z_{n-1}} \xi_{ni}, \quad n \geqslant 1.$$

定义 $\mathcal{A}_0 = \{\varnothing, \Omega\}$, $\mathcal{A}_n = \sigma\{\xi_{ki}, i \geqslant 1, 1 \leqslant k \leqslant n\}$, 以及

$$X_0 = 1, \quad X_n = \frac{Z_n}{\mu^n}, \quad n \geqslant 1,$$

那么 $(X_n, \mathcal{A}_n, n \geqslant 0)$ 是鞅.

例 6.8 假设 X 是随机变量, $E|X| < \infty$. 又假设 $\{\mathcal{A}_n, n \geqslant 0\}$ 是一列单调不减的子 σ-域, 定义

$$X_n = E(X|\mathcal{A}_n), \quad n \geqslant 0,$$

那么 $(X_n, \mathcal{A}_n, n \geqslant 0)$ 是鞅.

二、 鞅差

假设 $\{d_n, n \geqslant 0\}$ 是一列随机变量, $\{\mathcal{A}_n, n \geqslant 0\}$ 是 $\mathcal{A}$ 的一列单调不减子 σ-域. 如果满足

(i) 对每一个 $n \geqslant 0$, $d_n \in \mathcal{A}_n$;

(ii) 对每一个 $n \geqslant 0$, $E|d_n| < \infty$;

(iii) 对每一个 $n \geqslant 1$,

$$E(d_n|\mathcal{A}_{n-1}) = 0 \text{ a.s.},$$

那么称 $(d_n, \mathcal{A}_n, n \geqslant 0)$ 是**鞅差序列**.

显然, 当 $(X_n, \mathcal{A}_n, n \geqslant 0)$ 是鞅时, 定义

$$d_n = X_n - X_{n-1}, \quad n \geqslant 1,$$

那么 $(d_n, \mathcal{A}_n, n \geqslant 0)$ 是鞅差序列.

反过来, 如果 $(d_n, \mathcal{A}_n, n \geqslant 0)$ 是鞅差序列, 定义

$$X_n = \sum_{k=0}^{n} d_k, \quad n \geqslant 0,$$

那么 $(X_n, \mathcal{A}_n, n \geqslant 0)$ 是鞅.

更一般地, 假设 $(d_n, \mathcal{A}_n, n \geqslant 1)$ 是鞅差序列, 令 $\{C_n, n \geqslant 1\}$ 是一列随机变量, $C_n \in \mathcal{A}_{n-1}$. 定义

$$X_0 = x_0, \quad X_n = X_{n-1} + C_n d_n, \quad n \geqslant 1, \tag{6.8}$$

那么 $(X_n, \mathcal{A}_n, n \geqslant 0)$ 是鞅.

例 6.9 (例 4.4 续) 假设甲、乙双方输赢概率相等, 各为 $\frac{1}{2}$. 现在甲在每局中赌注并非保持不变, 而是根据过去输赢 (运气) 情况做相应调整. 在第 n 局赌博开始前, 甲需要决定所投赌注, 记为 C_n. 当然, C_n 只能依赖于过去 $n-1$ 局情况. 那么甲在第 n 局后所拥有的赌资为

$$X_0 = a, \quad X_n = X_{n-1} + C_n \xi_n, \quad n \geq 1,$$

其中 $(\xi_n, n \geq 1)$ 为独立同分布随机变量, $P(\xi_1 = \pm 1) = \frac{1}{2}$.

令 $\mathcal{A}_n = \sigma\{\xi_1, \xi_2, \cdots, \xi_n\}$, 那么 $(X_n, \mathcal{A}_n, n \geq 0)$ 是鞅.

注 6.4 上面所有概念对有限个随机变量同样适用. 如果对 $0 \leq n \leq N-1$,

$$E(X_{n+1}|\mathcal{A}_n) = X_n \text{ a.s.},$$

那么称 $(X_n, \mathcal{A}_n, n = 0, 1, 2, \cdots, N)$ 是鞅.

6.3 停时定理

停时定理是鞅最重要的性质之一, 应用广泛, 灵活方便.

一、 停时

假设 $\{\mathcal{A}_n, n \geq 0\}$ 是一列单调不减子 σ–域, $T : \Omega \mapsto \mathbb{Z}_+ \cup \{\infty\}$ 是一个映射. 如果对每一个 $n \geq 0$,

$$\{T \leq n\} \in \mathcal{A}_n,$$

那么称 T 关于 $(\mathcal{A}_n, n \geq 0)$ 是**停时**.

显然, 每个非负整数都是停时. 另外, T 关于 $(\mathcal{A}_n, n \geq 0)$ 是停时当且仅当 $\{T = n\} \in \mathcal{A}_n$.

注 6.5 停时不一定是随机变量, 因为停时可能取 ∞.

例 6.10 (例 2.2 续) 假设 $S = (S_n, n \geq 0)$ 是简单随机游动, 定义

$$T_0 = \inf\{n \geq 1 : S_n = 0\}.$$

T_0 表示随机游动首次返回到 0 的时刻. 令 $\mathcal{A}_n = \sigma\{\xi_1, \xi_2, \cdots, \xi_n\}$. 对任意 $n \geq 1$,

$$\{T_0 = n\} = \{S_1 \neq 0, \cdots, S_{n-1} \neq 0, S_n = 0\}.$$

由此看出, $\{T_0 = n\} \in \mathcal{A}_n$. 当没有一个 n 使得 $S_n = 0$ 时, $T_0 = \infty$. 因此, T_0 关于 $(\mathcal{A}_n, n \geq 0)$ 是停时.

例 6.11 假设 $\boldsymbol{X} = (X_n, n \geq 0)$ 是马尔可夫链. 给定状态 j, 定义

$$T_j = \inf\{n \geq 1 : X_n = j\}.$$

如果 $X_0 = j$, 那么 T_j 表示马尔可夫链从 j 出发以后首次返回到 j 的时刻; 如果 $X_0 \neq j$, 那么 T_j 表示马尔可夫链出发后首次到达 j 的时刻. 令 $\mathcal{A}_n = \sigma\{X_0, X_1, \cdots, X_n\}$, 那么 T_j 关于 $(\mathcal{A}_n, n \geq 0)$ 是停时.

例 6.12 (例 4.4 续) 假设 X_n 表示甲在第 n 局后所拥有的赌资, 定义

$$T_0 = \inf\{n \geq 1 : X_n = 0\}, \quad T_{a+b} = \inf\{n \geq 1 : X_n = a + b\},$$

T_0 表示甲输光的时刻, T_{a+b} 表示乙输光的时刻, $T_0 \wedge T_{a+b}$ 表示赌博结束的时刻. 令 $\mathcal{A}_n = \sigma\{X_0, X_1, \cdots, X_n\}$, 那么 T_0 和 T_{a+b} 关于 $(\mathcal{A}_n, n \geq 0)$ 都是停时.

例 6.13 (例 2.2 续) 假设 $\boldsymbol{S} = (S_n, n \geq 0)$ 是简单随机游动, 定义

$$\widehat{T}_0 = \sup\{n \geq 1 : S_n = 0\}.$$

$\widehat{T}_0$ 表示随机游动最后一次返回到 0 的时刻. 令 $\mathcal{A}_n = \sigma\{\xi_1, \xi_2, \cdots, \xi_n\}$. 对任意 $n \geq 1$,

$$\{\widehat{T}_0 = n\} = \{S_n = 0, S_{n+1} \neq 0, S_{n+2} \neq 0, \cdots\}.$$

由此看出, $\{\widehat{T}_0 = n\}$ 依赖于 n 时刻以后随机游动所处的位置, 因此 $\{\widehat{T}_0 = n\} \notin \mathcal{A}_n$, 即 $\widehat{T}_0$ 不是停时.

引理 6.1 如果 T 和 S 关于 $(\mathcal{A}_n, n \geq 0)$ 是停时, 那么 $T \wedge S, T \vee S, T + S$ 关于 $(\mathcal{A}_n, n \geq 0)$ 是停时.

证明 对任意 $n \geq 0$, 根据 $(\mathcal{A}_n, n \geq 0)$ 的单调性,

$$\{T + S = n\} = \sum_{k=0}^{n} \{T = k\} \cap \{S = n - k\} \in \mathcal{A}_n,$$

所以 $T + S$ 关于 $(\mathcal{A}_n, n \geq 0)$ 是停时. 其余类似证明.

二、 停时定理

假设 $\{X_n, n \geq 0\}$ 是一列随机变量, T 关于 $(\mathcal{A}_n, n \geq 0)$ 是有界停时. 定义

$$X_T(\omega) = X_{T(\omega)}(\omega), \quad \omega \in \Omega.$$

注意到对任意博雷尔集 B,

$$\{\omega : X_T(\omega) \in B\} = \sum_{n=0}^{\infty} \{\omega : X_T(\omega) \in B, T(\omega) = n\} \in \mathcal{A},$$

因此 X_T 是随机变量.

定理 6.5 假设 $(X_n, \mathcal{A}_n, n \geqslant 0)$ 是鞅, T 关于 $(\mathcal{A}_n, n \geqslant 0)$ 是停时.

(i) 定义 $Y_n = X_{T \wedge n}$, 那么 $(Y_n, \mathcal{A}_n, n \geqslant 0)$ 是鞅;

(ii) 如果 T 是有界停时, 那么

$$EX_T = EX_0;$$

(iii) 如果 T 是有界停时, $(X_n, \mathcal{A}_n, n \geqslant 0)$ 是有界鞅, 那么

$$EX_T = EX_0.$$

证明 (i) 首先证明 $E|Y_n| < \infty$. 事实上,

$$E|Y_n| = E|X_{T \wedge n}|$$

$$= \sum_{k=0}^{n-1} E|X_k| \mathbf{1}_{(T=k)} + E|X_n| \mathbf{1}_{(T \geqslant n)}$$

$$\leqslant \sum_{k=0}^{n} E|X_k| < \infty.$$

另外, 由于 $\{T > n\} \in \mathcal{A}_n$, 故

$$\{Y_n \in B\} = \bigcup_{k=0}^{n} \{X_k \in B, T = k\} \cup \{X_n \in B, T > n\} \in \mathcal{A}_n.$$

往下验证

$$E(Y_n | \mathcal{A}_{n-1}) = Y_{n-1} \text{ a.s.}$$

任意给定 $A \in \mathcal{A}_{n-1}$, 由于 $\{T \geqslant n\} \in \mathcal{A}_{n-1}$, 故

$$\int_A Y_n \mathrm{d}P = \int_A X_{T \wedge n} \mathrm{d}P$$

$$= \sum_{k=0}^{n-1} \int_{A, T=k} X_k \mathrm{d}P + \int_{A, T \geqslant n} X_n \mathrm{d}P$$

$$= \sum_{k=0}^{n-1} \int_{A, T=k} X_k \mathrm{d}P + \int_{A, T \geqslant n} X_{n-1} \mathrm{d}P$$

$$= \int_A Y_{n-1} \mathrm{d}P.$$

因此 $(Y_n, \mathcal{A}_n, n \geqslant 0)$ 是鞅.

(ii) 如果 T 是有界停时, 那么存在 $m \geqslant 0$ 使得 $T \leqslant m$ a.s., 由 (i) 得

$$EX_T = EX_{T \wedge m} = EX_0.$$

(iii) 如果 X_n 是有界鞅, 那么存在 $M > 0$ 使得 $|X_n| \leqslant M$ a.s., 由 (i) 和控制收敛定理得

$$EX_T = E \lim_{n \to \infty} X_{T \wedge n} = \lim_{n \to \infty} EX_{T \wedge n} = EX_0.$$

定理证毕.

例 6.14 (例 4.4 续) 假设 $p = \dfrac{1}{2}$. 根据赌博规则, $X_0 = a$, 并且对每个 $n \geqslant 1$,

$$X_n = \begin{cases} X_{n-1} + \xi_n, & 0 < X_{n-1} < a + b, \\ 0, & X_{n-1} = 0, \\ a + b, & X_{n-1} = a + b, \end{cases}$$

其中 $(\xi_n, n \geqslant 1)$ 是一列独立同分布随机变量.

令 $\mathcal{A}_n = \sigma(\xi_1, \xi_2, \cdots, \xi_n)$. 当 $p = \dfrac{1}{2}$ 时, $(X_n, \mathcal{A}_n, n \geqslant 0)$ 是有界鞅, 因此由定理 6.5 和例 6.12 知

$$EX_{T_0 \wedge T_{a+b}} = EX_0 = a. \tag{6.9}$$

注意到 $T_0 \neq T_{a+b}$, 所以

$$EX_{T_0 \wedge T_{a+b}} = EX_{T_0} \mathbf{1}_{(T_0 < T_{a+b})} + EX_{T_{a+b}} \mathbf{1}_{(T_0 > T_{a+b})}$$
$$= (a + b) P(T_0 > T_{a+b}). \tag{6.10}$$

将 (6.9) 和 (6.10) 结合起来得

$$P(T_0 > T_{a+b}) = \frac{a}{a+b}.$$

并由此得

$$P(T_0 < T_{a+b}) = \frac{b}{a+b}.$$

这些结果与第四章例 4.8 所得的结果一致.

例 6.15 假设 $\{\xi_n, n \geqslant 1\}$ 是一列独立同分布随机变量, 均值为 μ, 方差为 σ^2. 定义

$$S_0 = 0, \quad S_n = \sum_{k=1}^{n} \xi_k, \quad n \geqslant 1.$$

令 $\mathcal{A}_0 = \{\varnothing, \Omega\}$, $\mathcal{A}_n = \sigma\{\xi_1, \xi_2, \cdots, \xi_n\}$, $n \geqslant 1$. 假设 T 关于 $(\mathcal{A}_n, n \geqslant 0)$ 是有界停时, $ET < \infty$.

(i) 定义

$$X_n = S_n - n\mu, \quad n \geqslant 0,$$

那么 $(X_n, \mathcal{A}_n, n \geqslant 0)$ 是鞅. 由定理 6.5,

$$EX_T = EX_0 = 0,$$

即

$$ES_T = \mu ET.$$

(ii) 定义

$$X_n = (S_n - n\mu)^2 - n\sigma^2, \quad n \geqslant 0,$$

那么 $(X_n, \mathcal{A}_n, n \geqslant 0)$ 是鞅. 由定理 6.5,

$$EX_T = EX_0 = 0,$$

即

$$E(S_T - T\mu) = \sigma^2 ET. \tag{6.11}$$

作为等式 (6.11) 的应用, 可以计算赌博大致能持续多长时间.

例 6.16 (例 6.14 续) 赌博将在 $T_0 \wedge T_{a+b}$ 时结束. 平均赌博时间为

$$ET_0 \wedge T_{a+b} = a^2 P(T_0 < T_{a+b}) + b^2 P(T_0 > T_{a+b}) = ab.$$

定理 6.5 可以做以下推广. 假设 T 关于 $(\mathcal{A}_n, n \geqslant 0)$ 是停时, 令

$$\mathcal{A}_T = \{A \in \mathcal{A} : A \cap \{T \leqslant n\} \in \mathcal{A}_n, \forall n \geqslant 0\},$$

可以验证 $\mathcal{A}_T$ 是 $\mathcal{A}$ 的一个子 σ-域.

假设 S, T 关于 $(\mathcal{A}_n, n \geqslant 0)$ 是停时, 并且 $S \leqslant T$, 那么

$$\mathcal{A}_S \subset \mathcal{A}_T.$$

事实上, 任意给定 $A \in \mathcal{A}_S$, 对每一个 $n \geqslant 0$,

$$A \cap \{T \leqslant n\} = A \cap \{S \leqslant n\} \cap \{T \leqslant n\} \in \mathcal{A}_n,$$

所以 $A \in \mathcal{A}_T$.

定理 6.6 假设 $(X_n, \mathcal{A}_n, n \geqslant 0)$ 是鞅, S, T 关于 $(\mathcal{A}_n, n \geqslant 0)$ 是有界停时, 并且 $S \leqslant T$, 那么

$$E(X_T | \mathcal{A}_S) = X_S \text{ a.s.}$$

特别, $EX_T = EX_S$.

证明略.

6.4 连续时间鞅

本节给出连续时间鞅的基本概念和停时定理.

假设 $\boldsymbol{X} = (X(t), t \geqslant 0)$ 是一族随机变量, $(\mathcal{A}_t, t \geqslant 0)$ 是一族单调不减的子 σ-域. 如果下列条件满足:

(i) 对每个 $t \geqslant 0$, $E|X(t)| < \infty$;

(ii) 对每个 $t \geqslant 0$, $X(t) \in \mathcal{A}_t$;

(iii) 对任意 $0 \leqslant s < t$,

$$E(X(t)|\mathcal{A}_s) = X(s) \text{ a.s.,} \tag{6.12}$$

那么称 $(X(t), \mathcal{A}_t, t \geqslant 0)$ 是**鞅**. 如果 $\mathcal{A}_t = \sigma\{X(s), 0 \leqslant s \leqslant t\}$, 简称 $(X_t, t \geqslant 0)$ 是**鞅**.

类似地, 可以定义下鞅和上鞅. 假设 $(X(t), \mathcal{A}_t, t \geqslant 0)$ 是鞅, 由 (6.12) 知, 对任意 $0 \leqslant s < t$,

$$EX(t) = EX(s).$$

例 6.17　令 $\boldsymbol{N} = (N(t), t \geqslant 0)$ 是参数为 λ 的泊松过程, 定义

(i) $X(t) = N(t) - \lambda t, t \geqslant 0$;

(ii) $X(t) = [N(t) - \lambda t]^2 - \lambda t, t \geqslant 0$.

令 $\mathcal{A}_t = \sigma\{N(s), 0 \leqslant s \leqslant t\}, t \geqslant 0$, 那么 $(X(t), \mathcal{A}_t, t \geqslant 0)$ 是鞅. 事实上, 由于泊松过程具有独立平稳增量性, 并且服从泊松分布, 故对任意 $0 \leqslant s < t$,

$$E[(N(t) - \lambda t)|\mathcal{A}_s] = N(s) - \lambda s + E[N(t) - N(s) - \lambda(t-s)]$$

$$= N(s) - \lambda s \text{ a.s.,}$$

$$E\{[(N(t) - \lambda t)^2 - \lambda t]|\mathcal{A}_s\} = (N(s) - \lambda s)^2 - \lambda s +$$

$$E\{[N(t) - N(s) - \lambda(t-s)](N(s) - \lambda s)|\mathcal{A}_s\} +$$

$$E[N(t) - N(s) - \lambda(t-s)]^2 - \lambda(t-s)$$

$$= (N(s) - \lambda s)^2 - \lambda s \text{ a.s.}$$

例 6.18　令 $\boldsymbol{Z} = (Z(t), t \geqslant 0)$ 是连续时间分支过程 (参见 5.4 补充与注记第四部分). 假设 $a = E\eta > 1$, 定义

$$X(t) = \frac{Z(t)}{EZ(t)}, \quad t \geqslant 0, \tag{6.13}$$

那么 $(X(t), \mathcal{A}_t, t \geqslant 0)$ 是鞅, 其中 $\mathcal{A}_t = \sigma\{Z(s), 0 \leqslant s \leqslant t\}$.

例 6.19　令 $\boldsymbol{B} = (B(t), t \geqslant 0)$ 是标准布朗运动 (见第七章). 由于布朗运动的增量独立平稳, 并且具有正态分布, 不难验证下列过程都是鞅:

(i) $X(t) = B(t), t \geqslant 0$;

(ii) $X(t) = B(t)^2 - t, t \geqslant 0$;

(iii) $X(t) = \mathrm{e}^{\lambda B(t) - \lambda^2 t/2}, t \geqslant 0$, 其中 $\lambda \in \mathbb{R}$ 是常数.

下面引入停时概念.

假设 $T : \Omega \mapsto \mathbb{R}_+ \cup \{\infty\}$ 是一个映射, $(\mathcal{A}_t, t \geqslant 0)$ 是一族单调不减的子 σ–域. 如果对每个 $t \geqslant 0$, $\{T \leqslant t\} \in \mathcal{A}_t$, 那么称 T 关于 $(\mathcal{A}_t, t \geqslant 0)$ 是**停时**.

例 6.20 令 $\boldsymbol{N} = (N(t), t \geq 0)$ 是参数为 λ 的泊松过程, $\mathcal{A}_t = \sigma\{N(s), 0 \leq s \leq t\}$. 给定 $k \geq 0$, 定义

$$T_k = \inf\{t \geq 0 : N(t) = k\},$$

显然, $T_k = S_k$, 其中 S_k 为第 k 位顾客到达时刻. 因此

$$\{T_k \leq t\} = \{S_k \leq t\} = \{N(t) \geq k\} \in \mathcal{A}_t,$$

所以 T_k 关于 $(\mathcal{A}_t, t \geq 0)$ 是停时.

例 6.21 令 $\boldsymbol{B} = (B(t), t \geq 0)$ 是标准布朗运动 (见第七章), $\mathcal{A}_t = \sigma\{B(s), 0 \leq s \leq t\}$. 给定 $a > 0$, 定义

$$T_a = \inf\{t > 0 : B(t) > a\}.$$

由于布朗运动的样本路径是连续的, $\{t > 0 : B(t) > a\}$ 是开集, 因此, 如果非空, 那么一定包含有理数. 这样, 对任意 $t > 0$,

$$\{T_a < t\} = \bigcup_{0 < r < t} \{B(r) > a\},$$

其中 r 代表有理数. 因此 $\{T_a < t\} \in \mathcal{A}_t$. 进而

$$\{T_a \leq t\} \in \bigcap_{s > t} \mathcal{A}_s := \mathcal{A}_{t,+}.$$

这样 T_a 关于 $(\mathcal{A}_{t,+}, t \geq 0)$ 是停时. 注意, $\mathcal{A}_{t,+} \neq \mathcal{A}_t$, 所以 T_a 关于 $(\mathcal{A}_t, t \geq 0)$ 并不是停时.

一般地, 对 $\mathbb{R}$ 上的任意子集 A, 定义

$$T_A = \inf\{t > 0 : B(t) \in A\},$$

有下列基本性质:

(i) 如果 A 是开集, 那么 T_A 关于 $(\mathcal{A}_{t,+}, t \geq 0)$ 是停时;

(ii) 如果 A 是紧集, 那么 T_A 关于 $(\mathcal{A}_t, t \geq 0)$ 是停时;

(iii) $T_A = T_{\overline{A}}$ a.s., 其中 $\overline{A}$ 表示 A 的闭包;

(iv) 如果 $T_A(\omega) < \infty$, 那么 $B_{T_A(\omega)}(\omega) \in \overline{A}$ a.s.;

(v) 如果 $A \subset B$, 那么 $T_B \leq T_A$;

(vi) 如果 $A_1 \subset A_2 \subset \cdots$, $A = \lim_{n \to \infty} A_n$, 那么 $T_A = \lim_{n \to \infty} T_{A_n}$.

为叙述连续时间鞅停时定理, 关于子 σ-域 $(\mathcal{A}_t, t \geq 0)$ 做如下假设:

(H1) 右连续性: 对所有 $t \geq 0$, $\bigcap_{s > t} \mathcal{A}_s = \mathcal{A}_t$;

(H2) 完备性: 对所有 $t \geq 0$, $\mathcal{A}_t$ 包含所有 P-零概率事件的子集.

定理 6.7   假设 $(\mathcal{A}_t, t \geqslant 0)$ 满足上述假设 (H1) 和 (H2), $(X(t), \mathcal{A}_t, t \geqslant 0)$ 是连续鞅, T 关于 $(\mathcal{A}_t, t \geqslant 0)$ 是停时, 那么 $(X_{T \wedge t}, \mathcal{A}_t, t \geqslant 0)$ 仍然为连续鞅. 特别,

(i) 如果 T 是有界停时, 那么

$$EX(T) = EX(0);$$

(ii) 如果 S, T 关于 $(\mathcal{A}_t, t \geqslant 0)$ 是有界停时, 并且 $S \leqslant T$, 那么

$$EX(T) = EX(S).$$

证明略.

例 6.22 (例 6.21 续)   考虑 $X(t) = \mathrm{e}^{B(t) - t/2}$, $t \geqslant 0$, 由例 6.19 知, 它是鞅. 因此由定理 6.7,

$$E\mathrm{e}^{-T_a/2} = \mathrm{e}^{-a}.$$

6.5   补充与注记

一、 鞅收敛定理

在鞅论中, 鞅收敛定理如同停时定理一样是最基本的性质之一, 对于鞅的研究和应用起着重要作用. 限于篇幅, 我们不展开讨论, 只给出下列结果供读者参考.

定理 6.8   假设 $(X_n, \mathcal{A}_n, n \geqslant 0)$ 是鞅. 如果下列三个条件之一成立:

(i) $\sup\limits_{n \geqslant 0} E|X_n| < \infty$;

(ii) 对每一个 $n \geqslant 0$, $X_n \geqslant 0$ a.s.;

(iii) 对每一个 $n \geqslant 0$, $X_n \leqslant 0$ a.s.,

那么 $X = \lim\limits_{n \to \infty} X_n$ a.s. 存在且有限.

作为定理 6.8 的应用, 我们给出

例 6.23 (例 6.8 续)   令 $\mathcal{A}_\infty = \sigma\left(\bigcup\limits_{n=0}^{\infty} \mathcal{A}_n\right)$, 那么

$$\lim_{n \to \infty} X_n = E(X|\mathcal{A}_\infty) \text{ a.s.}$$

二、 杜布下鞅最大值不等式

定理 6.9   假设 $(X_n, \mathcal{A}_n, n \geqslant 0)$ 是非负下鞅, 那么对任意 $x > 0$,

$$xP(\max_{1 \leqslant k \leqslant n} X_k > x) \leqslant EX_n.$$

证明 令

$$A_1 = \{X_1 > x\}, \quad A_k = \{X_1 \leqslant x, \cdots, X_{k-1} \leqslant x, X_k > x\}, \quad 1 \leqslant k \leqslant n,$$

那么 $A_k, k = 1, 2, \cdots, n$ 互不相交, 并且

$$\{\max_{1 \leqslant k \leqslant n} X_k > x\} = \sum_{k=1}^{n} A_k.$$

因此

$$
\begin{aligned}
xP(\max_{1 \leqslant k \leqslant n} X_k > x) &= x \sum_{k=1}^{n} P(A_k) \\
&\leqslant \sum_{k=1}^{n} \int_{A_k} X_k \mathrm{d}P \\
&\leqslant \sum_{k=1}^{n} \int_{A_k} X_n \mathrm{d}P \quad \text{(下鞅性质)} \\
&= \int_{\max_{1 \leqslant k \leqslant n} X_k > x} X_n \mathrm{d}P \\
&\leqslant EX_n.
\end{aligned}
$$

证毕.

三、 假设检验问题的鞅分析

某总体分布函数未知, 需要通过抽样进行统计推断. 根据经验, 该总体分布具有密度函数 $p(x)$, 可能为 $f(x)$ 或 $g(x)$. 下面进行假设检验:

$$H_0 : p(x) = f(x), \quad H_a : p(x) = g(x).$$

问题: 如何控制犯第一类错误和第二类错误? 抽取样本大小多少合适?

为简单起见, 不妨假设函数 $f(x)$ 和 $g(x)$ 在 $\mathbb{R}$ 上严格大于零, 并且 $\{x : f(x) = g(x)\}$ 为零测度集. 假设 $\xi_1, \xi_2, \cdots, \xi_n, \cdots$ 为来自总体的样本. 基于该样本构造统计量:

$$X_0 = 1, \quad X_n = \prod_{k=1}^{n} \frac{g(\xi_k)}{f(\xi_k)}, \quad n \geqslant 1.$$

令 $\mathcal{A}_0 = \{\varnothing, \Omega\}, \mathcal{A}_n = \sigma\{\xi_1, \xi_2, \cdots, \xi_n\}, n \geqslant 1$. 显然, $X_n \in \mathcal{A}_n$. 进而, 有

引理 6.2   (i) 在 H_0 下, $(X_n, \mathcal{A}_n, n \geqslant 0)$ 为鞅, 并且

$$\lim_{n \to \infty} X_n = 0 \text{ a.s.}$$

(ii) 在 H_a 下, $(X_n^{-1}, \mathcal{A}_n, n \geqslant 0)$ 是鞅, 并且

$$\lim_{n \to \infty} X_n = \infty \text{ a.s.}$$

证明 由样本独立性得

$$E(X_n | \mathcal{A}_{n-1}) = X_{n-1} E \frac{g(\xi_n)}{f(\xi_n)}, \quad n \geqslant 1.$$

另外, 在 H_0 下,

$$E \frac{g(\xi_n)}{f(\xi_n)} = \int_{-\infty}^{\infty} \frac{g(x)}{f(x)} f(x) \mathrm{d}x = 1.$$

因此 $(X_n, \mathcal{A}_n, n \geqslant 0)$ 为鞅.

由鞅收敛定理 6.8 (ii) 知

$$X = \lim_{n \to \infty} X_n \text{ a.s.}$$

存在且有限. 往证 $X = 0$ a.s.

事实上, 由于 $\{x : f(x) = g(x)\}$ 为零测度集, 故存在 $\varepsilon > 0$ 使得

$$\sum_{n=1}^{\infty} P\left(\left| \frac{g(\xi_n)}{f(\xi_n)} - 1 \right| > \varepsilon \right) = \infty,$$

即一定存在一个子序列 $\{n_k\}$ 使得

$$\left| \frac{g(\xi_{n_k})}{f(\xi_{n_k})} - 1 \right| > \varepsilon.$$

另一方面, 注意到

$$|X_n - X_{n-1}| = |X_{n-1}| \left| \frac{g(\xi_n)}{f(\xi_n)} - 1 \right|.$$

这样, 沿着子序列 $\{n_k\}$ 取极限得

$$\varepsilon |X| \leqslant 0 \text{ a.s.}$$

所以, $X = 0$ a.s.

类似地, 在 H_a 下, $(X_n^{-1}, \mathcal{A}_n, n \geqslant 0)$ 为鞅, 并且

$$\lim_{n \to \infty} \frac{1}{X_n} = 0 \text{ a.s.},$$

即

$$\lim_{n \to \infty} X_n = \infty \text{ a.s.}$$

证明完毕.

根据上述引理 6.2, 我们可以构造拒绝域如下. 任意给定 $0 < a < 1 < b$, 其中 a 尽可能小, b 尽可能大. 当 $X_n < a$ 时, 接受原假设 H_0; 当 $X_n > b$ 时, 拒绝原假设 H_0. 在这样的拒绝域下, 犯两类错误的概率分别为

$$p_{\mathrm{I}} := P(X_n > b | H_0), \quad p_{\mathrm{II}} := P(X_n < a | H_a).$$

下面估计 p_{I} 和 p_{II}. 令

$$T_a = \inf\{n \geqslant 1 : X_n \leqslant a\}, \quad T_b = \inf\{n \geqslant 1 : X_n \geqslant b\}.$$

T_a, T_b 关于 $(\mathcal{A}_n, n \geqslant 0)$ 是停时. 由引理 6.2, 在 H_0 下, $(X_n, \mathcal{A}_n, n \geqslant 0)$ 是鞅, 因此由定理 6.5[1],

$$EX_{T_a \wedge T_b} = EX_0 = 1.$$

既然 $T_a \neq T_b$, 所以

$$\begin{cases} aP(T_a < T_b) + bP(T_a > T_b) = 1, \\ P(T_a < T_b) + P(T_a > T_b) = 1. \end{cases}$$

求解得

$$P(T_a < T_b | H_0) = \frac{b-1}{b-a}, \quad P(T_a > T_b | H_0) = \frac{1-a}{b-a}.$$

因此, 犯第一类错误的概率

$$p_{\mathrm{I}} = P(T_a > T_b | H_0) = \frac{1-a}{b-a}.$$

类似地, 由引理 6.2, 在 H_a 下, $\left(X_n^{-1}, \mathcal{A}_n, n \geqslant 0\right)$ 是鞅, 因此由定理 6.5,

$$EX_{T_a \wedge T_b}^{-1} = EX_0 = 1.$$

所以

$$\begin{cases} \frac{1}{a}P(T_a < T_b) + \frac{1}{b}P(T_a > T_b) = 1, \\ P(T_a < T_b) + P(T_a > T_b) = 1. \end{cases}$$

求解得

$$P(T_a < T_b | H_a) = \frac{(b-1)a}{b-a}, \quad P(T_a > T_b | H_a) = \frac{b(1-a)}{b-a}.$$

因此, 犯第二类错误的概率

$$p_{\mathrm{II}} = P(T_a < T_b | H_a) = \frac{(b-1)a}{b-a}.$$

---

[1] 注意, $(X_{n \wedge T_a \wedge T_b}, \mathcal{A}_n, n \geqslant 0)$ 也是鞅. 另外, $T_a \wedge T_b < \infty$, 因此 $X_{T_a} \leqslant a$, $X_{T_b} \geqslant b$. 不妨假设直到抽样停止时, X_n 没有超出范围, 即 $X_{T_a} = a$, $X_{T_b} = b$. 这样, $(X_{n \wedge T_a \wedge T_b}, \mathcal{A}_n, n \geqslant 0)$ 可以看作有界鞅.

在上述讨论之后, 人们自然会问: 直到做出检验判断为止, 需要抽取多少样本?

当然, 样本大小是随机的, 实际上为 $T_a \wedge T_b$. 往下分别计算平均大小 $E(T_a \wedge T_b | H_0)$ 和 $E(T_a \wedge T_b | H_a)$. 令

$$Y_0 = 0, \quad Y_n = \ln X_n - E \ln X_n, \quad n \geqslant 1.$$

引理 6.3 在 H_0 和 H_a 下, $(Y_n, \mathcal{A}_n, n \geqslant 0)$ 均为鞅.

证明 注意到

$$Y_n = \sum_{k=1}^{n} \ln \frac{g(\xi_k)}{f(\xi_k)} - E \ln \frac{g(\xi_k)}{f(\xi_k)}, \quad n \geqslant 1.$$

即 Y_n 是独立同分布且均值为 0 的随机变量之和, 所以为鞅. 证毕.

运用停时定理 6.5, 得

$$E(Y_{T_a \wedge T_b} | H_0) = EY_0 = 0. \tag{6.14}$$

另一方面, 记

$$\alpha = E\left(\ln \frac{g(\xi_1)}{f(\xi_1)} \,\middle|\, H_0 \right),$$

那么

$$E(Y_{T_a \wedge T_b} | H_0) = E(\ln X_{T_a \wedge T_b} | H_0) - \alpha E(T_a \wedge T_b | H_0)$$

$$= P(T_a < T_b | H_0) \ln a + P(T_a > T_b | H_0) \ln b - \alpha E(T_a \wedge T_b | H_0)$$

$$= \frac{b-1}{b-a} \ln a + \frac{1-a}{b-a} \ln b - \alpha E(T_a \wedge T_b | H_0). \tag{6.15}$$

将 (6.14) 和 (6.15) 结合起来得

$$E(T_a \wedge T_b | H_0) = \frac{(b-1) \ln a + (1-a) \ln b}{\alpha(b-a)}.$$

类似地, 记

$$\beta = E\left(\ln \frac{g(\xi_1)}{f(\xi_1)} \,\middle|\, H_a \right),$$

那么

$$E(T_a \wedge T_b | H_a) = \frac{-(b-1)a \ln a - b(1-a) \ln b}{\beta(b-a)}.$$

习题六

1. 假设 $\{\xi_n, n \geqslant 1\}$ 是一列独立同分布随机变量, $P(\xi_1 = 1) = p$, $P(\xi_n = -1) =$

$1 - p$, 其中 $p \neq 1/2$. 定义 $\mathcal{A}_n = \sigma\{\xi_1, \xi_2, \cdots, \xi_n\}$,

$$S_0 = 0, \quad S_n = \sum_{k=1}^{n} \xi_k, \quad n \geqslant 1,$$

$$X_n = \left(\frac{1-p}{p}\right)^{S_n}, \quad n \geqslant 1.$$

(1) 证明: $EX_n = 1$, 并且 $(X_n, \mathcal{A}_n, n \geqslant 1)$ 是有界鞅;

(2) 令 $a < 0 < b$ 是整数, 定义 $T = \min\{n : S_n = a \text{ 或 } b\}$, 计算 $P(S_T = a)$.

2. 假设 $\{\xi_n, n \geqslant 0\}$ 是一列独立同分布标准正态随机变量, 定义 $\mathcal{A}_n = \sigma\{\xi_0, \xi_1, \cdots, \xi_n\}$. 令 $\{a_n, n \geqslant 0\}$ 是一列实数, 定义

$$X_n = e^{\sum_{k=0}^{n} (a_k \xi_k - a_k^2/2)}, \quad n \geqslant 1.$$

(1) 证明:

$$EX_n^2 = e^{\sum_{k=0}^{n} a_k^2}, \quad EX_n^{1/2} = e^{-\sum_{k=0}^{n} a_k^2/8};$$

(2) 证明: $(X_n, \mathcal{A}_n, n \geqslant 1)$ 是非负鞅;

(3) 令 $X = \lim\limits_{n \to \infty} X_n$ a.s., 证明: 如果 $\sum\limits_{k=0}^{\infty} a_k^2 = \infty$, 那么 $X = 0$ a.s.; 如果 $\sum\limits_{k=0}^{\infty} a_k^2 < \infty$, 那么 $EX = 1$.

3. 假设 $\{\xi_n, n \geqslant 1\}$ 是一列独立随机变量, 均值为 0, 方差为 σ^2. 定义 $\mathcal{A}_0 = \{\varnothing, \Omega\}$, $\mathcal{A}_n = \sigma\{\xi_1, \xi_2, \cdots, \xi_n\}$, 并且

$$S_0 = 0, \quad S_n = \sum_{k=0}^{n} \xi_k, \quad n \geqslant 1,$$

又定义

$$X_n = S_n^2 - n\sigma^2, \quad n \geqslant 0,$$

证明: $(X_n, \mathcal{A}_n, n \geqslant 0)$ 是鞅.

4. 假设 $\boldsymbol{Y} = (Y_n, n \geqslant 0)$ 是有限状态 $\{1, 2, \cdots, N\}$ 的马尔可夫链, 转移概率矩阵为 $\boldsymbol{P} = (p_{ij})$. 令 $\boldsymbol{x} = (x(1), x(2), \cdots, x(N))$ 满足下列条件:

$$\sum_{j=1}^{N} p_{ij} x(j) = \lambda x(i), \quad i = 1, 2, \cdots, N. \tag{6.16}$$

对任意 $n \geqslant 0$, 定义 $\mathcal{A}_n = \sigma\{Y_0, Y_1, \cdots, Y_n\}$,

$$X_n = \frac{x(Y_n)}{\lambda^n},$$

证明: $(X_n, \mathcal{A}_n, n \geqslant 0)$ 是鞅.

5. 假设 $\{\xi_n, n \geqslant 0\}$ 是一列独立同分布随机变量, 分布为 $P(\xi_0 = 1/2) = 1/2$, $P(\xi_0 = 3/2) = 1/2$. 对任意 $n \geqslant 0$, 定义 $\mathcal{A}_n = \sigma\{\xi_0, \xi_1, \cdots, \xi_n\}$,

$$X_n = \prod_{k=0}^n \xi_k.$$

(1) 证明: $(X_n, \mathcal{A}_n, n \geqslant 0)$ 是鞅;

(2) 证明: $\lim\limits_{n \to \infty} X_n = 0$ a.s.;

(3) 证明: $\lim\limits_{n \to \infty} \dfrac{1}{n} \log X_n < 0$.

6. 令 $\boldsymbol{N} = (N(t), t \geqslant 0)$ 是参数为 $\lambda > 0$ 的泊松过程, a 为正整数. 假设对某个足够小的 $u > 0$, $Ee^{uT_a} < \infty$. 利用停时定理证明: $\mathrm{Var}(T_a) = a/\lambda^2$.

7. 举出符合下列要求的鞅 $(X_n, \mathcal{A}_n, n \geqslant 1)$.

(1) $\lim\limits_{n \to \infty} X_n = \infty$ a.s.;

(2) $\mathbb{P}(\lim\limits_{n \to \infty} X_n \text{存在}) \in (0, 1)$.

8. 令 $b < 0 < a$, $T_{a,b} = \inf\{t > 0 : B(t) = a \text{ 或 } b\}$. 对每个 $t > 0$, 定义 $\mathcal{A}_t = \sigma\{B(s), 0 \leqslant s \leqslant t\}$,

$$X(t) = \int_0^t B(u)\mathrm{d}u - \frac{1}{3}B(t)^3.$$

(1) 证明: $(X(t), \mathcal{A}_t, t \geqslant 0)$ 是鞅;

(2) 证明: $\displaystyle\int_0^{T_{a,b}} B(u)\mathrm{d}u = -\frac{1}{3}ab(a+b)$.

9. 令 $\boldsymbol{B}_i = (B_i(t), t \geqslant 0)$, $i = 1, 2, \cdots, d$ 是独立标准布朗运动 (见第七章). 令 $\boldsymbol{X} = (X(t), t \geqslant 0)$, 其中 $X(t) = (B_1(t), B_2(t), \cdots, B_n(t))$, 并且定义 $\mathcal{A}_t = \sigma\{X(s), 0 \leqslant s \leqslant t\}$,

$$R^2(t) = B_1^2(t) + B_2^2(t) + \cdots + B_n^2(t), \quad Y(t) = R^2(t) - nt.$$

(1) 证明: $(Y(t), \mathcal{A}_t, t \geqslant 0)$ 是鞅;

(2) 令 $a > 0$, $\mathbb{S}_a$ 表示 $\mathbb{R}^n$ 中的半径为 a 的球面, $T_a = \inf\{t > 0 : X(t) \in \mathbb{S}_a\}$, 证明: $ET_a = a^2$.

10. 假设 a, b 为实数, λ 使得 $\cos\lambda \neq 0$. 令 $\boldsymbol{S} = (S_n, n \geqslant 0)$ 是简单对称随机游动, 其中

$$S_0 = 0, \quad S_n = \sum_{k=1}^n \xi_k.$$

定义 $\mathcal{A}_0 = \{\varnothing, \Omega\}$, $\mathcal{A}_n = \sigma\{\xi_k, 1 \leqslant k \leqslant n\}$, 又定义

$$X_n = \frac{\cos\lambda\left(S_n - \dfrac{b-a}{2}\right)}{(\cos\lambda)^n}, \quad n \geqslant 0,$$

证明: $(X_n, \mathcal{A}_n, n \geqslant 0)$ 是鞅.

11. 令 $(X_n, \mathcal{A}_n, n \geqslant 0)$ 是鞅.

(1) 证明: $E(X_{n+m}|\mathcal{A}_n) = X_n$, $n, m \geqslant 0$;

(2) 若 $EX_n^2 < \infty$, $n \geqslant 0$, 证明: 对任意 $i \leqslant j \leqslant k$,

$$E(X_k - X_j)X_i = 0,$$

$$E[(X_k - X_j)^2|\mathcal{A}_i] = E(X_k^2|\mathcal{A}_i) - E(X_j^2|\mathcal{A}_i).$$

12. 考虑一个离散时间马尔可夫过程, $X_0 = p$, $0 < p < 1$, 对任意整数 $n \geqslant 0$, 有

$$X_{n+1} = \begin{cases} \alpha + \beta X_n, & \text{以概率 } X_n, \\ \beta X_n, & \text{以概率 } 1 - X_n, \end{cases}$$

证明: $(X_n, n \geqslant 0)$ 是鞅.

13. 令 $\boldsymbol{Y} = (Y_n, n \geqslant 0)$ 是转移概率矩阵为 $\boldsymbol{P} = (p_{ij})$ 的马尔可夫链, 其中

$$p_{00} = 1, \quad p_{i,i+1} = p, \quad p_{i0} = q = 1 - p, \quad i = 1, 2, \cdots.$$

假设 a, b 是任意实常数,

$$X_n = \begin{cases} b, & Y_n = 0, \\ ap^{1-Y_n} + b(1 - p^{1-Y_n}), & Y_n > 0, \end{cases}$$

证明: $(X_n, n \geqslant 0)$ 是鞅.

14. 考虑随机变量族 $(X_n, n \geqslant 0)$, 对每个 n, $E|X_n| < \infty$. 假设

$$E(X_{n+1}|X_0, X_1, \cdots, X_n) = \alpha X_n + \beta X_{n-1}, \quad n > 0,$$

其中 $\alpha > 0, \beta > 0, \alpha + \beta = 1$. 令

$$Y_0 = X_0, \quad Y_n = aX_n + X_{n-1}, \quad n \geqslant 1,$$

试确定常数 a, 使得 $(Y_n, \sigma(X_1, \cdots, X_n), n \geqslant 0)$ 是鞅.

15. 假设随机变量 Y_0 服从 $(0,1]$ 上的均匀分布, 若给定 Y_n, Y_{n+1} 服从 $(1 - Y_n, 1]$ 上的均匀分布. 令 $X_0 = Y_0$,

$$X_n = 2^n \prod_{k=1}^{n} \frac{1 - Y_k}{Y_{k-1}}, \quad n = 1, 2, \cdots,$$

证明: $(X_n, n \geqslant 0)$ 是鞅.

16. 假定 $(U_n,\ \mathcal{F}_n, n \geqslant 0)$, $(V_n,\ \mathcal{F}_n, n \geqslant 0)$ 是两个鞅, $U_0 = V_0 = 0$, 并且对任意 $n \geqslant 1$ 均有 $EU_n^2 < \infty$, $EV_n^2 < \infty$, 证明:

$$E(U_n V_n) = \sum_{k=1}^{n} E[(U_k - U_{k-1})(V_k - V_{k-1})].$$

17. 假设 $Y_1, Y_2, \cdots$ 是独立同分布的随机变量, $P(Y_k = +1) = P(Y_k = -1) = 1/2$. 令 $S_k = Y_1 + \cdots + Y_k$, 证明:

$$P(S_k < k,\ \forall k = 1, 2, \cdots, N \mid S_N = a) = 1 - \frac{a}{N}.$$

18. (瓦尔德 (Wald) 等式) 设 $\{X_n, n \geqslant 1\}$ 是一列独立同分布随机变量, $E|X_1| < \infty$, T 是 $\{X_n, n = 1, 2, \cdots\}$ 的停时且满足 $E|T| < \infty$, 证明: $E\left(\sum_{n=1}^{T} X_n\right) = E(X_1) E(T)$.

习题六部分
习题参考答案

第七章

布朗运动

布朗运动是连续时间实数值随机过程, 其增量独立平稳, 并且具有正态分布; 样本曲线处处连续, 但无处可微. 本章首先给出布朗运动的定义, 介绍布朗运动的基本性质以及相关过程; 接着推导出布朗运动的最大值分布和首中时分布; 第三节介绍伊藤 (Itô) 积分和伊藤公式; 作为应用, 最后给出布莱克–斯科尔斯 (Black-Scholes) 期权定价公式.

7.1　布朗运动及基本性质

一、　引言

布朗运动最早由英国植物学家布朗提出. 19 世纪 20 年代, 布朗用显微镜观察悬浮在液体中的花粉颗粒, 发现颗粒在液体中做无规则运动. 实际上, 在布朗之前已经有人观察到这种现象, 但布朗试图给出合理解释. 他进行了一系列试验, 并猜想颗粒运动不是生物现象, 而是物理现象, 认为花粉颗粒的运动是液体里大量分子和原子的运动造成的. 这种观点后来得到爱因斯坦的认同, 他作了一个非常生动形象的比喻. 人们观看足球比赛时, 看到足球飞来飞去, 其实正是运动员的脚在球场里踢来踢去引起的. 1905 年爱因斯坦发表了一篇论文研究布朗运动, 推导出热扩散方程并由此推定分子的大小. 后来, 法国科学家佩兰 (Perrin) 通过实验证实了爱因斯坦的理论成果. 布朗运动不仅出现在物理现象中, 而且出现在金融产品中. 早在爱因斯坦之前, 法国金融学家巴舍利耶 1900 年在其博士论文中研究期权定价问题时, 就运用布朗运动为股票价格建模. 巴舍利耶同样得到热扩散方程, 并且处理方式更为优雅, 推理更为严密. 20 世纪初, 概率论公理化体系尚未形成, 布朗运动的严格数学定义和构造直到 1923 年才由维纳 (Wiener) 给出. 所以, 布朗运动也被称为维纳过程, 并且成为 20 世纪概率论研究的主要对象.

二、　布朗运动定义

令 $B = (B(t), t \geq 0)$ 是实数值随机过程, 如果满足

(i) 初始值: $B(0) = 0$;

(ii) 独立增量: 假设 $0 < t_1 < t_2 < \cdots < t_k$, 那么 $B(t_1)$, $B(t_2) - B(t_1)$, $\cdots$, $B(t_k) - B(t_{k-1})$ 相互独立;

(iii) 平稳增量: 假设 $s < t$, 那么 $B(t) - B(s)$ 与 $B(t-s)$ 同分布;

(iv) 正态分布: 对任意 $t > 0$, $B(t) \sim N(0, \sigma^2 t)$,

那么称 $B = (B(t), t \geq 0)$ 是参数为 σ^2 的**布朗运动**. 当 $\sigma^2 = 1$ 时, 称为**标准布朗**

运动.

除非特别声明, 以下总假定 $\boldsymbol{B} = (B(t), t \geqslant 0)$ 为标准布朗运动.

注 7.1　与泊松过程 $\boldsymbol{N} = (N(t), t \geqslant 0)$ 比较, 两者都是独立平稳增量过程, 初始值为 0. 但泊松过程为计数过程, 仅取非负整数值, 分布为泊松分布; 布朗运动取所有实数, 分布为正态分布.

三、　基本性质

有了定义之后, 读者自然会问: 这样一类特殊过程存在吗? 如何构造布朗运动? 这是最基本的问题, 也是最具挑战性的问题, 直到 1923 年才由维纳回答, 这里不做详细介绍.

布朗运动
的构造

以下着重学习布朗运动的基本性质: (1) 数字特征; (2) 联合分布; (3) 样本曲线等. 先计算数字特征. 由定义中的 (i) 和 (iv) 得

$$\mu(t) = EB(t) = 0, \quad \mathrm{Var}(B(t)) = t, \quad t \geqslant 0,$$

并且对任意正整数 $m \geqslant 1$,

$$EB(t)^m = \begin{cases} t^k (2k-1)!!, & m = 2k, \\ 0, & m = 2k+1. \end{cases}$$

另外, 任意给定 $s < t$, 由 (ii) 和 (iii) 得 $B(s)$ 和 $B(t)$ 的自相关函数

$$
\begin{aligned}
r_B(s,t) &= E(B(s)B(t)) \\
&= E[B(s)(B(s) + B(t) - B(s))] \\
&= E(B(s))^2 + EB(s)E(B(t) - B(s)) \\
&= s.
\end{aligned}
\tag{7.1}
$$

注 7.2　由 (7.1) 可以看出, 对任意 $s, t \geqslant 0$,

$$r_B(s,t) = s \wedge t. \tag{7.2}$$

这是布朗运动的典型特征. 正如下面定理 7.1 表明的那样: 任何一个均值为 0、自相关函数为 (7.2) 的正态过程一定是布朗运动.

下面计算布朗运动的分布. 任意给定 $t > 0$, 由 (iv) 知

$$B(t) \sim N(0, t),$$

即密度函数为

$$p(t,x) = \frac{1}{\sqrt{2\pi t}}\mathrm{e}^{-\frac{x^2}{2t}}, \quad x \in \mathbb{R}.$$

作为 t,x 的二元函数, $p(t,x)$ 满足方程

$$\begin{cases} \dfrac{\partial}{\partial t}p(t,x) = \dfrac{1}{2}\dfrac{\partial^2}{\partial^2 x}p(t,x), \\ p(0,x) = \delta_0(x), \end{cases} \tag{7.3}$$

其中 $\delta_0(x)$ 为狄拉克 (Dirac) 函数.

注 7.3　方程 (7.3) 正是巴舍利耶 1900 年和爱因斯坦 1905 年分别从金融和物理现象中推导出的热扩散方程.

任意给定 $n \geqslant 1$ 和 $0 < t_1 < t_2 < \cdots < t_n$, 显然有

$$\begin{cases} B(t_1) = B(t_1), \\ B(t_2) = B(t_1) + B(t_2) - B(t_1), \\ B(t_3) = B(t_1) + B(t_2) - B(t_1) + B(t_3) - B(t_2), \\ \qquad\qquad \cdots\cdots\cdots\cdots \\ B(t_n) = B(t_1) + B(t_2) - B(t_1) + \cdots + B(t_n) - B(t_{n-1}). \end{cases}$$

由 (ii)—(iv) 以及通过简单的线性变换计算可得

$$(B(t_1), B(t_2), \cdots, B(t_n)) \sim N(\mathbf{0}, \boldsymbol{\Sigma}_n),$$

其中 $\mathbf{0}$ 是均值向量, $\boldsymbol{\Sigma}_n$ 为协方差矩阵:

$$\boldsymbol{\Sigma}_n = (t_i \wedge t_j)_{n\times n}.$$

这表明布朗运动是正态过程.

作为推论, 其任意有限线性组合都是正态分布. 具体地说, 假设 $a_1, a_2, \cdots, a_n$ 为 n 个实数, 那么

$$\sum_{k=1}^{n} a_k B(t_k) \sim N\left(0, \sigma_n^2\right),$$

其中

$$\sigma_n^2 = \sum_{k=1}^{n} \left(\sum_{i=k}^{n} a_i\right)^2 (t_k - t_{k-1}), \quad t_0 = 0.$$

有了联合分布, 不难计算条件密度函数. 假设 $s < t$ 并且 $x \in \mathbb{R}$, 那么, 在给定 $B(s) = x$ 的条件下, $B(t)$ 的条件密度函数为

$$p_{t|s}(y|x) = \frac{1}{\sqrt{2\pi(t-s)}}\mathrm{e}^{-\frac{(y-x)^2}{2(t-s)}}, \quad y \in \mathbb{R};$$

在给定 $B(t)=y$ 的条件下, $B(s)$ 的条件密度函数为

$$p_{s|t}(x|y) = \frac{\sqrt{t}}{\sqrt{2\pi s(t-s)}} \mathrm{e}^{-\frac{(tx-sy)^2}{2st(t-s)}}, \quad x\in\mathbb{R}.$$

布朗运动的样本曲线非常奇特. 简单地说, 每一条样本曲线都处处连续, 但无处可微. 我们将不给出严格证明, 仅做如下粗略分析. 注意到对任意 $s,t>0$,

$$E\left(B(t)-B(s)\right)^2 = |t-s|. \tag{7.4}$$

由马尔可夫不等式得, 对任意 $\varepsilon>0$,

$$P\left(|B(t)-B(s)|>\varepsilon\right) \leqslant \frac{|t-s|}{\varepsilon^2}.$$

因此, 在每一点 t_0 处依概率连续, 即下式依概率成立:

$$\lim_{t\to t_0} B(t) = B(t_0).$$

为证明几乎处处收敛, 需要进一步使用

$$E(B(t)-B(s))^4 = 3|t-s|^2.$$

事实上, 由此确实可以证明: 存在一个随机过程 $\boldsymbol{B}=(B(t),t\geqslant 0)$ 具有上述性质 (i)—(iv), 并且样本路径几乎处处连续:

$$P\left(\omega : B(\omega,t) \text{ 在 } [0,\infty) \text{ 上连续}\right) = 1.$$

另一方面, 由 (7.4) 知

$$|B(t)-B(s)| \asymp |t-s|^{1/2},$$

其中 "$\asymp$" 表示近似, 这表明曲线 $B(t)$ 不可微.

如何画出布朗运动曲线呢? 对于连续曲线, 通常采用离散逼近方法. 构造简单对称随机游动: $0=S_0,S_1,S_2,\cdots$, 参见例 2.2. 任意给定 $n\geqslant 1$, 定义下列折线:

$$X_n(t) = \begin{cases} \dfrac{1}{\sqrt{n}}S_k, & t=\dfrac{k}{n}, k=0,1,2,\cdots,n, \\ \text{线性插值}, & \text{其他 } t. \end{cases}$$

$\boldsymbol{X}_n = (X_n(t),0\leqslant t\leqslant 1)$ 是 $[0,1]$ 区间上的折线, 称为**部分和过程**. 当 $n\to\infty$ 时, $(X_n(t),0\leqslant t\leqslant 1)$ 逼近 $(B(t),0\leqslant t\leqslant 1)$. 严格地说, 应该写成

$$(X_n(t), 0\leqslant t\leqslant 1) \Rightarrow (B(t), 0\leqslant t\leqslant 1), \tag{7.5}$$

其中 "$\Rightarrow$" 表示过程依分布收敛. (7.5) 可以看成是布朗运动存在性的一种证明. 图 7.1 给出布朗运动在 $[0,1]$ 上的一条模拟曲线.

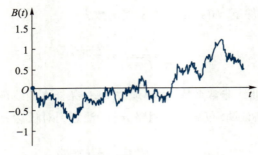

图 7.1

四、 布朗运动的变化形式

首先给出布朗运动的一个判别准则.

定理 7.1   假设 $\boldsymbol{X} = (X(t), t \geqslant 0)$ 是一个实数值正态过程, $EX(t) = 0$, $r_X(s, t) = s \wedge t$, 那么 $\boldsymbol{X}$ 一定是标准布朗运动.

证明   由假设条件知, 对任意 $t \geqslant 0$, $\mathrm{Var}(X(t)) = t$. 既然 $EX(0) = 0$, $\mathrm{Var}(X(0)) = 0$, 所以 $X(0) = 0$ a.s.

另外, 由于 $\boldsymbol{X} = (X(t), t \geqslant 0)$ 是正态过程, 故对任意给定的 $s < t$, $X(t) - X(s)$ 服从正态分布, 并且

$$E\left(X(t) - X(s)\right) = 0, \quad \mathrm{Var}\left(X(t) - X(s)\right) = t - s. \tag{7.6}$$

因此, $X(t) - X(s)$ 与 $X(t - s)$ 分布相同, 即具有平稳增量.

任意给定 $0 < t_1 < t_2 < \cdots < t_n$, 那么 $X(t_1), X(t_2) - X(t_1), \cdots, X(t_n) - X(t_{n-1})$ 具有联合正态分布, 并且两两之间的协方差为 0, 因此增量相互独立.

综合上述, $\boldsymbol{X} = (X(t), t \geqslant 0)$ 为标准布朗运动. 证毕.

注 7.4 $\boldsymbol{X} = (X(t), t \geqslant 0)$ 为正态过程当且仅当任意线性组合为正态随机变量, 即任意给定 n 个时刻 $t_1, t_2, \cdots, t_n$ 和实数 $a_1, a_2, \cdots, a_n$, 线性组合 $\sum_{i=1}^{n} a_i X(t_i)$ 为正态随机变量.

作为定理 7.1 的应用, 我们得到

推论 7.1   下列三个过程均是标准布朗运动:

(i) 给定 $t_0 \geqslant 0$, 定义

$$X(t) = B(t + t_0) - B(t_0), \quad t \geqslant 0;\tag{7.7}$$

(ii) 给定常数 $c > 0$, 定义

$$X(t) = \frac{1}{\sqrt{c}} B(ct), \quad t \geqslant 0;$$

(iii) 定义

$$X(t) = \begin{cases} tB\left(t^{-1}\right), & t > 0, \\ 0, & t = 0. \end{cases}$$

证明 以下仅证明 (7.7) 所定义的 $\boldsymbol{X} = (X(t), t \geqslant 0)$ 为标准布朗运动, 其余类似. 任意给定 n 个时刻 $t_1, t_2, \cdots, t_n$ 和实数 $a_1, a_2, \cdots, a_n$,

$$\sum_{i=1}^{n} a_i X(t_i) = \sum_{i=1}^{n} a_i \left[B(t_i + t_0) - B(t_0)\right]$$
$$= \sum_{i=1}^{n} a_i B(t_i + t_0) - \sum_{i=1}^{n} a_i B(t_0). \tag{7.8}$$

因为布朗运动为正态过程, 所以 (7.8) 是正态随机变量. 因此 $\boldsymbol{X} = (X(t), t \geqslant 0)$ 为正态过程.

另外, 容易计算

$$EX(t) = E\left(B(t + t_0) - B(t_0)\right) = 0, \quad t \geqslant 0,$$
$$r_X(s, t) = E(X(s)X(t))$$
$$= E[(B(s + t_0) - B(t_0))\left(B(t + t_0) - B(t_0)\right)]$$
$$= s \wedge t, \quad s, t \geqslant 0. \tag{7.9}$$

由定理 7.1, $\boldsymbol{X} = (X(t), t \geqslant 0)$ 为标准布朗运动. 证毕.

注 7.5 令 $\mathcal{A}_t = \sigma(B_s, 0 \leqslant s \leqslant t)$, T 是关于 $(\mathcal{A}_t, t \geqslant 0)$ 的停时, 即 $\{T \leqslant t\} \in \mathcal{A}_t$. 定义

$$X(t) = B(T + t) - B(T), \quad t \geqslant 0, \tag{7.10}$$

那么 $\boldsymbol{X} = (X(t), t \geqslant 0)$ 是标准布朗运动. 这被称为**强马尔可夫性**.

五、 若干相关过程

布朗运动是最基本的一类过程, 通过它可以产生一些其他有趣的过程. 以下简单介绍几类经常遇到的随机过程, 如布朗桥、反射布朗运动、几何布朗运动和积分过程等.

(1) 布朗桥. 定义

$$B^0(t) = B(t) - tB(1), \quad 0 \leqslant t \leqslant 1.$$

不难验证 $\boldsymbol{B}^0 = (B^0(t), 0 \leqslant t \leqslant 1)$ 是均值为 0 的正态过程, 并且自相关函数为

$$E(B^0(s)B^0(t)) = E[(B(s) - sB(1))(B(t) - tB(1))]$$

$$= s \wedge t(1 - s \vee t), \quad 0 \leqslant s, t \leqslant 1.$$

柯尔莫哥洛
夫–斯米尔诺
夫检验统计量

注意, $B^0(0) = B^0(1) = 0$. 称 $\boldsymbol{B}^0 = (B^0(t), 0 \leqslant t \leqslant 1)$ 为**布朗桥**, 它对非参数统计中假设检验问题的研究起着非常重要的作用.

(2) 反射布朗运动. 定义

$$X(t) = |B(t)|, \quad t \geqslant 0,$$

称 $\boldsymbol{X} = (X(t), t \geqslant 0)$ 是**反射布朗运动**. 显然, $X(t)$ 仅取非负实数值, 不再是正态过程. 经过一些简单计算得

$$EX(t) = E|B(t)| = \sqrt{\frac{2}{\pi}t}, \quad EX^2(t) = t, \quad t \geqslant 0.$$

给定 $t > 0$, $X(t)$ 的密度函数为

$$p(t, x) = \sqrt{\frac{2}{\pi t}} \mathrm{e}^{-\frac{x^2}{2t}}, \quad x \geqslant 0.$$

(3) 几何布朗运动. 给定 $\alpha, \beta \in \mathbb{R}$, 定义

$$X(t) = \mathrm{e}^{\alpha t + \beta B(t)}, \quad t \geqslant 0,$$

称 $\boldsymbol{X} = (X(t), t \geqslant 0)$ 是**几何布朗运动**. 显然, $X(t)$ 仅取非负实数值, 不再是正态过程. 经过一些简单计算得

$$EX(t) = E\mathrm{e}^{\alpha t + \beta B(t)} = \mathrm{e}^{\alpha t + \beta^2 t/2},$$
$$EX^2(t) = E\mathrm{e}^{2\alpha t + 2\beta B(t)} = \mathrm{e}^{2\alpha t + 2\beta^2 t}. \tag{7.11}$$

给定 $t > 0$, $X(t)$ 的密度函数为

$$p(t, x) = \frac{1}{\beta x \sqrt{2\pi t}} \mathrm{e}^{-(\ln x - \alpha t)^2/(2\beta^2 t)}, \quad x > 0, \tag{7.12}$$

即为对数正态分布.

几何布朗运动对金融市场的研究非常重要. 事实上, 它通常用于描述股票价格, 详见 7.4 节.

(4) 积分过程. 对布朗运动而言, 每一条样本曲线几乎处处都连续, 即存在一个零概率事件 Ω_0, 对每一个 $\omega \in \Omega \setminus \Omega_0$, $B(\omega, t)$ 作为 t 的函数在 $[0, \infty)$ 上连续. 定义

$$X(\omega, t) = \begin{cases} \displaystyle\int_0^t B(\omega, s)\mathrm{d}s, & \omega \in \Omega \setminus \Omega_0, \\ 0, & \omega \in \Omega_0. \end{cases} \tag{7.13}$$

(7.13) 的积分是黎曼积分, 它存在并且有限. 特别注意, 该积分与 7.3 节将讨论的伊藤积分完全不同, 不可混淆. 另外, 当 $\omega \in \Omega_0$ 时, 其值可以任意选择. 记

$$X(t) = \int_0^t B(s)\mathrm{d}s, \quad t \geqslant 0,$$

称 $\boldsymbol{X} = (X(t), t \geqslant 0)$ 为 **积分过程**. 它是一个正态过程, 并且

$$EX(t) = \int_0^t EB(s)\mathrm{d}s = 0, \quad t \geqslant 0,$$

$$
\begin{aligned}
r_X(s,t) &= E(X(s)X(t)) \\
&= \int_0^s \int_0^t E(B(u)B(v))\mathrm{d}u\mathrm{d}v \\
&= \int_0^s \int_0^t u \wedge v \, \mathrm{d}u\mathrm{d}v \\
&= \frac{s^2 t}{2} - \frac{s^3}{6}, \quad s \leqslant t.
\end{aligned}
$$

7.2 最大值分布

本节介绍布朗运动最大值分布和首中时分布. 但在这之前, 先看下面两个实际问题.

从布朗最初实验开始. 往某容器里注入一定量的水, 放入微小的花粉颗粒, 并在显微镜下观察花粉的运动. 由于周围大量水分子和原子的撞击, 花粉颗粒做无规则运动, 忽上忽下, 忽左忽右. 花粉不会跳跃, 因此运动轨迹是连续的; 相比花粉颗粒, 水分子和原子的大小微不足道, 但数量惊人. 花粉每个方向都会受到撞击, 没有确定的运动趋势, 随时都会改变方向. 因此运动轨迹看上去是 "之" 字形, 不够光滑. 根据中心极限定理, 如果花粉颗粒 s 时刻处于 $\boldsymbol{x}$ 处, 那么 t 时刻处于 $\boldsymbol{y}$ 处的可能性由正态分布给出. 一个有趣的问题: 花粉会下沉到容器底部或碰着容器内壁吗 (一旦粘着便吸附不动)? 可能性有多大? 需要多长时间? 这涉及三维布朗运动, 图 7.2 给出了一条运动曲线.

图 7.2

再看金融市场股票价格的波动. 不妨用布朗运动作为股票价格 (尽管巴舍利耶最初是这样做的, 其实这并不合理, 因为股票价格不能取负值). 股票市场受全球诸多因素影响, 价格时而上涨, 时而下跌, 捉摸不定. 每一位股票持有者心中都有一份期待, 有

一份担心, 时刻经受着严重考验. 股票价格能上涨到预期水平吗? 能跌破心理承受的底线吗? 需要多长时间才能重新回到曾经的那个价格? 图 7.3 给出股票波动曲线.

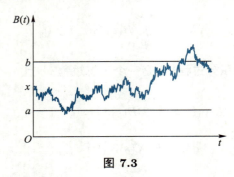

图 7.3

这些都是非常有趣的问题, 但目前只做些简单分析.

一、 最大值

任意给定 $t > 0$, 令

$$M_t = \max_{0 \leqslant s \leqslant t} B(s).$$

M_t 是布朗运动在 $[0, t]$ 内的最大值, 它的分布与下面定义的**首中时**有着密切关系.

任意给定非零实数 a, 令

$$T_a = \begin{cases} \inf\{t \geqslant 0 : B(t) > a\}, & a > 0, \\ \inf\{t \geqslant 0 : B(t) < a\}, & a < 0. \end{cases}$$

由于 $\boldsymbol{B} = (B(t), t \geqslant 0)$ 是几乎处处连续的, 无论 $a > 0$ 还是 $a < 0$, 总有

$$T_a = \begin{cases} \inf\{t \geqslant 0 : B(t) \geqslant a\}, & a > 0, \\ \inf\{t \geqslant 0 : B(t) \leqslant a\}, & a < 0 \end{cases}$$

$$= \inf\{t \geqslant 0 : B(t) = a\} \text{ a.s.}$$

注 7.6　T_a 关于 $(\mathcal{A}_t, t \geqslant 0)$ 不是停时, 而关于 $(\mathcal{A}_{t+}, t \geqslant 0)$ 是停时. 不管怎样, 我们有下列 "强马尔可夫性质": $(B(t + T_a) - B(T_a), t \geqslant 0)$ 是标准布朗运动, 并且与 $(B(t), 0 \leqslant t \leqslant T_a)$ 相互独立.

定理 7.2　给定 $t > 0$,

$$M_t \overset{d}{=} |B(t)|.$$

证明　由于 $B(0) = 0$, 故 $M_t \geqslant 0$. 任意给定 $x > 0$, $P(B(t) = x) = 0$. 因此下式成立:

$$P(M_t > x) = P(M_t > x, B(t) > x) + P(M_t > x, B(t) < x). \tag{7.14}$$

显然,

$$P\left(M_t > x, B(t) > x\right) = P\left(B(t) > x\right). \tag{7.15}$$

往下证明

$$P\left(M_t > x, B(t) < x\right) = P\left(M_t > x, B(t) > x\right). \tag{7.16}$$

如果 $M_t > x$, 那么一定存在一个时刻 $0 < s < t$ 使得 $B(s) = x$, 即 $T_x < t$ 并且 $B(T_x) = x$. 将坐标原点平移到 (T_x, x) 处 (图 7.4). 考虑过程

$$X(t) = B(t + T_x) - B(T_x), \quad t \geqslant 0.$$

由注 7.6, $\boldsymbol{X} = (X(t), t \geqslant 0)$ 是一个新的布朗运动, 并与 $(B(t), 0 \leqslant t \leqslant T_x)$ 相互独立. 这样, 在给定 $\{T_x < t\}$ 的条件下, 事件 $\{B(t) - x > 0\}$ 和事件 $\{B(t) - x < 0\}$ 具有相同概率. 因此 (7.16) 成立.

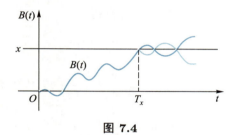

图 7.4

将 (7.15) 和 (7.16) 代入 (7.14) 得

$$P\left(M_t > x\right) = 2P\left(B(t) > x\right) = P\left(|B(t)| > x\right).$$

定理证毕.

注 7.7 $(M_t, t \geqslant 0)$ 是单调不减过程, 因此并不与 $(|B(t)|, t \geqslant 0)$ 同分布. 事实上, 两者仅一维分布相同.

二、 首中时

定理 7.3 令 $f_a(t)$ 表示 T_a 的密度函数, 那么

$$f_a(t) = \frac{|a|}{\sqrt{2\pi}\, t^{3/2}} e^{-a^2/(2t)}, \quad t > 0. \tag{7.17}$$

证明 不妨设 $a > 0$. 对任意 $t > 0$,

$$P(T_a \leqslant t) = P(M_t \geqslant a) = \sqrt{\frac{2}{\pi}} \int_a^\infty \frac{1}{t^{1/2}} e^{-x^2/(2t)} \mathrm{d}x.$$

关于 t 求导得

$$f_a(t) = \frac{1}{\sqrt{2\pi}} \int_a^\infty \left(-\frac{1}{t^{3/2}} + \frac{x^2}{t^{5/2}} \right) e^{-x^2/(2t)} dx$$

$$= -\frac{1}{\sqrt{2\pi}} \int_a^\infty \frac{1}{t^{3/2}} e^{-x^2/(2t)} dx + \frac{1}{\sqrt{2\pi}} \int_a^\infty \frac{x^2}{t^{5/2}} e^{-x^2/(2t)} dx. \qquad (7.18)$$

采用分部积分得

$$\int_a^\infty \frac{1}{t^{3/2}} e^{-x^2/(2t)} dx = -\frac{a}{t^{3/2}} e^{-a^2/(2t)} + \int_a^\infty \frac{x^2}{t^{5/2}} e^{-x^2/(2t)} dx. \qquad (7.19)$$

将 (7.19) 代入 (7.18) 得 (7.17). 当 $a < 0$ 时, 类似可证. 证毕.

推论 7.2 给定 $a \in \mathbb{R}$,

$$P(T_a < \infty) = 1, \quad ET_a = \infty.$$

证明 不妨设 $a > 0$. 经过一些简单计算得

$$P(T_a < \infty) = \lim_{t \to \infty} P(T_a \leqslant t)$$

$$= \lim_{t \to \infty} \sqrt{\frac{2}{\pi}} \int_a^\infty \frac{1}{t^{1/2}} e^{-x^2/(2t)} dx$$

$$= \lim_{t \to \infty} \sqrt{\frac{2}{\pi}} \int_{\frac{a}{t^{1/2}}}^\infty e^{-x^2/2} dx$$

$$= \sqrt{\frac{2}{\pi}} \int_0^\infty e^{-x^2/2} dx = 1.$$

另外, 由 (7.17) 得

$$ET_a = \int_0^\infty t f_a(t) dt$$

$$= \frac{|a|}{\sqrt{2\pi}} \int_0^\infty \frac{1}{t^{1/2}} e^{-a^2/(2t)} dt$$

$$= \infty.$$

证毕.

注 7.8 上述结论有一个有趣的解释. $|a|$ 无论多大, 从 0 点出发的布朗运动总会在有限时间内到达; 另一方面, $|a|$ 无论多么靠近 0, 布朗运动到达 a 所需要的平均时间为 ∞.

定理 7.4 令 $a < 0 < b$, 那么

$$P(T_a < T_b) = \frac{b}{b-a}, \quad P(T_a > T_b) = \frac{|a|}{b-a}. \qquad (7.20)$$

证明　由于布朗运动是鞅, 利用第六章定理 6.7 得

$$EB(T_a \wedge T_b) = EB(0) = 0. \tag{7.21}$$

由于 T_a 和 T_b 都是连续随机变量, 两者相等的概率为 0, 故

$$EB(T_a \wedge T_b) = EB(T_a \wedge T_b)\mathbf{1}_{(T_a < T_b)} + EB(T_a \wedge T_b)\mathbf{1}_{(T_a > T_b)}$$

$$= aP(T_a < T_b) + bP(T_a > T_b). \tag{7.22}$$

将 (7.21) 和 (7.22) 结合起来得

$$aP(T_a < T_b) + bP(T_a > T_b) = 0. \tag{7.23}$$

另外, 显然有

$$P(T_a < T_b) + P(T_a > T_b) = 1. \tag{7.24}$$

求解方程 (7.23) 和 (7.24) 得到 (7.20). 证毕.

三、 推广

现将上述布朗运动最大值和首中时做如下推广. 令 $b \in \mathbb{R}$, 定义

$$X(t) = B(t) - bt, \quad t \geqslant 0.$$

$\boldsymbol{X} = (X(t), t \geqslant 0)$ 是连续正态过程, 但不再是布朗运动.

任给定 $t > 0$, 考虑 $\boldsymbol{X}$ 在 $[0, t]$ 上的最大值 $\max\limits_{0 \leqslant s \leqslant t} X(s)$, 它的分布与首中时有关. 对任何 $a \in \mathbb{R}$, 令

$$T_{a,b} = \begin{cases} \inf\{t \geqslant 0 : X(t) \geqslant a\}, & a > 0, \\ \inf\{t \geqslant 0 : X(t) \leqslant a\}, & a < 0. \end{cases}$$

注意, $T_{a,b}$ 实际上是布朗运动首次击中斜线 $y = a + bt$ 的时刻, 即

$$T_{a,b} = \begin{cases} \inf\{t \geqslant 0 : B(t) \geqslant a + bt\}, & a > 0, \\ \inf\{t \geqslant 0 : B(t) \leqslant a + bt\}, & a < 0. \end{cases}$$

显然, 对任意 $a > 0$, 有

$$P\left(\max_{0 \leqslant s \leqslant t} X(s) \geqslant a\right) = P(T_{a,b} \leqslant t).$$

定理 7.5　给定 $a, b \in \mathbb{R}$, $T_{a,b}$ 的密度函数为

$$f_{a,b}(t) = \frac{|a|}{\sqrt{2\pi}\, t^{3/2}} \mathrm{e}^{-(a+bt)^2/(2t)}, \quad t > 0. \tag{7.25}$$

为给出上述结果的证明, 需要下面的测度变换定理. 给定 $b \in \mathbb{R}$ 和 $T > 0$, 定义

$$\widehat{P}(A) = E e^{bB_T - b^2T/2} \mathbf{1}_A, \quad A \in \mathcal{A}.$$

注意到 $E e^{bB_T - b^2T/2} = 1$, 所以 $\widehat{P} : \mathcal{A} \mapsto [0,1]$ 是概率. 这样我们得到一个新的概率空间 $(\Omega, \mathcal{A}, \widehat{P})$.

定理 7.6　在 $(\Omega, \mathcal{A}, \widehat{P})$ 下, $\boldsymbol{X} = (X(t), 0 \leqslant t \leqslant T)$ 是标准布朗运动.

证明　对任意 $u \in \mathbb{R}$,

$$\widehat{E} e^{uX(t)} = \widehat{E} e^{u(B(t) - bt)}$$
$$= e^{-b^2T/2 - ubt} E e^{bB(T) + uB(t)}$$
$$= e^{u^2t/2},$$

即 $X(t)$ 服从正态分布 $N(0, t)$.

类似地, 可以验证 $\boldsymbol{X} = (X(t), 0 \leqslant t \leqslant T)$ 具有独立平稳增量性. 所以 $\boldsymbol{X}$ 在 $\widehat{P}$ 下为标准布朗运动. 证毕.

现在给出定理 7.5 的证明.

证明　给定 $t > 0$, 选择并固定 $T \geqslant t$. 根据定理 7.6, 在 $(\Omega, \mathcal{A}, \widehat{P})$ 下, $\boldsymbol{X} = (X(t), 0 \leqslant t \leqslant T)$ 是标准布朗运动. 因此, 对任意随机变量 W,

$$\widehat{E}W = E e^{bB_T - b^2T/2} W.$$

特别, 取 $W = e^{-bB_T + b^2T/2} \mathbf{1}_{(T_{a,b} \leqslant t)}$ 得

$$P(T_{a,b} \leqslant t) = E \mathbf{1}_{(T_{a,b} \leqslant t)}$$
$$= \widehat{E} e^{-bB_T + b^2T/2} \mathbf{1}_{(T_{a,b} \leqslant t)}$$
$$= \widehat{E} e^{-bX_T - b^2T/2} \mathbf{1}_{(T_{a,b} \leqslant t)}. \tag{7.26}$$

由于 $\boldsymbol{X} = (X(t), 0 \leqslant t \leqslant T)$ 在 $\widehat{P}$ 下是标准布朗运动, 故 $(e^{-bX_t - b^2t/2}, \mathcal{A}_t, 0 \leqslant t \leqslant T)$ 是鞅. 这样

$$\widehat{E}\left(e^{-bX_T - b^2T/2} | \mathcal{A}_{t \wedge T_{a,b}}\right) = e^{-bX_{t \wedge T_{a,b}} - b^2 t \wedge T_{a,b}/2} \text{ a.s.}$$

既然 $\{T_{a,b} \leqslant t\} \in \mathcal{A}_{t \wedge T_{a,b}}$, 所以

$$\widehat{E} e^{-bX_T - b^2T/2} \mathbf{1}_{(T_{a,b} \leqslant t)} = \widehat{E} e^{-bX_{t \wedge T_{a,b}} - b^2 t \wedge T_{a,b}/2} \mathbf{1}_{(T_{a,b} \leqslant t)}$$
$$= \widehat{E} e^{-bX_{T_{a,b}} - b^2 T_{a,b}/2} \mathbf{1}_{(T_{a,b} \leqslant t)}$$
$$= e^{-ab} \widehat{E} e^{-b^2 T_{a,b}/2} \mathbf{1}_{(T_{a,b} \leqslant t)}. \tag{7.27}$$

根据定理 7.3, 有

$$e^{-ab}\widehat{E}e^{-b^2T_{a,b}/2}\mathbf{1}_{(T_{a,b}\leqslant t)} = e^{-ab}\int_0^t e^{-b^2s/2}\frac{|a|}{\sqrt{2\pi}\,s^{3/2}}e^{-a^2/(2s)}\mathrm{d}s$$

$$= \int_0^t \frac{|a|}{\sqrt{2\pi}\,s^{3/2}}e^{-(a+bs)^2/(2s)}\mathrm{d}s. \tag{7.28}$$

将 (7.28) 和 (7.27) 代入 (7.26) 得 (7.25). 证毕.

7.3　伊藤积分

本节定义伊藤积分, 并给出伊藤公式. 所谓**伊藤积分**, 实际上是指形如下式的积分:

$$\int_0^t f(s)\mathrm{d}B(s), \quad t\geqslant 0, \tag{7.29}$$

其中 f 是随机过程. 通过伊藤积分得到的不仅是一个随机变量, 而且是一个连续鞅.

一、　无界变差

为理解伊藤积分定义的微妙之处, 7.5 节简要回顾了黎曼积分和黎曼–斯蒂尔切斯积分. 定义形如 (7.29) 的积分, 困难在于布朗运动的样本曲线是无界变差函数.

定理 7.7　$\displaystyle\lim_{n\to\infty}\sum_{i=1}^{2^n}\left|B\left(\frac{i}{2^n}\right)-B\left(\frac{i-1}{2^n}\right)\right| = \infty$ a.s.

证明　令

$$S_n = \sum_{i=1}^{2^n}\left|B\left(\frac{i}{2^n}\right)-B\left(\frac{i-1}{2^n}\right)\right|.$$

注意到 $\{S_n, n\geqslant 1\}$ 是单调增加序列, 只需证明

$$S_n \xrightarrow{P} \infty, \quad n\to\infty,$$

即对任意 $M>0$,

$$P(S_n\leqslant M)\to 0, \quad n\to\infty.$$

为此, 计算数学期望和方差:

$$ES_n = \sum_{i=1}^{2^n} E\left|B\left(\frac{i}{2^n}\right)-B\left(\frac{i-1}{2^n}\right)\right|$$

$$= 2^n E \left| N \left(0, \frac{1}{2^n} \right) \right|$$

$$= \sqrt{\frac{2^{n+1}}{\pi}} \to \infty, n \to \infty,$$

$$\mathrm{Var}(S_n) = \mathrm{Var} \left(\sum_{i=1}^{2^n} \left| B \left(\frac{i}{2^n} \right) - B \left(\frac{i-1}{2^n} \right) \right| \right)$$

$$= \sum_{i=1}^{2^n} \mathrm{Var} \left(\left| B \left(\frac{i}{2^n} \right) - B \left(\frac{i-1}{2^n} \right) \right| \right)$$

$$\leqslant \sum_{i=1}^{2^n} E \left| B \left(\frac{i}{2^n} \right) - B \left(\frac{i-1}{2^n} \right) \right|^2$$

$$= 1.$$

所以对任意 $M > 0$, 当 n 充分大时, $ES_n > 2M$. 应用马尔可夫不等式得

$$P(S_n \leqslant M) = P(S_n - ES_n \leqslant M - ES_n)$$

$$\leqslant P \left(|S_n - ES_n| \geqslant \frac{1}{2} ES_n \right)$$

$$\leqslant \frac{4\mathrm{Var}(S_n)}{(ES_n)^2} \to 0, n \to \infty.$$

证毕.

由于布朗运动具有无界变差, 按黎曼–斯蒂尔切斯积分方式定义 $\int_0^t f(s) \, \mathrm{d}B(s)$ 可能会引起麻烦. 仅以 $f(t) = B(t)$ 为例加以说明.

将 $[0,t]$ 进行划分, 分点记为 $0 = t_0 < t_1 < t_2 < \cdots < t_n = t$, 并在每个小区间上取左端点 t_{k-1}, 构造黎曼–斯蒂尔切斯部分和

$$S_n^1 := \sum_{k=1}^n B(t_{k-1}) \left(B(t_k) - B(t_{k-1}) \right).$$

一些简单计算表明

$$S_n^1 - \frac{1}{2} \left[(B(t))^2 - t \right] = -\frac{1}{2} \sum_{k=1}^n \left[(B(t_k) - B(t_{k-1}))^2 - (t_k - t_{k-1}) \right].$$

由于布朗运动具有独立增量和正态分布, 所以

$$E \left\{ S_n^1 - \frac{1}{2} \left[(B(t))^2 - t \right] \right\}^2 = \frac{1}{4} \sum_{k=1}^n E \left[(B(t_k) - B(t_{k-1}))^2 - (t_k - t_{k-1}) \right]^2$$

$$= \frac{1}{4} \sum_{k=1}^n \mathrm{Var} \left[(B(t_k) - B(t_{k-1}))^2 \right]$$

$$= \frac{1}{2} \sum_{k=1}^{n} (t_k - t_{k-1})^2$$

$$\leqslant \frac{t}{2} \max_{1 \leqslant k \leqslant n} (t_k - t_{k-1}).$$

当分点不断加密使得 $\max_{1 \leqslant k \leqslant n} (t_k - t_{k-1}) \to 0$ 时,

$$E \left\{ S_n^1 - \frac{1}{2} \left[(B(t))^2 - t \right] \right\}^2 \to 0.$$

这意味着

$$S_n^1 \xrightarrow{L^2} \frac{1}{2} \left[(B(t))^2 - t \right]. \tag{7.30}$$

另一方面, 取右端点构造黎曼–斯蒂尔切斯部分和:

$$S_n^2 := \sum_{k=1}^{n} B(t_k) \left(B(t_k) - B(t_{k-1}) \right).$$

完全类似的计算表明

$$S_n^2 \xrightarrow{L^2} \frac{1}{2} \left[(B(t))^2 + t \right].$$

由此可以看出, 不同取点方式导致极限不同.

二、 伊藤积分

为克服无界变差引起的麻烦, 文献中出现多种方法定义积分 $\int_0^t f(s) \mathrm{d}B(s)$. 通过比较, 伊藤积分显得尤为重要, 其内容丰富, 应用广泛.

假设 $\boldsymbol{f} = (f(t), t \geqslant 0)$ 是非随机有界变差函数, 定义

$$\int_0^t f(s) \mathrm{d}B(s) = B(t)f(t) - \int_0^t B(s) \mathrm{d}f(s),$$

其中 $\int_0^t B(s) \mathrm{d}f(s)$ 是布朗运动关于 f 的黎曼–斯蒂尔切斯积分.

以下着重考虑随机过程 $\boldsymbol{f} = (f(t), t \geqslant 0)$. 为简单起见, 仅考虑有限区间 $[0, T]$ 的积分, 并对随机过程 $\boldsymbol{f} = (f(t), 0 \leqslant t \leqslant T)$ 做如下假设:

(H1) 可测性: $f(\omega, t) : \Omega \times [0, T] \mapsto \mathbb{R}$ 关于 $\mathcal{A}_T \times \mathcal{B}([0, T])$ 是可测的, 即对 $\mathbb{R}$ 上的任意博雷尔集 B,

$$\{ (\omega, t) : f(\omega, t) \in B \} \in \mathcal{A}_T \times \mathcal{B}([0, T]);$$

(H2) 适应性: $\boldsymbol{f}$ 关于布朗运动 $\boldsymbol{B}$ 是适应过程, 即对每个 t 和 $\mathbb{R}$ 上的任意博雷尔集 B,

$$\{ \omega : f(\omega, t) \in B \} \in \mathcal{A}_t;$$

(H3) 可积性: f 是二阶矩过程, 且

$$\int_0^T E(f(t))^2 \mathrm{d}t < \infty.$$

引理 7.1 令

$$\mathcal{H} = \big\{ f(\omega, t): \ \text{满足 (H1)—(H3)} \big\},$$

并定义

$$\langle f, g \rangle_{\mathcal{H}} = \int_0^T E(f(t)g(t))\mathrm{d}t, \quad \forall f, g \in \mathcal{H}.$$

那么 $(\mathcal{H}, \langle \cdot, \cdot \rangle_{\mathcal{H}})$ 是希尔伯特 (Hilbert) 空间. 进而, 定义 $\|f\|_{\mathcal{H}} = \langle f, f \rangle_{\mathcal{H}}^{1/2}$, 那么 $(\mathcal{H}, \| \cdot \|_{\mathcal{H}})$ 是完备赋范空间, 即巴拿赫 (Banach) 空间.

如果存在 $m \geqslant 1$, $0 = t_0 \leqslant t_1 < t_2 < \cdots < t_m = T$ 以及随机变量 $\xi_0, \xi_1, \cdots, \xi_{m-1}$, 使得 $\xi_i \in \mathcal{A}_{t_i}$, $E\xi_i^2 < \infty$ 并且

$$f(t) = \sum_{i=0}^{m-1} \xi_i \mathbf{1}_{(t_i, t_{i+1}]},$$

那么称 $f = (f(t), 0 \leqslant t \leqslant T)$ 为**初等随机过程**.

令 $\mathcal{H}_0$ 为所有初等随机过程所组成的空间. 假设 $f \in \mathcal{H}_0$, 定义

$$I(f) = \sum_{i=0}^{m-1} \xi_i \left(B(t_{i+1}) - B(t_i) \right).$$

注意, $I(f)$ 的定义与 f 的表达无关, 所以上述定义是合理的.

引理 7.2 $I(f)$ 具有下列性质:

(i) 可加性: 对任意 $f, g \in \mathcal{H}_0$,

$$I(f+g) = I(f) + I(g);$$

(ii) 零均值: 对任意 $f \in \mathcal{H}_0$,

$$EI(f) = 0;$$

(iii) 等距性质: 对任意 $f \in \mathcal{H}_0$,

$$E(I(f))^2 = \int_0^T E(f(t))^2 \mathrm{d}t. \tag{7.31}$$

证明 (i) 留给读者证明, 以下仅证明 (ii) 和 (iii). 由于 $\xi_i \in \mathcal{A}_{t_i}$, 故与 $(B(t_{i+1}) - B(t_i))$ 相互独立, 这样

$$EI(f) = \sum_{i=0}^{m-1} E[\xi_i \left(B(t_{i+1}) - B(t_i) \right)]$$

$$= \sum_{i=0}^{m-1} E\xi_i E\left(B(t_{i+1}) - B(t_i)\right) = 0.$$

另外, 对任意 $i < j$, $\xi_i\left(B(t_{i+1}) - B(t_i)\right)\xi_j \in \mathcal{A}_{t_j}$, 所以与 $\left(B\left(t_{j+1}\right) - B(t_j)\right)$ 相互独立, 并且

$$E[\xi_i\left(B(t_{i+1}) - B(t_i)\right)\xi_j(B\left(t_{j+1}\right) - B(t_j))] = 0.$$

这样, 得

$$
\begin{aligned}
E(I(f))^2 &= E\left[\sum_{i=0}^{m-1} \xi_i\left(B(t_{i+1}) - B(t_i)\right)\right]^2 \\
&= \sum_{i=0}^{m-1} E\left[\xi_i^2\left(B(t_{i+1}) - B(t_i)\right)^2\right] \\
&= \sum_{i=0}^{m-1} E\xi_i^2 E\left(B(t_{i+1}) - B(t_i)\right)^2 \\
&= \sum_{i=0}^{m-1} E\xi_i^2\left(t_{i+1} - t_i\right) = \int_0^T E(f(t))^2 \mathrm{d}t.
\end{aligned}
$$

注 7.9 通过上述证明, 可以看出 "假设 $\xi_i \in \mathcal{A}_{t_i}$" 的重要性. 另外, (7.31) 所给出的等距性质尤为重要. 借用范数形式可写成

$$\|I(f)\|_2 = \|f\|_{\mathcal{H}},$$

其中 $\|I(f)\|_2 = \left[E(I(f))^2\right]^{1/2}$. 正是由于这种等距性质, 可以将 $I(f)$ 拓展到 $\mathcal{H}$ 上.

下列引理表明 $\overline{\mathcal{H}_0} = \mathcal{H}$.

引理 7.3 任给 $f \in \mathcal{H}$, 存在一列 $f_n \in \mathcal{H}_0$ 使得当 $n \to \infty$ 时,

$$\|f_n - f\|_{\mathcal{H}} \to 0.$$

任给 $f \in \mathcal{H}$, 根据引理 7.3, 存在一列初等随机过程 $(f_n, n \geqslant 1)$, 使得

$$\|f_n - f\|_{\mathcal{H}} \to 0, \quad n \to \infty.$$

这样 $\{f_n, n \geqslant 1\}$ 是柯西序列, 即

$$\lim_{n \geqslant m \to \infty} \|f_n - f_m\|_{\mathcal{H}} = 0.$$

由引理 7.2 的 (i) 和 (iii) 得

$$\lim_{n \geqslant m \to \infty} \|I(f_n) - I(f_m)\|_2 = \lim_{n \geqslant m \to \infty} \|f_n - f_m\|_{\mathcal{H}} = 0,$$

即 $\{I(f_n), n \geqslant 1\}$ 在 $L^2(\Omega)$ 中构成柯西序列. 因此存在一个随机变量, 记为 $I(f)$, 使得

$$\lim_{n \to \infty} \|I(f_n) - I(f)\|_{\mathcal{H}} = 0. \tag{7.32}$$

称上述 (7.32) 所定义的 $I(f)$ 为 $\boldsymbol{f}$ **关于布朗运动的积分**. 不难证明, $I(f)$ 与序列 $\{f_n\}$ 的选取无关, 并且在 $\mathcal{H}$ 中具有引理 7.2 所给出的性质.

以上给出了 $\boldsymbol{f}$ 在 $[0, T]$ 上关于 $\boldsymbol{B}$ 的积分. 现在任意给定 $0 \leqslant t \leqslant T$, 可以类似定义 $I\left(f\mathbf{1}_{(0,t]}\right)$. 令

$$\widetilde{X}(t) = I(f\mathbf{1}_{(0,t]}), \quad 0 \leqslant t \leqslant T. \tag{7.33}$$

但是, 并不能保证 (7.33) 所定义的随机过程 $\widetilde{\boldsymbol{X}} = \left(\widetilde{X}(t), 0 \leqslant t \leqslant T\right)$ 具有连续样本路径, 更不具有鞅性质. 甚至由于要除去不可数多个零概率事件, 很难真正定义这样一个过程.

定理 7.8 假设 $\boldsymbol{f} = (f(t), 0 \leqslant t \leqslant T)$ 满足假设 (H1)—(H3), 那么存在一个随机过程 $\boldsymbol{X} = (X(t), 0 \leqslant t \leqslant T)$ 使得

(i) $\boldsymbol{X}$ 的样本路径几乎处处连续, 即

$$P\left(\omega : X(\omega, t) \text{ 在 } [0, T] \text{ 上连续}\right) = 1;$$

(ii) $(X(t), \mathcal{A}_t, 0 \leqslant t \leqslant T)$ 是鞅, 即

$$E\left(X(t)|\mathcal{A}_s\right) = X(s) \text{ a.s.};$$

(iii) 对每一个 $0 \leqslant t \leqslant T$,

$$P\left(\omega : X(\omega, t) = I\left(f\mathbf{1}_{(0,t]}\right)(\omega)\right) = 1.$$

我们将不给出定理 7.8 的详细证明, 仅仅简要介绍证明的主要思想. 任给 $f \in \mathcal{H}$, 存在一列 $f_n \in \mathcal{H}_0$ 使得

$$\|f_n - f\|_{\mathcal{H}} \to 0.$$

定义

$$X_n(t) = I\left(f_n\mathbf{1}_{(0,t]}\right),$$

那么对每个 $n \geqslant 1$, $(X_n(t), \mathcal{A}_t, 0 \leqslant t \leqslant T)$ 是鞅, 并且

$$\|X_n - I\left(f\mathbf{1}_{(0,t]}\right)\|_2 \to 0.$$

另一方面, 可以证明

$$\sup_{0 \leqslant t \leqslant T} |X_n(t) - X_m(t)| \xrightarrow{P} 0, \quad n \geqslant m \to \infty,$$

即 $(X_n, n \geqslant 1)$ 在空间 $C[0,T]$ 上依概率一致收敛, 因此存在极限, 记为 X. 该 X 满足定理 7.8 的要求, 并称为随机过程 f 关于 B 的伊藤积分, 写成

$$X(t) = \int_0^t f(s)\mathrm{d}B(s), \quad 0 \leqslant t \leqslant T.$$

在一些特殊情况下, 上述伊藤积分可以直接计算.

推论 7.3　令 $f : \mathbb{R} \mapsto \mathbb{R}$ 是非随机连续函数, 那么对任意给定 $t \geqslant 0$,

(i)
$$\int_0^t f(B(s))\mathrm{d}B(s) = \lim_{n \to \infty} \sum_{i=1}^n f\left(B_{t_{i-1}}\right)(B(t_i) - B(t_{i-1}));\qquad(7.34)$$

(ii)
$$\int_0^t f(s)\mathrm{d}B(s) = \lim_{n \to \infty} \sum_{i=1}^n f(t_i^*)\left(B(t_i) - B(t_{i-1})\right),$$

其中 $0 = t_0 < t_1 < t_2 < \cdots < t_n = t$ 使得 $\max\limits_{1 \leqslant i \leqslant n} (t_i - t_{i-1}) \to 0$, $t_i^* \in [t_{i-1}, t_i]$.

例 7.1　由 (7.30) 得

$$\int_0^t B(s)\mathrm{d}B(s) = \frac{1}{2}\left(B(t)\right)^2 - \frac{t}{2}.\qquad(7.35)$$

例 7.2　由 (7.34) 可得

$$\int_0^t (B(s))^2\mathrm{d}B(s) = \frac{1}{3}(B(t))^3 - \int_0^t B(s)\mathrm{d}s.\qquad(7.36)$$

读者自行验证.

三、 伊藤公式

对大多数随机过程 f 来说, 通过划分、取点、作和、取极限的方式计算伊藤积分显得非常笨拙, 甚至行不通. 下面所介绍的伊藤公式, 有时称作伊藤引理, 将起着重要作用.

引理 7.4　假设 $F : \mathbb{R} \mapsto \mathbb{R}$ 是关于变量 x 的二次连续可微函数, 那么

$$F\left(B(t)\right) = F(0) + \int_0^t F'\left(B(s)\right)\mathrm{d}B(s) + \frac{1}{2}\int_0^t F''\left(B(s)\right)\mathrm{d}s.\qquad(7.37)$$

简写成

$$\mathrm{d}F\left(B(t)\right) = F'\left(B(t)\right)\mathrm{d}B(t) + \frac{1}{2}F''\left(B(t)\right)\mathrm{d}t.$$

证明　首先, 假设存在 $M > 0$, 使得当 $|x| > M$ 时, $F(x) = 0$. 任给 $n \geqslant 1$, 将 $[0,t]$ 进行 n 等分: $t_i = it/n$, $0 \leqslant i \leqslant n$. 显然,

$$F\left(B(t)\right) - F\left(B(0)\right) = \sum_{i=1}^n \left[F\left(B(t_i)\right) - F\left(B(t_{i-1})\right)\right], \; i = 1, 2, \cdots, n.$$

由于 $F(x)$ 具有二次连续导数, 故对任意 x, y,

$$F(y) - F(x)$$

$$= F'(x)(y-x) + \frac{1}{2}F''(x)(y-x)^2 - \int_x^y (y-u)\left(F''(x) - F''(u)\right) \mathrm{d}u. \tag{7.38}$$

注意

$$\left| \int_x^y (y-u)\left(F''(x) - F''(u)\right) \mathrm{d}u \right| \leqslant (y-x)^2 G(x,y),$$

其中 $G(x,x) = 0$, 并且 $G(x,y)$ 是一致连续有界函数.

令 $x = B(t_{i-1})$, $y = B(t_i)$, 下面分别估计 (7.38) 每一项的和. 由推论 7.3 (i) 得

$$\sum_{i=1}^n F'(B(t_{i-1}))\left(B(t_i) - B(t_{i-1})\right) \to \int_0^t F'(B(s))\mathrm{d}B(s). \tag{7.39}$$

另外, 注意到

$$\sum_{i=1}^n F''\left(B(t_{i-1})\right)\left(B(t_i) - B(t_{i-1})\right)^2$$

$$= \sum_{i=1}^n F''\left(B(t_{i-1})\right)\left(t_i - t_{i-1}\right) + \sum_{i=1}^n F''\left(B(t_{i-1})\right)\left[\left(B(t_i) - B(t_{i-1})\right)^2 - \left(t_i - t_{i-1}\right)\right].$$

由于 $F''(x)$ 连续, 根据黎曼积分定义得

$$\sum_{i=1}^n F''\left(B(t_{i-1})\right)\left(t_i - t_{i-1}\right) \to \int_0^t F''\left(B(s)\right)\mathrm{d}s.$$

由于布朗运动具有独立增量性, 故

$$\sum_{i=1}^n E\{F''\left(B(t_{i-1})\right)\left[\left(B(t_i) - B(t_{i-1})\right)^2 - \left(t_i - t_{i-1}\right)\right]\}$$

$$= \sum_{i=1}^n EF''\left(B(t_{i-1})\right) E\left[\left(B(t_i) - B(t_{i-1})\right)^2 - \left(t_i - t_{i-1}\right)\right]$$

$$= 0,$$

$$\mathrm{Var}\left\{\sum_{i=1}^n F''\left(B(t_{i-1})\right)\left[\left(B(t_i) - B(t_{i-1})\right)^2 - \left(t_i - t_{i-1}\right)\right]\right\}$$

$$= \sum_{i=1}^n E[F''\left(B(t_{i-1})\right)]^2 E\left[\left(B(t_i) - B(t_{i-1})\right)^2 - \left(t_i - t_{i-1}\right)\right]^2$$

$$= 2\sum_{i=1}^n E[F''\left(B(t_{i-1})\right)]^2 \left(t_i - t_{i-1}\right)^2$$

$$\leqslant \frac{2t^2}{n} \sup_{x \in \mathbb{R}} |F''(x)| \to 0, \quad n \to \infty.$$

综合起来得

$$\sum_{i=1}^{n} F''(B(t_{i-1})) \left(B(t_i) - B(t_{i-1})\right)^2 \longrightarrow \int_0^t F''(B(s)) \mathrm{d}s. \tag{7.40}$$

余下证明

$$\sum_{i=1}^{n} \left(B(t_i) - B(t_{i-1})\right)^2 G(t_i, t_{i-1}) \xrightarrow{P} 0. \tag{7.41}$$

既然 $G(t_i, t_{i-1}) \to 0$ 并且 $G(t_i, t_{i-1})$ 有界, 所以由控制收敛定理得

$$E(G(t_i, t_{i-1}))^2 \to 0, \quad n \to \infty.$$

由柯西–施瓦茨不等式得

$$E\left[\left(B(t_i) - B(t_{i-1})\right)^2 G(t_i, t_{i-1})\right] \leqslant \left[E(B(t_i) - B(t_{i-1}))^4 E(G(t_i, t_{i-1}))^2\right]^{1/2}$$

$$\leqslant \frac{\sqrt{3}t}{n} \max_{1 \leqslant i \leqslant n} [E(G(t_i, t_{i-1}))^2]^{1/2} \to 0, \quad n \to \infty.$$

这样

$$\sum_{i=1}^{n} E[(B(t_i) - B(t_{i-1}))^2 G(t_i, t_{i-1})] \to 0.$$

所以 (7.41) 成立, 并和 (7.39), (7.40) 结合起来得 (7.37).

对于一般情形, 可以采用截尾逼近的方法, 略去. 证毕.

注 7.10　(7.37) 可改写成

$$\int_0^t F'(B(s)) \mathrm{d}B(s) = F(B(t)) - F(0) - \frac{1}{2} \int_0^t F''(B(s)) \mathrm{d}s. \tag{7.42}$$

与微积分学基本定理牛顿–莱布尼茨 (Newton-Leibniz) 公式相比较, 伊藤公式 (7.42) 出现新的一项, 即 $-\dfrac{1}{2} \displaystyle\int_0^t F''(B(s)) \mathrm{d}s$. 该项是由布朗运动无界变差而引起的, 称作**变差项**. (7.42) 可以用来计算 $F'(B(t))$ 关于布朗运动的积分. 有时将伊藤公式看作是随机分析中的牛顿–莱布尼茨公式.

例 7.3　(1) 根据 (7.42) 可得 (7.35) 和 (7.36);

(2) 根据 (7.42) 可得

$$\int_0^t \sin(B(s)) \mathrm{d}B(s) = -\cos(B(t)) + 1 - \frac{1}{2} \int_0^t \cos(B(s)) \mathrm{d}s.$$

引理 7.5   假设 $F(t,x): \mathbb{R}_+ \times \mathbb{R} \mapsto \mathbb{R}$ 关于 t 连续可微, 关于 x 二次连续可微. 那么

$$F(t,B(t)) = F(0,0) + \int_0^t \frac{\partial}{\partial x} F(s,B(s))\,\mathrm{d}B(s)+$$

$$\int_0^t \frac{\partial}{\partial s} F(s,B(s))\,\mathrm{d}s + \frac{1}{2}\int_0^t \frac{\partial^2}{\partial^2 x} F(s,B(s))\,\mathrm{d}s.$$

简写成

$$\mathrm{d}F(t,B(t)) = \frac{\partial}{\partial x}F(t,B(t))\,\mathrm{d}B(t) + \frac{\partial}{\partial t}F(t,B(t))\,\mathrm{d}t + \frac{1}{2}\frac{\partial^2}{\partial^2 x}F(t,B(t))\,\mathrm{d}t.$$

证明略.

注 7.11   如果

$$\frac{\partial}{\partial t}F(t,x) = -\frac{1}{2}\frac{\partial^2}{\partial^2 x}F(t,x),$$

那么 $(F(t,B(t)), \mathcal{A}_t, t \geqslant 0)$ 是鞅.

例 7.4   令 $F(t,x) = \mathrm{e}^{\alpha t + \beta x}$. 应用引理 7.5 得

$$\mathrm{e}^{\alpha t + \beta B(t)} = F(t,B(t))$$

$$= 1 + \beta\int_0^t \mathrm{e}^{\alpha s + \beta B(s)}\mathrm{d}B(s) + \left(\alpha + \frac{\beta^2}{2}\right)\int_0^t \mathrm{e}^{\alpha s + \beta B(s)}\mathrm{d}s.$$

特别, 令 $X(t) = \mathrm{e}^{\alpha t + \beta B(t)}$, 上式可简写成

$$\mathrm{d}X(t) = \beta X(t)\mathrm{d}B(t) + \left(\alpha + \frac{\beta^2}{2}\right)X(t)\mathrm{d}t. \tag{7.43}$$

上述伊藤公式实际上对更为广泛的一类随机过程都成立. 假设 $a(x), b(x)$ 是定义在 $\mathbb{R}$ 上的两个博雷尔可测函数. 如果随机过程 $\boldsymbol{X} = (X(t), t \geqslant 0)$ 满足下列方程:

$$X(t) = X(0) + \int_0^t a(X(s))\,\mathrm{d}s + \int_0^t b(X(s))\,\mathrm{d}B(s), \quad t \geqslant 0,$$

那么称 $\boldsymbol{X}$ 为**伊藤扩散过程**, 具有**漂移系数** a 和**扩散系数** b. 上述方程可简写成

$$\mathrm{d}X(t) = a(X(t))\,\mathrm{d}t + b(X(t))\,\mathrm{d}B(t). \tag{7.44}$$

通常称 (7.44) 为**随机微分方程**.

在什么条件下, 上述随机微分方程的解存在并且唯一呢?

定理 7.9   假设 a 和 b 是利普希茨 (Lipschitz) 函数, 即*存在常数 A 使得*

$$|a(x) - a(y)| \leqslant A|x-y|, \quad |b(x) - b(y)| \leqslant A|x-y|.$$

那么存在一个连续随机过程 $\boldsymbol{X} = (X(t), t \geqslant 0)$ 满足

(i) 适应性: 对每一个 $t \geqslant 0$, $X(t) \in \mathcal{A}_t$;

(ii) 除一个零概率事件外 (不依赖于 t), 方程 (7.44) 成立;

(iii) 唯一性: 假如 $\widetilde{\boldsymbol{X}} = (\widetilde{X}(t), t \geqslant 0)$ 满足方程 (7.44), 那么

$$P\left(\widetilde{X}(t) \neq X(t), \text{ 对某个 } t \geqslant 0\right) = 0.$$

例 7.5 令 $-\infty < \mu < \infty, 0 < \sigma < \infty$. 考虑随机微分方程

$$\begin{cases} \mathrm{d}X(t) = \mu X(t)\mathrm{d}t + \sigma X(t)\mathrm{d}B(t), \\ X(0) = x_0, \ x_0 > 0. \end{cases}$$

通过和 (7.43) 比较, 不难看出

$$X(t) = x_0 \mathrm{e}^{(\mu - \sigma^2/2)t + \sigma B(t)}. \tag{7.45}$$

例 7.6 令 $\alpha, \sigma > 0$. 考虑随机微分方程

$$\begin{cases} \mathrm{d}X(t) = -\alpha X(t)\mathrm{d}t + \sigma \mathrm{d}B(t), \\ X(0) = x_0, \ x_0 \in \mathbb{R}. \end{cases}$$

可以验证

$$X(t) = x_0 \mathrm{e}^{-\alpha t} + \sigma \int_0^t \mathrm{e}^{-\alpha(t-s)} \mathrm{d}B(s). \tag{7.46}$$

注 7.12 由 (7.46) 所确定的 $X(t)$ 为奥恩斯坦–乌伦贝克 (Ornstein-Uhlenbeck) 过程. 当 x_0 为标准正态随机变量时, $\boldsymbol{X} = (X(t), t \geqslant 0)$ 为平稳正态过程.

伊藤引理 7.5 可以推广到上述扩散过程.

引理 7.6 假设 $F : \mathbb{R}_+ \times \mathbb{R} \mapsto \mathbb{R}$ 关于 t 连续可微, 关于 x 二次连续可微. $\boldsymbol{X} = (X(t), t \geqslant 0)$ 为伊藤扩散过程, 具有漂移系数 a 和扩散系数 b, 那么

$$F(t, X(t)) = F(0, X(0)) + \int_0^t \frac{\partial}{\partial s} F(s, X(s)) \, \mathrm{d}s +$$

$$\frac{1}{2} \int_0^t \frac{\partial^2}{\partial x^2} F(s, X(s)) \, b^2(s, X(s)) \, \mathrm{d}s +$$

$$\int_0^t \frac{\partial}{\partial x} F(s, X(s)) \, a(s, X(s)) \, \mathrm{d}s +$$

$$\int_0^t \frac{\partial}{\partial x} F(s, X(s)) \, b(s, X(s)) \, \mathrm{d}B(s),$$

简写成

$$\mathrm{d}F(t, X(t)) = \frac{\partial}{\partial t} F(t, X(t)) \, \mathrm{d}t + \frac{1}{2} \frac{\partial^2}{\partial x^2} F(t, X(t)) \, b^2(t, X(t)) \, \mathrm{d}t +$$

$$\frac{\partial}{\partial x} F(t, X(t)) \, a(t, X(t)) \, \mathrm{d}t + \frac{\partial}{\partial x} F(t, X(t)) \, b(t, X(t)) \, \mathrm{d}B(t).$$

7.4　布莱克–斯科尔斯公式

本节讨论欧式买入期权合理定价问题, 并通过伊藤积分和鞅论推导出布莱克–斯科尔斯公式.

一、　期权定价

首先, 给出期权的基本概念和定价原理. 金融市场上有许多金融产品, 如国债、外汇、股票、期货、期权及其他合约. 这些金融产品可以在市场上进行交易, 主要目的在于化解风险. 以下均假设各种交易不产生费用.

期权是一份合约, 规定持有者有权做某事, 但不具有义务. 通常, 期权分为欧式期权、美式期权、亚式期权等. 欧式期权又分为欧式买入期权和欧式卖出期权.

欧式买入期权规定, 持有者有权利在指定时刻以指定价格购买某资产 (如股票), 但不具有义务; 欧式卖出期权规定, 持有者有权利在指定时刻以指定价格卖出某资产 (如股票), 但不具有义务. 期权可以在市场上进行交易.

例 7.7　某公司经常性地消耗石油, 根据经验知, 6 个月后需要 6000 桶原油. 由于各种原因, 国际原油市场价格剧烈波动. 为规避石油价格可能大幅增长带来的额外损失, 该公司决定购买欧式买入期权: 6 个月后可以以期权规定的价格 (比如每桶 K 元) 购买原油. 如果 6 个月后, 原油市场价格高于每桶 K 元, 那么该公司将行使期权所规定的权利; 如果原油市场价格不增反跌, 每桶低于 K 元, 那么该公司可以自由地从市场上直接购买, 期权对此没有任何约束.

由此可见, 买卖期权可以规避风险. 问题: 买卖双方如何为期权进行合理定价? 以下仅限于讨论欧式买入期权.

例 7.8　一步两状态模型. 某证券当前时刻 (0 时刻) 价格 2500 元, 一份欧式买入期权 6 个月后到期, 指定买入价格 3000 元. 某投资者认为, 6 个月后该证券价格为 4000 元的概率为 1/2; 价格为 2000 元的概率为 1/2. 问: 当前时刻该份欧式买入期权的合理价格是多少?

解　为给出合理价格, 我们做如下分析. 假设无风险贷款利率为 0, 记当前时刻为 0, 期权到期时刻为 T, S_T 为 T 时刻证券的价格. 那么该份期权在 T 时刻的收益为

$$(S_T - 3000)^+ = \begin{cases} S_T - 3000, & \text{如果 } S_T \geqslant 3000, \\ 0, & \text{如果 } S_T < 3000. \end{cases}$$

除买入期权外, 是否可以通过其他投资组合方式, 如购买证券和国债, 来实现上述收益呢? 如果可以, 那么实现同等收益所需的投资便可当作期权价格.

假设 0 时刻投资组合为: 购买 x_1 元国债, x_2 份证券 ($2500x_2$ 元), 那么 T 时刻投资收益为

$$\begin{cases} x_1 + 4000x_2, & \text{如果 } S_T = 4000, \\ x_1 + 2000x_2, & \text{如果 } S_T = 2000. \end{cases}$$

令

$$\begin{cases} x_1 + 4000x_2 = 1000, & \text{如果 } S_T = 4000, \\ x_1 + 2000x_2 = 0, & \text{如果 } S_T = 2000. \end{cases}$$

上述等式成立的投资组合为

$$x_1 = -1000, \quad x_2 = \frac{1}{2},$$

即卖出 1000 元国债, 买入 1/2 份证券. 此时, 共需要投资

$$-1000 + \frac{1}{2} \times 2500 = 250 \text{ (元)}.$$

通过上述分析, 欧式买入期权的合理价格为 250 元. 事实上, 当期权价格高于 250 元时, 卖家可以赚取无风险利润; 当期权价格低于 250 元时, 买家可以赚取无风险利润; 当期权价格为 250 元时, 确保市场无套利, 没有赚取无风险利润的机会.

注意, 在上述讨论中, 我们并没有使用 "概率 1/2", 而仅仅使用了下列事实: 可以通过简单投资方式来复制收益, 即卖方可以投资 x_1 元国债, x_2 份证券对冲未定收益 $(S_T - 3000)^+$ 元.

例 7.9 假设无风险贷款利率为 $r > 0$. 某股票 0 时刻 (当前时刻) 价格为 S_0, T 时刻 (下一时刻) 价格为 S_T. 根据市场变化情况, S_T 可能上涨到原价格的 u 倍, 或者下跌到原价格的 d 倍, 其中 $0 < d < 1 < u$, 可能性大小未知. 现有该股票的期权在市场买卖, 期权执行时刻为 T, 规定价格为 K, 其中 $dS_0 < K < uS_0$. 问: 该期权当前时刻公平价格是多少?

解 合理定价的基本原则: 通过适当的投资组合复制期权产生的收益.

假设 0 时刻投资 a 份股票, b 单位国债, 投资价值为 $aS_0 + b$. 该投资组合在 T 时刻的价值为

$$aS_T + b(1+r) = \begin{cases} auS_0 + b(1+r), & \text{如果股票价格上涨}, \\ adS_0 + b(1+r), & \text{如果股票价格下跌}. \end{cases}$$

另一方面, 期权在 T 时刻的价值为

$$C_T = (S_T - K)^+ = \begin{cases} uS_0 - K, & \text{如果股票价格上涨}, \\ 0, & \text{如果股票价格下跌}. \end{cases}$$

令

$$C_T = aS_T + b(1 + r),$$

即得到方程组

$$\begin{cases} auS_0 + b(1 + r) = uS_0 - K, & \text{如果股票价格上涨,} \\ adS_0 + b(1 + r) = 0, & \text{如果股票价格下跌.} \end{cases}$$

求解得

$$a = \frac{uS_0 - K}{(u - d)S_0}, \quad b = -\frac{d(uS_0 - K)}{(u - d)(1 + r)}.$$

以这样的投资组合, 不管 T 时刻的股票价格如何变化, 总能实现期权所带来的收益. 因此该期权的合理价格为

$$\begin{aligned} C_0 &= aS_0 + b \\ &= \frac{uS_0 - K}{u - d} - \frac{d(uS_0 - K)}{(u - d)(1 + r)} \\ &= \frac{1 + r - d}{(u - d)(1 + r)}(uS_0 - K). \end{aligned}$$

例如, 如果 $S_0 = 10$, $S_T = 12$ 或者 8, $K = 10$ 并且 $r = 10\%$, 那么期权的合理价格为

$$C_0 \approx 1.36.$$

二、 布莱克–斯科尔斯公式

例 7.8 所考虑的模型过于简单: (1) 无风险利率为 0; (2) $(0, T)$ 内不进行买卖; (3) T 时刻证券市场只有两种不确定状态. 下面考虑更一般情形.

假设金融市场包含基本金融产品: 国债和股票. 令 $t \geqslant 0$, $M(t)$ 表示 t 时刻 1 份 (单位) 国债的价格, 其中 $M_0 = 1$. 假设无风险利率为 $r > 0$, 那么 $M(t)$ 满足

$$\mathrm{d}M(t) = rM(t)\mathrm{d}t,$$

即

$$M(t) = \mathrm{e}^{rt}.$$

令 $t \geqslant 0$, $S(t)$ 表示 t 时刻 1 份 (单位) 股票的价格, 其中 $S(0) = 1$. 假设 $S(t)$ 满足

$$S(t) = \mathrm{e}^{(\mu - \sigma^2/2)t + \sigma B(t)}, \tag{7.47}$$

即用几何布朗运动描述股票价格.

注 7.13 可以从两个方面来解释 (7.47) 的合理性.

(1) $S(t)$ 的变化规律可用下列随机微分方程描述:

$$\mathrm{d}S(t) = \mu S(t)\mathrm{d}t + \sigma S(t)\mathrm{d}B(t),$$

其中右边第一项表示短时间内股票价格增长, 第二项表示股票价格波动. 正如例 7.5 给出, 该方程的解确为几何布朗运动.

(2) S_t 的变化规律可以通过概率极限定理描述: 将区间 $[0,t]$ 进行 n 等分, 分点为 $0, \dfrac{t}{n}, \dfrac{2t}{n}, \cdots, \dfrac{nt}{n} = t$. 假设证券价格只在这些分点时刻发生变化, 且只有两种可能: 下跌和上涨.

$$\frac{S\left(\dfrac{it}{n}\right)}{S\left(\dfrac{(i-1)t}{n}\right)} = \begin{cases} \mathrm{e}^{\sigma\sqrt{\frac{t}{n}}}, & p = \dfrac{1}{2}\left(1 + \dfrac{\mu}{\sigma}\sqrt{\dfrac{t}{n}}\right), \\[2mm] \mathrm{e}^{-\sigma\sqrt{\frac{t}{n}}}, & 1-p = \dfrac{1}{2}\left(1 - \dfrac{\mu}{\sigma}\sqrt{\dfrac{t}{n}}\right). \end{cases}$$

这样,

$$\frac{S(t)}{S(0)} = \prod_{i=1}^{n} \frac{S\left(\dfrac{it}{n}\right)}{S\left(\dfrac{(i-1)t}{n}\right)}$$

$$= \mathrm{e}^{\sigma\sqrt{\frac{t}{n}}\sum\limits_{i=1}^{n}\xi_i}\,\mathrm{e}^{-\sigma\sqrt{\frac{t}{n}}\left(n-\sum\limits_{i=1}^{n}\xi_i\right)},$$

其中 $\xi_i, i = 1, 2, \cdots, n$ 独立同分布, 只取 0 和 1 两个值, 下跌取 0, 上涨取 1. 因此

$$\ln\frac{S(t)}{S(0)} = 2\sigma\sqrt{\frac{t}{n}}\sum_{i=1}^{n}\xi_i - \sigma\sqrt{nt}.$$

注意到

$$E\ln\frac{S(t)}{S(0)} = \mu t.$$

$$\mathrm{Var}\left(\ln\frac{S(t)}{S(0)}\right) = 4\sigma^2 tp(1-p) \to \sigma^2 t.$$

应用中心极限定理, 当 $n \to \infty$ 时,

$$\ln\frac{S(t)}{S(0)} \sim N(\mu t, \sigma^2 t).$$

同理

$$\ln\frac{S(t)}{S(s)} \sim N\left(\mu(t-s), \sigma^2(t-s)\right).$$

这等价于 $S(t)$ 是几何布朗运动.

现有欧式买入期权, 规定持有人在 T 时刻以指定价格 K 购买股票, 但不具有义务. 假定在 $(0, T)$ 内任意时刻可以买卖该期权, 问题: 如何确定 t 时刻的合理价格?

考虑投资组合 $\alpha = (\alpha(t), 0 \leqslant t \leqslant T)$, $\beta = (\beta(t), 0 \leqslant t \leqslant T)$, 即在 t 时刻购买 $\alpha(t)$ 份国债和 $\beta(t)$ 份股票. 允许 $\alpha(t)$ 和 $\beta(t)$ 为负数, 其中 $\alpha(t)$ 为负数意味着从银行贷款,

$\beta(t)$ 为负数意味着卖空. 假设 $\alpha(t)$, $\beta(t)$ 关于 $\mathcal{A}_t := \sigma\{B(s) : 0 \leqslant s \leqslant t\}$ 是适应的随机过程.

以上投资在 t 时刻的收益为

$$V(t) = \alpha(t)M(t) + \beta(t)S(t).$$

如果

$$V(T) = (S(T) - K)^+,$$

那么称该投资组合可以复制欧式买入期权收益. 在这种情况下, t 时刻欧式买入期权的合理价格为 $V(t)$. 因此, 为了正确定价, 只需证明这样的投资组合存在, 并计算出它的值.

下面进一步假设投资是自融资的, 即

$$dV(t) = \alpha(t)dM(t) + \beta(t)dS(t).$$

这意味着投资的短期净收益仅由股票和国债的价格波动而产生, 投资量不改变.

定理 7.10 在上述假设下, 欧式买入期权 t 时刻的价格为

$$V(t) = S(t)\Phi(d_1(t, S(t))) - Ke^{-r(T-t)}\Phi(d_2(t, S(t))), \tag{7.48}$$

其中 Φ 为标准正态分布函数, 并且

$$d_1(t, x) = \frac{\ln x - \ln K + (r + \sigma^2/2)(T-t)}{\sigma(T-t)^{1/2}}, \tag{7.49}$$

$$d_2(t, x) = \frac{\ln x - \ln K + (r - \sigma^2/2)(T-t)}{\sigma(T-t)^{1/2}}. \tag{7.50}$$

公式 (7.48) 称为**布莱克–斯科尔斯公式**.

注 7.14 (7.48) 中 $V(t)$ 与 μ 无关.

证明 令

$$Z = e^{-\nu^2 T/(2\sigma^2) + \nu B(T)/\sigma},$$

其中 $\nu = r - \mu$. 定义一个新的概率测度 $\widehat{P}$:

$$\widehat{P}(A) = EZ\mathbf{1}_A, \quad A \in \mathcal{A}.$$

令

$$\widehat{B}(t) = -\frac{\nu}{\sigma}t + B(t), \quad 0 \leqslant t \leqslant T.$$

根据定理 7.6, 在 $\left(\Omega, \mathcal{A}, \widehat{P}\right)$ 下 $\widehat{B} = \left(\widehat{B}(t), 0 \leqslant t \leqslant T\right)$ 是标准布朗运动.

应用伊藤公式,

$$d\left(e^{-rt}V(t)\right) = e^{-rt}dV(t) - re^{-rt}V(t)dt$$

$$= e^{-rt}\beta(t)dS(t) - re^{-rt}\beta(t)S(t)dt+$$

$$\mathrm{e}^{-rt}\alpha(t)\,(\mathrm{d}M(t)-rM(t)\mathrm{d}t)$$

$$=\beta(t)\mathrm{e}^{-rt}\left[(\mu-r)S(t)\mathrm{d}t+\sigma S(t)\mathrm{d}B(t)\right]$$

$$=\beta(t)\mathrm{e}^{-rt}\sigma S(t)\mathrm{d}\widehat{B}(t),$$

即

$$\mathrm{e}^{-rt}V(t)=V(0)+\sigma\int_0^t\beta(s)\mathrm{e}^{-rs}S(s)\mathrm{d}\widehat{B}(s).$$

这样, $\left(\mathrm{e}^{-rt}V(t),0\leqslant t\leqslant T\right)$ 在概率测度 $\widehat{P}$ 下关于 $(\mathcal{A}_t,0\leqslant t\leqslant T)$ 是鞅, 从而

$$\mathrm{e}^{-rt}V(t)=\mathrm{e}^{-rT}\widehat{E}\left(V(T)|\mathcal{A}_t\right).$$

下面计算 $\widehat{E}(V(T)|\mathcal{A}_t)$. 代入 $V(T)=(S(T)-K)^+$ 得

$$\widehat{E}\left((S(T)-K)^+|\mathcal{A}_t\right)=\widehat{E}\left[(\mathrm{e}^{(\mu-\sigma^2/2)T+\sigma B(T)}-K)^+|\mathcal{A}_t\right]$$

$$=\widehat{E}\left[(\mathrm{e}^{(r-\sigma^2/2)T+\sigma(B(T)-\frac{r-\mu}{\sigma}T)}-K)^+|\mathcal{A}_t\right]$$

$$=\widehat{E}\left[(\mathrm{e}^{(r-\sigma^2/2)T+\sigma\widehat{B}(t)+\sigma(\widehat{B}(T)-\widehat{B}(t))}-K)^+|\mathcal{A}_t\right]. \tag{7.51}$$

注意到 $\widehat{B}(t)\in\mathcal{A}_t$. 另外, 由定理 7.6 知, 在 $\widehat{P}$ 下 $\widehat{B}(T)-\widehat{B}(t)$ 与 $\mathcal{A}_t$ 相互独立. 所以 (7.51) 等于

$$\frac{1}{\sqrt{T-t}}\int_{-\infty}^{\infty}(\mathrm{e}^{(r-\sigma^2/2)T+\sigma\widehat{B}(t)+\sigma x}-K)^+\phi\left(\frac{x}{\sqrt{T-t}}\right)\mathrm{d}x$$

$$=\frac{1}{\sqrt{T-t}}\mathrm{e}^{(r-\sigma^2/2)T+\sigma\widehat{B}(t)}\int_{\mathrm{e}^{(r-\sigma^2/2)T+\sigma\widehat{B}(t)+\sigma x}>K}\mathrm{e}^{\sigma x}\phi\left(\frac{x}{\sqrt{T-t}}\right)\mathrm{d}x-$$

$$\frac{K}{\sqrt{T-t}}\int_{\mathrm{e}^{(r-\sigma^2/2)T+\sigma\widehat{B}(t)+\sigma x}>K}\phi\left(\frac{x}{\sqrt{T-t}}\right)\mathrm{d}x,$$

其中 ϕ 为标准正态分布密度函数. 进而, 经过一些简单计算可以得出 (7.48). 证毕.

例 7.10 考虑以下实例. 无风险利率 $r=0.01$ (即年利率 1%), $T-t=20$ 天, 股票当前价格 $S_t=100$, 每日波动率为 0.02, 期权规定 T 时刻执行价格为 $K=105$. 求期权在 t 时刻的价格.

解 由 (7.49) 和 (7.50) 得

$$d_1=\frac{1}{0.02\sqrt{20}}\left[\ln 100-\ln 105+20\left(\frac{0.01}{365}+\frac{0.02^2}{2}\right)\right]=-0.49464,$$

$$d_2=\frac{1}{0.02\sqrt{20}}\left[\ln 100-\ln 105+20\left(\frac{0.01}{365}-\frac{0.02^2}{2}\right)\right]=-0.58409.$$

将 d_1 和 d_2 代入 (7.48) 得期权价格

$$V(t)=100\Phi(-0.49464)-105\mathrm{e}^{-0.01/365\times20}\Phi(-0.58409)=1.70.$$

注 7.15　关于布莱克–斯科尔斯定价公式的使用应注意以下几点:

(1) 利率以连续复利计算, 通常无风险利率可参考一年期国债利率;

(2) 股票价格遵循几何布朗运动;

(3) 在期权有效期内, 无风险利率和股票收益变量是不变的;

(4) 股票在期权有效期内无红利及其他所得;

(5) 该公式针对欧式买入期权, 在期权到期之前不能行使权利;

(6) 金融市场不存在无风险套利机会;

(7) 股票交易和期权交易是持续的;

(8) 投资者能够以无风险利率借贷;

(9) 所得结果仅作为期权参考理论价格, 不应作为投资者交易的完全依据. 投资者应当独立判断, 做出理性投资决策;

(10) 实际操作时, 通常借助计算器 (图 7.5) 可以快速方便地进行计算.

图 7.5

7.5　补充与注记

一、巴舍利耶 (Louis Bachelier)

　　巴舍利耶 1870 年 3 月 11 日出生于法国勒阿弗尔, 1946 年 4 月 28 日在法国圣塞尔旺去世. 他读中学不久, 父母便去世, 不得不辍学经商, 由此逐渐熟悉了金融市场的一些操作方式. 22 岁那年, 巴舍利耶来到巴黎索邦大学 (Paris-Sorbonne University) 学习, 选听了阿佩尔 (Appell), 布西内斯克 (Boussinesq) 和庞加莱 (Poincaré) 的一些课程. 8 年后巴舍利耶完成了博士论文, 题为 *Théorie de la spéculation*. 阿佩尔、布西内斯克和庞加莱为博士论文答辩委员会成员, 给予了积极评价.

在学位论文中, 巴舍利耶主要考虑期权定价问题, 用布朗运动作为股票价格, 并推导出界限期权的价格. 在股票价格建模中, 巴舍利耶研究随机游动 (上涨、下跌) 的部分和极限, 发现极限过程连续、不可微, 一阶变差无穷, 二阶变差有限, 三阶或更高阶变差为 0, 这些独特性质刻画了布朗运动, 并给后来的伊藤公式的发现带来了启发.

爱因斯坦 (Einstein) 1905 年发表了一篇划时代的论文 *Investigations on the theory of brownian movement*, 其中推导出布朗运动密度函数满足热扩散方程, 并用它确定分子的大小. 但巴舍利耶学位论文比爱因斯坦早 5 年, 对布朗运动的处理比爱因斯坦要更加优雅, 数学更加严谨.

后来, 巴舍利耶陆续写过十几篇论文, 并分别于 1912 年和 1914 年出版两本著作: *Calcul des Probabilités* 和 *Le Jeu, la Chance et le Hasard*. 但他的职业生涯并不顺利, 1926 年试图回到第戎申请职位时, 被莱维无情拒绝. 在法国数学精英们 (如阿达马、博雷尔、勒贝格、莱维、贝尔) 看来, 巴舍利耶的结果大致是正确的, 但其数学本身并不严谨. 事实上, 巴舍利耶当时所使用的一些数学工具, 如测度论、公理化概率体系还没有完全建立.

巴舍利耶的工作超越于他的时代, 是 20 世纪布朗运动研究的先锋. 尽管生前默默无闻, 但随着金融数学的发展, 人们越来越意识到他的工作的重要性, 将其誉为现代金融数学之父, 并创立巴舍利耶协会. 该协会于 2000 年召开首届国际性大会, 以纪念巴舍利耶博士论文发表 100 周年.

二、 布莱克–斯科尔斯模型

布莱克 (Fisher Black) 1938 年 1 月 11 日出生于美国, 1995 年 8 月 30 日去世. 他于 1964 年获哈佛大学应用数学博士学位, 之后在 Arthur D. Little 公司从事金融证券分析咨询工作. 1971 年在芝加哥大学获得第一份研究工作, 两年后回到波士顿加盟麻省理工学院管理学院.

斯科尔斯 (Myron Scholes) 1941 年出生于加拿大安大略省, 1969 年在法玛 (Fama) 和米勒 (Miller) 指导下获芝加哥大学经济学博士学位. 1968 年在麻省理工学院管理学院找到一份研究工作, 并和布莱克相识.

布莱克在 Arthur D. Little 公司的一位同事设计出一个模型, 用于确定证券和其他资产的定价. 这激发了布莱克的兴趣, 并着重考虑期权, 因为期权交易在当时还不那么普遍. 1969 年秋天, 布莱克和斯科尔斯有了一些想法, 但直到 1973 年才写出一篇文章, 题为 *The pricing of options and corporate liabilities*, 文章提出一个数学模型, 用于确定欧式

买入期权公平交易价格. 他们将其投给 *Journal of Political Economy*, 但很快被拒绝. 布莱克和斯科尔斯坚信自己的想法有些价值, 他们转而投稿 *Review of Economics and Statistics*, 不幸同样被拒绝. 后来, 经法玛和米勒的一些指导, 做了修改并再次投稿 *Journal of Political Economy*, 终于被接收并发表.

自 1973 年发表以来, 布莱克–斯科尔斯期权定价模型逐渐成为金融市场上最广泛接受的模型之一. 1997 年, 斯科尔斯和默顿获诺贝尔经济学奖, 布莱克已故未能获奖. 为了表彰布莱克所做的贡献, 美国金融协会设立 Fischer Black 奖, 每两年颁发一次, 表彰年轻人在金融领域的原创性工作.

三、 伊藤清 (Kiyosi Itô)

伊藤 1915 年 9 月 7 日生于日本北势町, 2008 年 11 月 10 日在日本京都去世.

伊藤 1935 年进入东京帝国大学学习数学, 自学生时代, 就深深地被概率论所吸引. 尽管知道概率论是研究随机现象规律的一个工具, 但对当时有关概率论的论文或工作并不感到满意, 因为这些论文并没有给出随机变量的明确定义. 在 20 世纪 30 年代, 很少数学家把概率论看作一门真正的数学学科. 事实上, 真正研究概率论的学者也为数不多, 只有俄国的柯尔莫哥洛夫、法国的莱维等.

伊藤 1938 年毕业后被安排在内阁统计局工作, 直到 1943 年. 正是在这段时期, 他做出了最为杰出的工作. 在长达 5 年的时间里, 伊藤继续学习概率论, 仔细研读柯尔莫哥洛夫的 *Foundations of the Theory of Probability* 和莱维的 *Theory of Sums of Independent Random Variables*. 在当时人们普遍认为莱维的工作非常困难, 因为他习惯按照自己的直觉解释概率论. 伊藤努力尝试着运用柯尔莫哥洛夫的逻辑体系描述莱维的思想. 经过艰苦的努力, 借鉴美国概率学家杜布 (Doob) 的正则化思想, 伊藤最终发展了随机微分方程. 这便是伊藤的第一个工作, 今天它已成为人们理解莱维理论的通用工具. 1942 年, 伊藤在 *Japanese Journal of Mathematics* 发表了一篇著名文章, 题为 *On stochastic processes (Infinitely divisible laws of probability)*, 其中详细解释了所撰写论文的背景. 不过, 或许由于缺少博士学位, 伊藤的这篇论文当时并没有引起注意, 直到几年后它的重要价值才获得欣赏.

1943 年, 伊藤在名古屋帝国大学 (现改名为名古屋大学) 任教. 这段时期是日本最困难的时期, 但伊藤仍在 *Proceedings of the Imperial Academy of Tokyo* 上连续发表了 6 篇论文, 着实令人敬佩. 1945 年, 伊藤获博士学位, 并继续发展他的随机分析. 1952 年, 伊藤晋升为京都大学教授, 直至 1979 年退休.

如今, 伊藤公式 (亦称伊藤分析) 除具有数学重要性外, 已被广泛应用于物理学、人口遗传学、随机控制和其他自然科学, 特别是金融数学. 伊藤被誉为 20 世纪逐渐发展起来的现代随机分析之父, 于 2006 年获得首届高斯数学奖.

四、 维纳 (Nobert Wiener)

维纳 1894 年 11 月 26 日生于美国密苏里州哥伦比亚, 1964 年 3 月 18 日在瑞典斯德哥尔摩去世. 其父亲 Leo Wiener 是俄国犹太人, 早年在波兰华沙大学学习医学, 但并不喜欢这一职业; 后来转到柏林学习工程. Leo Wiener 1880 年移居美国, 住在新奥尔良, 几经周折之后, 成为密苏里大学现代语言学教授. 后来又在哈佛大学斯拉夫语系任教, 最终成为该系教授. 尽管维纳的父亲没有从事数学相关的工作, 但一直保持着对数学的兴趣和爱好, 并对维纳的早期教育非常关心, 影响颇大.

维纳小时候理解力强, 但动手计算能力薄弱, 显得相当笨拙. 有段时间因视力原因, 医生建议他减少阅读以保护视力. 1906 年, 年仅 12 岁的维纳进入土夫兹学院学习, 其父亲坚持辅导他大学数学. 1909 年维纳从土夫兹学院毕业, 获数学学士学位, 并进入哈佛大学攻读研究生. 他没有听取父亲意见, 开始学习动物学, 但进展得并不顺利, 后来改学哲学. 1910 年获奖学金, 转入康奈尔大学学习数学和哲学, 同样不尽如人意. 经他父亲努力, 维纳搬回哈佛大学, 并在斯密特 (Schmidt) 指导下完成数理逻辑博士论文, 获得博士学位, 毕业后, 去剑桥大学 (University of Cambridge), 跟随罗素 (Russell) 学习数学哲学. 这期间, 选听了哈代 (Hardy) 的一些课程. 1914 年, 维纳去哥廷根大学 (University of Göttingen), 在希尔伯特 (Hilbert) 指导下学习微分方程, 并选听了兰道 (Landau) 的群论. 1915 年, 他回到哈佛大学教授哲学课程. 第一次世界大战之后, 经奥斯古德 (Osgood) 推荐, 维纳在麻省理工学院找到一份教职.

加盟麻省理工学院不久, 维纳便开始研究布朗运动, 在一维函数空间上定义测度, 并自然地引入概率思想. 布朗运动贯穿于维纳毕生的研究之中. 事实上, 他由此开始研究概率论, 并进而研究周期图, 以及比经典傅里叶分析和傅里叶积分更一般的广义调和分析. 他的许多理论研究都受到实际问题, 特别是工程与通信领域问题的驱动. 在二战期间他专心研究弹道曲线控制, 并最终创立了控制论 —— 本质上就是利用统计方法研究通信理论.

维纳兴趣广泛, 在许多领域做出了原创性贡献, 但其写作和演讲的确难以恭维.

应清华大学数学系主任熊庆来教授邀请, 维纳在 1935 — 1936 年担任清华大学客座教授, 进行系统讲学. 后来, 维纳热心地将华罗庚推荐给英国剑桥大学著名数学家哈代.

五、 黎曼–斯蒂尔切斯积分

给定函数 $f : [a,b] \mapsto \mathbb{R}$, 通常采用下列四步来定义黎曼积分 $\int_a^b f(x)\mathrm{d}x$: (1) 分割, (2) 取点, (3) 作黎曼和, (4) 求极限. 具体地说, 在 $[a,b]$ 上插入 $n-1$ 个分点: $a = x_0 < x_1 < \cdots < x_n = b$, 然后在每个 $[x_{i-1}, x_i]$ 内任取一点 ξ_i, 构造黎曼和

$$S_n = \sum_{i=1}^n f(\xi_i)(x_i - x_{i-1}).$$

如果存在一个有限数 S, 使得对任意划分、任意取点, 都有

$$\lim_{\max_i (x_i - x_{i-1}) \to 0} S_n = S,$$

那么称 S 为函数 f 在 $[a,b]$ 上的**黎曼积分**, 记作

$$\int_a^b f(x)\mathrm{d}x = S.$$

什么时候 f 在 $[a,b]$ 上黎曼可积呢?

引理 7.7　当 f 在 $[a,b]$ 上连续或者逐段连续时, $\int_a^b f(x)\mathrm{d}x$ 存在且有限.

黎曼积分具有下列基本性质.

引理 7.8　(i) 线性性质:

$$\int_a^b [c_1 f_1(x) + c_2 f_2(x)]\,\mathrm{d}x = c_1 \int_a^b f_1(x)\mathrm{d}x + c_2 \int_a^b f_2(x)\mathrm{d}x;$$

(ii) 可加性:

$$\int_a^b f(x)\mathrm{d}x + \int_b^c f(x)\mathrm{d}x = \int_a^c f(x)\mathrm{d}x, \quad a \leqslant b \leqslant c;$$

(iii) 牛顿–莱布尼茨 (Newton-Leibniz) 积分公式: 假设 F 是 f 的原函数, 那么

$$\int_a^b f(x)\mathrm{d}x = F(b) - F(a);$$

(iv) 分部积分公式: 假设 u 和 v 具有导函数, 那么

$$\int_a^b u(x)v'(x)\mathrm{d}x = u(x)v(x)\Big|_a^b - \int_a^b v(x)u'(x)\mathrm{d}x.$$

下面定义 f 在 $[a,b]$ 上关于函数 $G(x)$ 的黎曼–斯蒂尔切斯积分 $\int_a^b f(x)\mathrm{d}G(x)$. 同样采用分割、取点、作和、求极限的方法: 在 $[a,b]$ 上插入 $n-1$ 个分点 $a = x_0 < x_1 <$

$\cdots < x_n = b$, 在每个 $[x_{i-1},\, x_i]$ 上任取一点 ξ_i, 作黎曼–斯蒂尔切斯和:

$$S_n = \sum_{i=1}^{n} f(\xi_i)\left[G(x_i) - G(x_{i-1})\right].$$

如果存在一个常数 S, 使得对任意划分、任意取点, 都有

$$\lim_{\max_i (x_i - x_{i-1}) \to 0} S_n = S,$$

那么称 S 为函数 f 在 $[a,b]$ 上关于 G 的**黎曼–斯蒂尔切斯积分**, 记作

$$\int_a^b f(x)\mathrm{d}G(x) = S.$$

什么条件下 $\int_a^b f(x)\mathrm{d}G(x)$ 存在且有限呢? 一般情况下, 需要 $G(x)$ 是有界变差函数. 假设 $G(x)$ 是 $[a,b]$ 上的实值函数, 如果

$$\sup_{\{x_i\}} \sum_{i=1}^{n} |G(x_i) - G(x_{i-1})| < \infty,$$

其中 $\{x_i\}$ 表示 $[a,b]$ 上的分割 $a = x_0 < x_1 < \cdots < x_n = b$, 称 G 在 $[a,b]$ 上具有**有界变差**.

有界变差函数具有下列基本性质.

引理 7.9 (i) 任何有界变差函数都可以写成两个单调增加函数的差;

(ii) 任何有界变差函数都几乎处处可微;

(iii) $[a,b]$ 上具有有界导函数的函数是有界变差函数;

(iv) $[a,b]$ 上的单调函数是有界变差函数.

引理 7.10 假设 $f(x)$ 是 $[a,b]$ 上的连续函数, $G(x)$ 是 $[a,b]$ 上的有界变差函数, 那么 $\int_a^b f(x)\mathrm{d}G(x)$ 存在且有限.

进一步, 假设 $F(x)$ 是 $f(x)$ 的原函数, $G(x)$ 是连续函数, 那么

$$\int_a^b f(x)\mathrm{d}G(x) = F(G(b)) - F(G(a)).$$

注 7.16 黎曼–斯蒂尔切斯积分涉及两个函数: f 和 G. G 具有有界变差性质并不是 f 关于 G 可积的必要条件; 但是, 如果对所有连续函数 f, $\int_a^b f(x)\mathrm{d}G(x)$ 都存在且有限, 那么 G 一定是 $[a,b]$ 上的有界变差函数.

习题七

以下总假设 $\boldsymbol{B} = (B(t), t \geqslant 0)$ 为标准布朗运动.

1. 假设 $h: \mathbb{R}_+ \mapsto \mathbb{R}_+$ 是严格增连续函数, $h(0) = 0$, 当 $t \to \infty$ 时, $h(t) \to \infty$. 定义

$$X(t) = \left[\frac{t}{h(t)}\right]^{-1/2} B(t).$$

(1) 计算 $EB(h(t))$ 和方差 $\mathrm{Var}(B(h(t)))$;

(2) 证明: 对每一个 $t \geqslant 0$, $B(h(t)) \stackrel{d}{=} X(t)$;

(3) 作为过程, $(B(h(t)), t \geqslant 0)$ 与 $(X(t), t \geqslant 0)$ 同分布吗?

2. 假设 $a, \alpha \in \mathbb{R}$, $\sigma > 0$, 定义

$$X(t) = ae^{-\alpha t} + \sigma^2 B(t), \quad t \geqslant 0.$$

(1) 计算 $EX(t)$ 和方差 $\mathrm{Var}(X(t))$;

(2) 证明: $(X(t), t \geqslant 0)$ 是正态过程;

(3) $(X(t), t \geqslant 0)$ 具有独立平稳增量吗?

3. 令 $M(t) = \max\limits_{0 \leqslant s \leqslant t} B(s)$, $X(t) = M(t) - B(t)$, $t \geqslant 0$, 证明:

$$X(t) \stackrel{d}{=} M(t) \stackrel{d}{=} |B(t)|, \quad t \geqslant 0.$$

4. 假设 $x, \mu \in \mathbb{R}$, $\sigma > 0$. 令 $X(t) = x + \mu t + \sigma B(t)$, $t \geqslant 0$, 定义

$$Y(t) = \int_0^t X(s)\mathrm{d}s, \quad t \geqslant 0,$$

计算 $EY(t)$ 和 $\mathrm{Var}(Y(t))$.

5. 令 $X(t) = e^{\int_0^t B(s)\mathrm{d}s}$, $t \geqslant 0$, 证明: $EX(t) = e^{t^3/6}$.

6. 考虑几何布朗运动 $X(t) = xe^{B(t)}$, $x > 0$. 令 $a > 0$, $\tau_a = \inf\{t: X(t) = a\}$, 计算 $E\tau_a$ 和 τ_a 的分布.

7. 令 θ 在 $[0, 2\pi]$ 上服从均匀分布, $U = (\sin\theta)^2$.

(1) 计算 U 的分布;

(2) 假设 X_1, X_2 是独立同分布的标准正态随机变量, 证明:

$$\frac{X_1^2}{X_1^2 + X_2^2} \stackrel{d}{=} U;$$

(3) 问: $U \stackrel{d}{=} 1 - U$?

8. 令 $Z(t) = \int_0^t (B(s))^2 \mathrm{d}s$, 计算 $E(Z(s)Z(t))$, $s, t > 0$.

9. 证明:

$$E\left(B(t)|B(s)\right) = \begin{cases} B(s), & s \leqslant t, \\ \dfrac{t}{s}B(s), & s > t. \end{cases}$$

10. 假设 τ 是适应于布朗运动 $\boldsymbol{B} = (B(t), t \geqslant 0)$ 的停时, 证明:

(1) $X(t) = B(\tau \wedge t) - (B(t) - B(\tau \wedge t))$ 与 $B(t)$ 同分布;

(2) 假设 $a > 0, b < a$, 令 $M(t) = \sup\limits_{0 \leqslant s \leqslant t} B(s)$, 则

$$P(M(t) \geqslant a, B(t) \leqslant b) = P(B(t) \geqslant 2a - b).$$

11. 令 $\tau = \inf\{t \geqslant 0 : |B(t)| = 1\}$, 计算:

(1) $E[\mathrm{e}^{(B(2)B(1))^3}|B(1)]$;

(2) $E\tau$ 和 $E\tau^2$.

12. 设 $\boldsymbol{B_1} = (B_1(t), t \geqslant 0)$ 和 $\boldsymbol{B_2} = (B_2(t), t \geqslant 0)$ 是相互独立的布朗运动. 令 $X(t) = (1 + B_1(t), B_2(t)), A = \{(x_1, x_2) \in \mathbb{R}^2 : x_2^2 = x_1^2/2\}, \tau = \inf\{t \geqslant 0 : X(t) \in A\}$, 计算 $E\tau$.

13. 令 $X(t) = (1 + B(t)/2)^2, t \geqslant 0$, 证明:

$$\mathrm{d}X(t) = \frac{1}{4}\mathrm{d}t + \sqrt{X(t)}\mathrm{d}B(t).$$

14. 令 $\mu_n = E(B(1))^n, n \geqslant 1$, 利用伊藤积分证明 $\mu_{n+2} = (n+1)\mu_n$, 并由此计算 μ_n 的值.

15. 对任何实数 λ, 定义 $X(t) = \mathrm{e}^{\lambda B(t) - \frac{\lambda^2}{2}t}$, 证明: $\boldsymbol{X} = (X(t), t \geqslant 0)$ 是鞅.

16. 定义 $X(t) = \mathrm{e}^{-\beta t}B\left(\mathrm{e}^{2\beta t}\right), t \geqslant 0$, 证明: $(X(t), t \geqslant 0)$ 是平稳正态过程.

17. 利用伊藤公式, 写出下列过程所满足的随机微分方程:

(1) $X(t) = tB(t)$;

(2) $X(t) = \dfrac{B(t)}{1+t}$;

(3) $X(t) = \sin B(t)$;

(4) $X(t) = B(t) - \beta \int_0^t \mathrm{e}^{-\beta(t-s)}B(s)\mathrm{d}s$.

18. 令 $U(t) = \mathrm{e}^{-t}B(\mathrm{e}^{2t}), t \geqslant 0, V(t) = B(t) - tB(1), 0 \leqslant t \leqslant 1$, 求 $E(U(t)U(s))$ 和 $E(V(t)V(s))$.

19. 定义

$$S_n = \sum_{k=1}^{2^n}\left[B\left(\frac{k}{2^n}\right) - B\left(\frac{k-1}{2^n}\right)\right]^2,$$

证明:

$$E\left(S_{n+1}|S_n\right) = \frac{1}{2}(S_n + 1).$$

习题七部分
习题参考答案

第八章

平稳随机过程
遍历性

本章介绍平稳随机过程的均值遍历性. 特别, 当平稳随机过程渐近独立时, 时间平均等于样本平均.

8.1　时间平均

一、 样本平均

在定义时间平均之前, 回顾算术平均、加权平均和样本平均的基本概念.

计算平均值的历史由来已久, 已成为人们日常生活不可或缺的一部分. 如某一国家或地区 18 岁男生平均身高, 某班级某门课程考试平均成绩, 某地区公务员年平均工资, 等等. 基本算法如下: 假设 $x_1, x_2, \cdots, x_n$ 表示所有观测到的数, 那么其平均值为

$$\overline{x}_n = \frac{x_1 + x_2 + \cdots + x_n}{n}. \tag{8.1}$$

(8.1) 给出的实际上是 $x_1, x_2, \cdots, x_n$ 的算术平均值.

在有些实际问题中, 人们需要使用加权平均. 例如, 某大学毕业生毕业前计算在校四年的总平均成绩. 所学课程可分为四类: 思政课、通识课、文体课、专业课, 各类课程在总平均成绩中所占比例 (权重系数) 不同. 一般来说, 先将各类课程按算术平均方法计算出平均成绩, 再按权重系数进行加权平均. 假如四类课程的平均成绩分别为 x_1, x_2, x_3, x_4, 权重系数分别为 $\alpha_1, \alpha_2, \alpha_3, \alpha_4$, 其中 $\alpha_1 + \alpha_2 + \alpha_3 + \alpha_4 = 1$, 那么总平均成绩为

$$\overline{x}_4 = \alpha_1 x_1 + \alpha_2 x_2 + \alpha_3 x_3 + \alpha_4 x_4.$$

注 8.1　加权平均是算术平均的推广. 当各个加权系数都相等时, 加权平均变成算术平均. 权重系数具有一定的主观性. 如上述四类课程的权重系数大小在一定程度上影响着学生学习时间的分配, 不同学校可以根据各自办学理念制定不同的权重系数.

掌握计算平均值的技巧和方法是非常有用的. 例如, 当测量某物体长度时, 人们总是喜欢测量几次, 通过计算平均值来作为该物体的长度; 实际上, 多测量几次总比仅测量一次要更加接近真值. 再如, 为了真正比较两名同学学习某门课程的好坏, 任课老师通常从题库中随机选择几份试卷考查学生, 并通过计算平均成绩来评判, 而不是单看某一次考试的成绩.

当遇到其他一些实际问题时, 需要灵活运用上述 "平均" 思想. 如各类竞技性的比赛, 参赛选手需要很长时间准备, 并且比赛耗费大量时间、体力和精力, 因此不能让选

手连续多次比赛获取平均成绩. 对于这类比赛, 习惯采用多名裁判, 他们同时观看比赛并独立打分, 然后计算这些分数的平均值, 进行排名.

下面讨论随机变量的数学期望. 正如大家知道的那样, 随机变量的数学期望实际上是一种加权平均: 随机变量取值按照其概率大小进行加权平均.

特别, 假设 X 是离散随机变量,

$$X \sim \begin{pmatrix} x_1 & x_2 & \cdots & x_N \\ p_1 & p_2 & \cdots & p_N \end{pmatrix},$$

其中 $N \leqslant \infty$, 数学期望定义为

$$EX = \sum_{k=1}^{N} p_k x_k; \tag{8.2}$$

假设 X 是连续随机变量,

$$X \sim p(x), \quad -\infty < x < \infty,$$

数学期望定义为

$$EX = \int_{-\infty}^{\infty} x p(x) \mathrm{d}x. \tag{8.3}$$

当然, 从严格数学意义上来说, 需要上述级数 (8.2) 和积分 (8.3) 绝对收敛. 由于概率是频率的极限, 故随机变量的数学期望本质上是算术平均.

假设 $X, X_1, X_2, \cdots, X_n, \cdots$ 是一列独立同分布随机变量, $E|X| < \infty$ 并且 $EX = \mu$, 根据著名的辛钦大数定律得

$$\frac{X_1 + X_2 + \cdots + X_n}{n} \xrightarrow{P} \mu, \quad n \to \infty. \tag{8.4}$$

进而, 由柯尔莫哥洛夫大数定律, (8.4) 可加强为几乎处处收敛. 这样, 为估计随机变量的数学期望 μ, 可以多次反复观察, 记录观测值, 计算算术平均值. 基于这一事实, 有时称数学期望 μ 为 "统计平均" 或 "样本平均".

二、 时间平均

如何计算随机过程的数学期望呢? 假设 $\boldsymbol{X} = (X(t), t \in T)$ 为实数值随机过程, $E|X(t)| < \infty$, 并且 $\mu(t) = EX(t)$. 问题: 如何估计 $\mu(t)$?

当然, 对每一个 $t \in T$, $X(t)$ 是随机变量, 因此可以按照以上所说, 通过多次反复观察 (注意, 需要在同一时刻 t), 记录观测值, 计算算术平均值. 但是, 确实会遇到一些实际问题, 无法实现反复试验或多次观察, 也就是说, 无法获得样本数据. 例如, 金融市场上的货币汇率、股票价格、期货指数等, 可以通过随机过程描述; 但是, 时间参数

T 大多选择为现实交易时间. 在真实世界里, 时间是单向的, 不可逆转, 不可重复. 在指定时刻, 所有事件只发生一次. 也就是说, 只有一个观测值, 无法使用大数定律估计 $\mu(t)$.

为克服这一困难, 需要引入 "时间平均" 的概念, 充分利用过程的另一重要参数——时间. 不失一般性, 我们仅讨论平稳随机过程, 即二阶矩存在, 均值函数为常数, 自相关函数只与时间间隔有关的过程.

从离散时间随机过程开始. 假设 $\boldsymbol{X} = (X_n, n \geqslant 0)$ 是平稳随机过程, 前 n 个时刻观测值的平均值为

$$\overline{X}_n = \frac{X_0 + X_1 + X_2 + \cdots + X_{n-1}}{n}.$$

如果存在一个随机变量 τ, 使得 $(\overline{X}_n, n \geqslant 1)$ 在均方意义下收敛于 τ, 即

$$\lim_{n \to \infty} E(\overline{X}_n - \tau)^2 = 0,$$

那么称 τ 为该随机过程的**时间平均**, 简记为

$$\lim_{n \to \infty} \overline{X}_n = \tau.$$

类似地, 假设 $\boldsymbol{X} = (X_k, k \in \mathbb{Z})$ 是平稳随机过程, $2n+1$ 个时刻观测值的平均值为

$$\overline{X}_n = \frac{1}{2n+1} \sum_{k=-n}^{n} X_k, \quad n \geqslant 0.$$

如果存在一个随机变量 τ, 使得 $(\overline{X}_n, n \geqslant 0)$ 在均方意义下收敛于 τ, 即

$$\lim_{n \to \infty} E(\overline{X}_n - \tau)^2 = 0,$$

那么称 τ 为该随机过程的**时间平均**.

对于连续时间随机过程, 通常以积分代替求和. 假设 $\boldsymbol{X} = (X(t), t \geqslant 0)$ 是平稳随机过程, 首先定义 $[0, T]$ 内的**过程平均值**:

$$\overline{X}_T = \frac{1}{T} \int_0^T X(t) \mathrm{d}t. \tag{8.5}$$

任意给定样本点 ω, $X(\omega, t)$ 是一条样本曲线. 但作为 t 的函数, $X(\omega, t)$ 并不一定在 $[0, T]$ 内黎曼可积. 作为适当的修正, 我们采用均方可积概念, 将 $[0, T]$ 进行划分, 分点为 $0 = t_0 < t_1 < t_2 < \cdots < t_n = T$; 在每个小区间 $[t_{k-1}, t_k]$ 内任取一点 t_k^*; 作和

$$S_n = \sum_{k=1}^{n} X(t_k^*)(t_k - t_{k-1}).$$

如果存在一个随机变量 ξ_T (不依赖于上述划分和取点), 使得

$$\lim_{\substack{\max_k (t_k - t_{k-1}) \to 0}} E(S_n - \xi_T)^2 = 0,$$

那么称 $X(t)$ 在 $[0,T]$ 内**均方可积**, 积分为 ξ_T, 记为

$$\int_0^T X(t)\mathrm{d}t = \xi_T.$$

下面给出 $X(t)$ 在 $[0,T]$ 内均方可积的充分条件.

定理 8.1 假设 $\boldsymbol{X} = (X(t), t \geqslant 0)$ 是二阶矩过程, $E(X(t))^2 < \infty$. 给定 $T > 0$, 如果

$$\int_0^T \int_0^T E(X(s)X(t))\mathrm{d}s\mathrm{d}t < \infty,$$

那么 $X(t)$ 在 $[0,T]$ 内均方可积.

证明略.

假设对任何 $T > 0$, (8.5) 存在且有限. 定义

$$\overline{X}_T = \frac{1}{T} \int_0^T X(s)\mathrm{d}s,$$

称 $\overline{X}_T$ 为 $[0,T]$ 内的**时间平均**. 进而, 如果存在随机变量 τ, 使得

$$\lim_{T\to\infty} E(\overline{X}_T - \tau)^2 = 0,$$

那么称 τ 为随机过程 $\boldsymbol{X} = (X(t), t \geqslant 0)$ 的**时间平均**, 简记为

$$\lim_{T\to\infty} \overline{X}_T = \tau.$$

类似地, 假设 $\boldsymbol{X} = (X(t), -\infty < t < \infty)$ 是平稳随机过程, 可以定义 $[-T,T]$ 内的平均值

$$\overline{X}_T = \frac{1}{2T} \int_{-T}^T X(t)\mathrm{d}t$$

和随机过程的时间平均 τ.

有了时间平均的概念, 人们自然会问: 在什么条件下,

$$\tau = \mu \ \text{a.s.},$$

其中 $\mu = EX(t)$.

例 8.1 假设 $\boldsymbol{X} = (X_n, n \geqslant 0)$ 是离散时间平稳随机过程, 各个时刻独立同分布, 并且 $EX_k = \mu$, $\mathrm{Var}(X_k) = \sigma^2 < \infty$. 那么, 由柯尔莫哥洛夫大数定律得

$$\tau = \mu \ \text{a.s.}$$

例 8.2 (例 2.1 续)　假设 $\boldsymbol{X} = (X(t), -\infty < t < \infty)$ 是余弦波过程, 那么对每一个样本点 $\Theta \in [0, 2\pi]$, $X(\Theta, t)$ 是余弦曲线, 连续有界. 因此在任何 $[-T, T]$ 内均方可积, 积分为

$$\int_{-T}^{T} X(\Theta, t)\mathrm{d}t = \frac{a}{w}[\sin(wT + \Theta) - \sin(-wT + \Theta)].$$

由此得 $\tau = 0$, 即

$$\tau = \mu = 0 \text{ a.s.}$$

例 8.3　假设 ξ 是非退化随机变量, $E\xi = \mu$, $0 < \text{Var}(\xi) < \infty$. 定义

$$X_k = \xi, \quad k \geqslant 0,$$

那么 $\boldsymbol{X} = (X_k, k \geqslant 0)$ 是平稳随机过程, 均值为 μ. 但另一方面, 一旦给定初始值 X_0, 即 ξ, 整个过程就确定了: 对所有 $k \geqslant 1$, $X_k = \xi$, 不再具有随机性. 因此, 时间平均为 $\tau = \xi$. 这样

$$\tau \neq \mu.$$

注 8.2　例 8.1 和 8.3 代表着两个极端情形. 当随机过程的各个时刻独立同分布时, 如同独立地重复试验, 所以时间平均等于样本平均; 当随机过程完全由初始值确定时, 实际上等同于一个观测值, 随着时间推移, 并不能获得更多信息, 无法了解随机过程的所有取值和可能性大小.

最后, 给出均值遍历性的概念.

令 $\boldsymbol{X} = (X(t), t \in T)$ 是平稳随机过程, 如果时间平均等于样本平均, 即

$$\tau = \mu \text{ a.s.},$$

那么称 $\boldsymbol{X} = (X(t), t \in T)$ 满足**均值遍历性**.

8.2　均值遍历性

本节继续讨论随机过程满足均值遍历性的条件, 并给出更多例子.

定理 8.2　假设 $\boldsymbol{X} = (X_n, n \geqslant 0)$ 是离散时间平稳随机过程, $EX_n = \mu$, $r_X(k) = E(X_0 X_k)$, 那么 $\boldsymbol{X} = (X_n, n \geqslant 0)$ 满足均值遍历性当且仅当

$$\frac{1}{n^2} \sum_{k=1}^{n} (n - k)(r_X(k) - \mu^2) \to 0, \quad n \to \infty.$$

证明　不妨设 $\mu = 0$. 简单计算得

$$E\left(\frac{1}{n}\sum_{k=0}^{n-1}X_k\right)^2 = \frac{r_X(0)}{n} + \frac{2}{n^2}\sum_{0\leqslant l<k\leqslant n-1}r_X(k-l). \tag{8.6}$$

另外, 将指标变换与求和次序交换得

$$\begin{aligned}\sum_{0\leqslant l<k\leqslant n-1}r_X(k-l) &= \sum_{l=0}^{n-2}\sum_{k=l+1}^{n-1}r_X(k-l)\\ &= \sum_{l=0}^{n-2}\sum_{\tau=1}^{n-1-l}r_X(\tau)\\ &= \sum_{\tau=1}^{n-1}(n-1-\tau)r_X(\tau).\end{aligned} \tag{8.7}$$

将 (8.6) 和 (8.7) 结合起来知

$$E\left(\frac{1}{n}\sum_{k=0}^{n-1}X_k\right)^2 \to 0 \quad \text{当且仅当} \quad \frac{1}{n^2}\sum_{k=1}^{n}(n-k)r_X(k) \to 0.$$

定理证毕.

推论 8.1　在定理 8.2 的假设下, $\boldsymbol{X} = (X_n, n \geqslant 0)$ 满足均值遍历性当且仅当

$$\frac{1}{n}\sum_{k=1}^{n}(r_X(k)-\mu^2) \to 0, \quad n\to\infty.$$

推论 8.2　在定理 8.2 的假设下, 如果

$$r_X(k) \to \mu^2, \quad k\to\infty, \tag{8.8}$$

那么 $\boldsymbol{X} = (X_n, n \geqslant 0)$ 满足均值遍历性.

注 8.3　条件 (8.8) 意味着随机过程渐近不相关. 特别, 如果 $\boldsymbol{X} = (X_n, n \geqslant 0)$ 是平稳白噪声序列, 即 $EX_n = 0$, 并且对任意 $k \geqslant 1$, $r_X(k) = 0$, 那么 $\boldsymbol{X} = (X_n, n \geqslant 0)$ 满足均值遍历性.

例 8.4　令 $\boldsymbol{Y} = (Y_n, n \geqslant 0)$ 为非周期不可约马尔可夫链, 状态空间为 $\mathcal{E} = \{1, 2, \cdots, N\}$. 假设存在平稳分布 $\boldsymbol{\pi} = (\pi_1, \pi_2, \cdots, \pi_N)$, 并选择 $\boldsymbol{\pi}$ 作为初始分布.

这样, 该马尔可夫链为正常返平稳马尔可夫链, 状态 m 的平均常返时间为 $1/\pi_m$, 并且对任意状态 i 和 m 有

$$p_{im}^{(n)} \to \pi_m, \quad n\to\infty. \tag{8.9}$$

给定状态 m, 构造一个新的随机过程 $\boldsymbol{X} = (X_n, n \geqslant 0)$ 如下:

$$X_n = \begin{cases} 1, & Y_n = m, \\ 0, & Y_n \neq m. \end{cases}$$

这是一个计数过程, 统计 Y_n 在运行过程中处于给定状态 m 的时间点 (时刻). 既然 $\boldsymbol{Y} = (Y_n, n \geqslant 0)$ 是强平稳过程, 那么 $\boldsymbol{X} = (X_n, n \geqslant 0)$ 是强平稳过程. 当然, 它也是弱平稳过程. 注意,

$$P(X_0 = 1) = P(Y_0 = m) = \pi_m, \quad EX_0 = \pi_m,$$

并根据 (8.9) 得

$$\begin{aligned} E(X_0 X_k) &= P(X_0 = 1, X_k = 1) \\ &= P(X_0 = 1)P(X_k = 1 | X_0 = 1) \\ &= P(Y_0 = m)P(Y_k = m | Y_0 = m) \\ &= \pi_m p_{mm}^{(k)}. \end{aligned}$$

这样, 当 $k \to \infty$ 时,

$$r_X(k) = \pi_m p_{mm}^{(k)} \to \pi_m^2.$$

由推论 8.2 知, $\boldsymbol{X} = (X_n, n \geqslant 0)$ 满足均值遍历性, 即

$$\lim_{n \to \infty} \frac{X_0 + X_1 + \cdots + X_{n-1}}{n} = \pi_m. \tag{8.10}$$

注 8.4 (8.10) 有一个有趣的直观解释: 对于平稳遍历马尔可夫链, 处于各个状态的概率大小可以由处于该状态的时间比例来估计.

下面考虑连续时间随机过程.

定理 8.3 假设 $\boldsymbol{X} = (X(t), t \geqslant 0)$ 是连续时间平稳随机过程, $EX(t) = \mu$, $r_X(t) = E(X_0 X_t)$. 那么 $\boldsymbol{X} = (X(t), t \geqslant 0)$ 满足均值遍历性当且仅当

$$\frac{1}{T^2} \int_0^T (T - t)(r_X(t) - \mu^2) dt \to 0, \quad T \to \infty.$$

证明 不妨设 $\mu = 0$. 注意到

$$E\left(\int_0^T X(t)dt\right)^2 = E\int_0^T \int_0^T X(s)X(t)dsdt.$$

将数学期望和积分交换得

$$E\int_0^T \int_0^T X(s)X(t)dsdt = \int_0^T \int_0^T E(X(s)X(t))dsdt$$

$$= 2 \int_0^T \left(\int_s^T r_X(t-s) \mathrm{d}t \right) \mathrm{d}s.$$

经简单变量替换得

$$\int_0^T \left(\int_s^T r_X(t-s)\mathrm{d}t \right) \mathrm{d}s = \int_0^T (T-\tau) r_X(\tau) \mathrm{d}\tau.$$

综合上述,

$$E \left(\frac{1}{T} \int_0^T X(t)\mathrm{d}t \right)^2 \to 0$$

当且仅当

$$\frac{1}{T^2} \int_0^T (T-\tau) r_X(\tau) \mathrm{d}\tau \to 0.$$

定理证毕.

推论 8.3 在定理 8.3 的假设下, $\boldsymbol{X} = (X(t), t \geqslant 0)$ 满足均值遍历性当且仅当

$$\frac{1}{T} \int_0^T (r_X(t) - \mu^2)\mathrm{d}t \to 0, \quad T \to \infty.$$

推论 8.4 在定理 8.3 的假设下, 如果

$$r_X(t) \to \mu^2, \quad t \to \infty,$$

那么 $\boldsymbol{X} = (X(t), t \geqslant 0)$ 满足均值遍历性.

例 8.5 奥恩斯坦–乌伦贝克过程. 令 $\boldsymbol{B} = (B(t), t \geqslant 0)$ 是标准布朗运动, $\alpha, \sigma > 0$ 是常数. 定义

$$X(t) = \sigma \mathrm{e}^{-\alpha t} B \left(\frac{\mathrm{e}^{2\alpha t}}{2\alpha} \right), \quad t \geqslant 0.$$

容易验证由此定义的随机过程 $\boldsymbol{X} = (X(t), t \geqslant 0)$ 具有下列基本性质:

(1) $EX(t) = 0, \quad \mathrm{Var}(X(t)) = \dfrac{\sigma^2}{2\alpha}, \quad t \geqslant 0;$

(2) $\mathrm{Cov}(X(s), X(t)) = \dfrac{\sigma^2}{2\alpha} \mathrm{e}^{-\alpha(t-s)}, \quad 0 \leqslant s < t;$

(3) $\boldsymbol{X} = (X(t), t \geqslant 0)$ 是平稳正态随机过程, 样本路径几乎处处连续.

特别, 应用上述推论 8.4, $\boldsymbol{X}$ 满足均值遍历性.

对于其他时间参数的平稳随机过程, 可以写出类似的遍历性条件.

定理 8.4 (i) 假设 $\boldsymbol{X} = (X_n, n \in \mathbb{Z})$ 是离散时间平稳随机过程, $EX_n = \mu$, $r_X(k) = E(X_n X_{n+k})$, 那么 $\boldsymbol{X} = (X_n, n \in \mathbb{Z})$ 满足均值遍历性当且仅当

$$\frac{1}{n^2} \sum_{k=-n}^n (n - |k|)(r_X(k) - \mu^2) \to 0, \quad n \to \infty;$$

(ii) 假设 $\boldsymbol{X} = (X(t), -\infty < t < \infty)$ 是连续时间平稳随机过程, $EX(t) = \mu$, $r_X(t) = E(X(s)X(s+t))$, 那么 $\boldsymbol{X} = (X(t), -\infty < t < \infty)$ 满足均值遍历性当且仅当

$$\frac{1}{T^2} \int_{-T}^{T} (T - |t|)(r_X(t) - \mu^2)\mathrm{d}t \to 0, \quad T \to \infty.$$

例 8.6 (例 2.1 续) 考虑余弦波过程 $\boldsymbol{X} = (X(t), -\infty < t < \infty)$. 已知

$$r_X(t) = \frac{a^2}{2} \cos wt.$$

通过简单的积分计算可得

$$\frac{1}{T^2} \int_{-T}^{T} (T - |t|) \cos wt \mathrm{d}t \to 0, \quad T \to \infty.$$

从而, 由定理 8.4 (ii) 知, $\boldsymbol{X} = (X(t), -\infty < t < \infty)$ 满足均值遍历性.

8.3　冯·诺伊曼遍历定理

在前两节, 我们讨论了时间平均概念, 并给出了平稳随机过程满足均值遍历性的充分必要条件. 人们自然会问: 当这些条件不满足时, 时间平均存在吗? 本节试图推广定理 8.2.

定理 8.5　假设 $\boldsymbol{X} = (X_n, n \geqslant 0)$ 是平稳随机过程, 均值为 μ, 那么一定存在一个随机变量 η 使得 $E\eta = \mu$, 并且

$$\frac{1}{n} \sum_{k=0}^{n-1} X_k \xrightarrow{L^2} \eta. \tag{8.11}$$

证明　首先注意到, 如果 (8.11) 成立, 那么一定有

$$E\eta = \lim_{n \to \infty} \frac{1}{n} \sum_{k=0}^{n-1} EX_k = \mu.$$

下面证明 η 的存在性. 既然 $L^2 = L^2(\Omega, \mathcal{A}, P)$ 是完备赋范空间, 所以只要证明: $\{\overline{X}_n, n \geqslant 1\}$ 是柯西序列:

$$\lim_{n \geqslant m \to \infty} \|\overline{X}_n - \overline{X}_m\|_2 = 0.$$

为此定义

$$\alpha_n = \inf_{a_0, a_1, \cdots, a_{n-1}} \left\| \sum_{k=0}^{n-1} a_k X_k \right\|_2,$$

其中 $a_0, a_1, \cdots, a_{n-1} \geqslant 0$, 并且满足 $a_0 + a_1 + \cdots + a_{n-1} = 1$.

显然, $\{\alpha_n, n \geqslant 1\}$ 是单调不增数列, 并且

$$\alpha_n \leqslant \|\overline{X}_n\|_2 \leqslant \|X_0\|_2 < \infty,$$

所以 $\alpha := \lim_{n \to \infty} \alpha_n$ 存在有限.

对任意 $n \geqslant m \geqslant 1$, 容易看出

$$\overline{X}_n + \overline{X}_m = \sum_{k=0}^{m-1} \left(\frac{1}{n} + \frac{1}{m} \right) X_k + \sum_{k=m}^{n-1} \frac{1}{n} X_k,$$

其中所有系数之和为 2. 因此

$$\|\overline{X}_n + \overline{X}_m\|_2 \geqslant 2\alpha_n \geqslant 2\alpha.$$

平方和展开得

$$\|\overline{X}_n - \overline{X}_m\|_2^2 = 2\|\overline{X}_n\|_2^2 + 2\|\overline{X}_m\|_2^2 - \|\overline{X}_n + \overline{X}_m\|_2^2$$
$$\leqslant 2(\|\overline{X}_n\|_2^2 - \alpha^2) + 2(\|\overline{X}_m\|_2^2 - \alpha^2).$$

往下证明:

$$\lim_{n \to \infty} \|\overline{X}_n\|_2 \to \alpha. \tag{8.12}$$

任意给定 $\varepsilon > 0$, 存在一个 $N \geqslant 1$ 以及 $a_0, a_1, \cdots, a_{N-1} \geqslant 0$ 使得 $a_0 + a_1 + \cdots + a_{N-1} = 1$, 并且

$$\left\| \sum_{k=0}^{N-1} a_k X_k \right\|_2 \leqslant \alpha + \varepsilon.$$

定义一个新的随机过程

$$Y_n = \sum_{k=0}^{N-1} a_k X_{k+n}, \quad n \geqslant 0.$$

容易验证, $\boldsymbol{Y} = (Y_n, n \geqslant 0)$ 是平稳随机过程, 并且 $\|Y_n\|_2 \leqslant \alpha + \varepsilon$. 进而

$$\|\overline{Y}_n\|_2 \leqslant \alpha + \varepsilon. \tag{8.13}$$

一些计算表明, 当 $n > N$ 时,

$$\|\overline{X}_n - \overline{Y}_n\|_2 = \frac{1}{n}\left\|\sum_{k=0}^{n-1}X_k - \sum_{k=0}^{n-1}\sum_{l=0}^{N-1}a_lX_{l+k}\right\|_2$$

$$\leqslant \frac{1}{n}\sum_{l=0}^{N-1}a_l(\|(X_0+X_1+\cdots+X_{l-1})-(X_n+X_{n+1}+\cdots+X_{n-1+l})\|_2)$$

$$\leqslant \frac{1}{n}\sum_{l=0}^{N-1}2la_l\|X_0\|_2 \to 0, \quad n\to\infty. \tag{8.14}$$

将 (8.13), (8.14) 结合起来, 可以得到 (8.12). 定理证毕.

注 8.5   伯克霍夫 (Birkhoff) 证明了下列强遍历定理: 假设 $\boldsymbol{X}=(X_n,n\geqslant 0)$ 是强平稳随机过程, 均值为 μ, 那么一定存在一个随机变量 η 使得 $E\eta=\mu$, 并且

$$\frac{1}{n}\sum_{k=0}^{n-1}X_k \longrightarrow \eta \text{ a.s.}$$

定理 8.5 通常称为冯·诺伊曼遍历定理, 它表明任何弱平稳随机过程的时间平均在均方收敛意义下总是存在的.

遍历定理

8.4   补充与注记

一、 玻耳兹曼遍历性假设

"遍历" 一词英文为 ergodic, 由两个希腊单词 ergon 和 odos 拼凑而成. 它由玻耳兹曼引入, 用于研究统计力学.

玻耳兹曼 1844 年 2 月 20 日出生在奥地利维也纳, 1906 年 9 月 5 日在奥地利杜伊诺 (现属意大利) 去世. 他 1866 年获维也纳大学 (University of Vienna) 博士学位, 论文研究空气动力学理论. 1868 年, 玻耳兹曼在一篇文章中把概率分布解释为时间平均.

具体地说, 考虑某粒子系统, 状态空间为 $\mathcal{S}$. 令 $A\subset\mathcal{S}$, $P(A)$ 表示粒子处于 A 中状态的概率, 即

$$P(A) = \int_{\mathcal{S}}\mathbf{1}_A(x)p(x)\mathrm{d}x,$$

其中 $p(x)$ 为密度函数.

　　另一方面, 假设系统开始时刻处于状态 x_0, 将来 t 时刻所处状态为 $X(x_0, t)$. 玻耳兹曼认为, $P(A)$ 可看作是系统处于 A 中所占的时间比:

$$P(A) \sim \frac{1}{T} |\{0 \leqslant t \leqslant T : X(x_0, t) \in A\}|.$$

一般地, 令 f 表示状态函数, 那么相 (状态) 空间平均为

$$\int_S f(x)p(x)\mathrm{d}x,$$

而时间平均为

$$\lim_{T \to \infty} \frac{1}{T} \int_0^T f(X(x_0, t))\mathrm{d}t.$$

　　玻耳兹曼遍历性假设:

$$\int_S f(x)p(x)\mathrm{d}x = \lim_{T \to \infty} \frac{1}{T} \int_0^T f(X(x_0, t))\mathrm{d}t, \tag{8.15}$$

即系统的一条路径可历经相空间的所有状态.

　　玻耳兹曼遍历性假设是研究统计力学的基础. 当然, 玻耳兹曼假设并不总是成立. 一些基础性问题需要解决, 如 (8.15) 中时间平均是否存在? 是否不依赖于初始状态 x_0? 共有多少条不同路径?

　　玻耳兹曼遍历性假设的研究历经百余年, 许多物理学家和数学家, 如吉布斯、麦克斯韦、庞加莱、博雷尔、辛钦、冯·诺伊曼等前赴后继, 成就了现代统计力学和遍历理论.

二、 实际问题

　　假设人们关心某城市哪家公园最受欢迎. 常见的办法有以下两种:

　　(1) 确定一个时间点, 看看哪家公园访问量最大, 市民游客最多;

　　(2) 选定一个或几个市民, 跟踪一段时间 (比如 1 年), 看看这些人常去哪家公园, 是否频繁出入.

　　这样, 你肯定能获得两组完全不同的数据, 通过分析得到两个不同结论.

　　第一种方法的出发点是所有人群, 观测到的是某时刻访问公园的人数总量; 第二种方法的出发点是个体, 记录的是一段时间内访问公园的时间总量. 两种方法都有各自不足之处: 第一种方法, 只选择了一个 (或几个) 时刻, 忽视了长时间效果; 第二种方法, 只跟踪了一个 (或几个) 市民, 不具有广泛代表性.

　　问题: 这两种统计方法得到的结论一致吗?

　　一般而言, 两者并不一致. 原因在于, 像上述这样涉及人群活动的现象并不具有遍历性质. 许多科学家认为, 遍历性是统计中最重要的概念之一.

习题八

1. 令 $\boldsymbol{N} = (N(t), t \geqslant 0)$ 是泊松过程, 参数为 $\lambda > 0$. 令 X_0 是随机变量, 分布为 $P(X_0 = 1) = P(X_0 = -1) = 1/2$, 并且与 $\boldsymbol{N}$ 相互独立. 定义

$$X(t) = X_0(-1)^{N(t)}, \quad t > 0,$$

证明: $\boldsymbol{X} = (X(t), t \geqslant 0)$ 满足均值遍历性.

2. 令 $\boldsymbol{B} = (B(t), t \geqslant 0)$ 是标准布朗运动, $\alpha > 0$. 定义

$$X(t) = \mathrm{e}^{-\alpha t/2} B(\mathrm{e}^{\alpha t}), \quad t \geqslant 0,$$

证明: $\boldsymbol{X} = (X(t), t \geqslant 0)$ 满足均值遍历性.

3. 令 $\{Z_n, n \geqslant 0\}$ 是不相关随机变量序列, $EZ_n = 0$,

$$\mathrm{Var}(Z_n) = \begin{cases} \dfrac{\sigma^2}{1 - \lambda^2}, & n = 0, \\ \sigma^2, & n \geqslant 1, \end{cases}$$

其中 $\lambda^2 < 1$. 定义

$$X_n = \begin{cases} Z_0, & n = 0, \\ \lambda X_{n-1} + Z_n, & n \geqslant 1, \end{cases}$$

证明: $\boldsymbol{X} = (X_n, n \geqslant 0)$ 满足均值遍历性.

4. 令 $\{\xi_n, n \geqslant 0\}$ 是不相关随机变量序列, $E\xi_n = \mu$, $\mathrm{Var}(\xi_n) = \sigma^2$, $n \geqslant 0$. 给定正整数 $k \geqslant 1$, 定义

$$X_n = \frac{\xi_n + \xi_{n-1} + \cdots + \xi_{n-k}}{k+1}, \quad n \geqslant k,$$

证明: $\boldsymbol{X} = (X_n, n \geqslant k)$ 满足均值遍历性.

5. 令 $\boldsymbol{X} = (X_n, n \geqslant 0)$ 是平稳随机过程, 均值为 μ, 自相关函数为 r_X, 证明: $\boldsymbol{X} = (X_n, n \geqslant 0)$ 满足均值遍历性当且仅当

$$\lim_{n \to \infty} \frac{1}{n} \sum_{k=1}^{n} r_X(k) = \mu^2.$$

6. 设 $(X_n, n \geqslant 0)$ 是一个时齐的遍历马尔可夫链, 状态空间 I 有限, f 是 I 上的函数. 又设 X_0 的分布是平稳分布 $\boldsymbol{\pi}$. 令 $Y_n = f(X_n)$.

(1) 计算 $(Y_n, n \geqslant 0)$ 的均值函数和自相关函数;

(2) 当 $N \to \infty$ 时, $\dfrac{1}{N} \sum\limits_{i=0}^{N} Y_i$ 依概率收敛吗? 如果收敛, 收敛于什么? 说明理由.

习题八部分
习题参考答案

参考文献

[1] 林正炎, 苏中根, 张立新. 概率论. 3 版. 杭州: 浙江大学出版社, 2014.

[2] 林正炎, 陆传荣, 苏中根. 概率极限理论基础. 3 版. 北京: 高等教育出版社, 2023.

[3] 方兆本, 缪柏其. 随机过程. 3 版. 北京: 科学出版社, 2013.

[4] P. Billingsley. Probability and measure. 2nd ed. New York: Wiley, 1986.

[5] K. L. Chung. A course in probability theory. 3rd ed. New York: Academic Press, 2010.

[6] P. G. Doyle, J. L. Snell. Random walks and electric networks. Washington: Mathematical Association of America, 1984.

[7] R. Durrett. Probability: theory and examples. 4th ed. Cambridge: Cambridge University Press, 2010.

[8] G. R. Grimmett, D. R. Stirzaker. Probability and random processes. 3rd ed. Oxford: Oxford University Press, 2001.

[9] E. P. Kao. An introduction to stochastic processes. Belmont: Duxbury Press, 1997.

[10] H. M. Taylor, S. Karlin. An introduction to stochastic modeling. 3rd ed. San Diego: Academic Press, 1998.

[11] S. Karlin, H. M. Taylor. A first course in stochastic processes. 2nd ed. New York: Academic Press, 1975.

[12] S. M. Ross. Introduction to probability models. 9th ed. New York: Academic Press, 2007.

[13] J. M. Steele. Stochastic calculus and financial applications. Berlin: Springer, 2000.

[14] W. J. Stewart. Probability, Markov chains, queues, and simulation. Princeton: Princeton University Press, 2009.

[15] J. B. Walsh. Knowing the odds: an introduction to probability. Providence: American Mathematical Society, 2012.

[16] J. R. Norris. Markov chains. Cambridge: Cambridge University Press, 1997.

索 引

郑重声明

高等教育出版社依法对本书享有专有出版权。任何未经许可的复制、销售行为均违反《中华人民共和国著作权法》，其行为人将承担相应的民事责任和行政责任；构成犯罪的，将被依法追究刑事责任。为了维护市场秩序，保护读者的合法权益，避免读者误用盗版书造成不良后果，我社将配合行政执法部门和司法机关对违法犯罪的单位和个人进行严厉打击。社会各界人士如发现上述侵权行为，希望及时举报，我社将奖励举报有功人员。

反盗版举报电话　　（010）58581999　58582371
反盗版举报邮箱　　dd@hep.com.cn
通信地址　　　　　北京市西城区德外大街4号
　　　　　　　　　高等教育出版社知识产权与法律事务部
邮政编码　　　　　100120

读者意见反馈

为收集对教材的意见建议，进一步完善教材编写并做好服务工作，读者可将对本教材的意见建议通过如下渠道反馈至我社。

咨询电话　　　　　400-810-0598
反馈邮箱　　　　　hepsci@pub.hep.cn
通信地址　　　　　北京市朝阳区惠新东街4号富盛大厦1座
　　　　　　　　　高等教育出版社理科事业部
邮政编码　　　　　100029

防伪查询说明

用户购书后刮开封底防伪涂层，使用手机微信等软件扫描二维码，会跳转至防伪查询网页，获得所购图书详细信息。

防伪客服电话　　（010）58582300

图书在版编目（CIP）数据

概率论和随机过程.下册／苏中根编著.－－北京：
高等教育出版社，2024.8.－－ISBN 978-7-04-063272
-9

Ⅰ.O21

中国国家版本馆 CIP 数据核字第 2024F6T241 号

Gailülun he suiji Guocheng

策划编辑	胡 颖	出版发行	高等教育出版社
责任编辑	胡 颖	社 址	北京市西城区德外大街 4 号
封面设计	王 洋	邮政编码	100120
版式设计	杜微言	购书热线	010-58581118
责任绘图	邓 超	咨询电话	400-810-0598
责任校对	陈 杨	网 址	http://www.hep.edu.cn
责任印制	赵义民		http://www.hep.com.cn
		网上订购	http://www.hepmall.com.cn
			http://www.hepmall.com
			http://www.hepmall.cn

印 刷	北京盛通印刷股份有限公司
开 本	787mm×1092mm 1/16
印 张	16.25
字 数	380 千字
版 次	2024 年 8 月第 1 版
印 次	2024 年 8 月第 1 次印刷
定 价	45.00 元

物 料 号　63272-00

数学"101计划"已出版教材目录